吉林体育学院自主创新基金资助

学术虚拟社区用户社会化交互行为研究

王美月 孙占峰 著

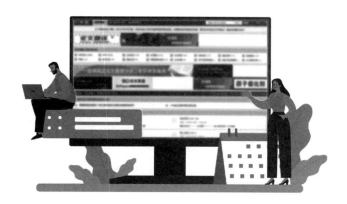

西南财经大学出版社
Southwestern University of Finance & Economics Press

中国·成都

图书在版编目(CIP)数据

学术虚拟社区用户社会化交互行为研究/王美月,孙占峰著.—成都:
西南财经大学出版社,2024.4
ISBN 978-7-5504-6140-6

Ⅰ.①学… Ⅱ.①王…②孙… Ⅲ.①互联网络—应用—学术
交流—研究 Ⅳ.①G321.5

中国国家版本馆 CIP 数据核字(2024)第 066261 号

学术虚拟社区用户社会化交互行为研究
XUESHU XUNI SHEQU YONGHU SHEHUIHUA JIAOHU XINGWEI YANJIU

王美月 孙占峰 著

策划编辑:乔 雷 余 尧
责任编辑:乔 雷
责任校对:余 尧
封面设计:星柏传媒
责任印制:朱曼丽

出版发行	西南财经大学出版社(四川省成都市光华村街 55 号)
网　　址	http://cbs.swufe.edu.cn
电子邮件	bookcj@ swufe.edu.cn
邮政编码	610074
电　　话	028-87353785
照　　排	四川胜翔数码印务设计有限公司
印　　刷	成都市火炬印务有限公司
成品尺寸	170mm×240mm
印　　张	17
字　　数	413 千字
版　　次	2024 年 4 月第 1 版
印　　次	2024 年 4 月第 1 次印刷
书　　号	ISBN 978-7-5504-6140-6
定　　价	88.00 元

前　言

　　随着互联网技术的飞速发展，公众获取知识的方式发生了根本性的变化。学术虚拟社区作为学术服务平台的根本目的是满足用户知识需求，提升用户交流体验，并最终达到自身的可持续发展。学术虚拟社区以 ResearchGate、Mendeley、Academia.edu、经管之家、小木虫、丁香园等为主流平台，允许用户根据专业领域、兴趣等组建科研共同体，形成跨越时空、多领域交叉的学术社交网络，并通过社会化交互活动扩散个人的社会影响力和学术影响力，增强社区持续运营与发展的核心竞争力。然而，学术虚拟社区目前普遍存在用户活跃度低、社交动力不足等现象，严重阻碍了社区的知识流转效率。激发用户积极参与交互，分享和贡献更多有价值的信息资源，提升社区知识服务能力，是学术虚拟社区生存与发展所面临的现实问题。本书以学术虚拟社区用户社会化交互行为为切入点，基于相关理论和前人研究成果，采用定性与定量的研究方法，深入剖析学术虚拟社区用户社会化交互行为的机理、影响因素、社会网络结构、行为特征以及社会化交互效果的评价，并提出有针对性的引导策略。

　　本书主要从 5 个方面展开相关研究：

　　第一，分析学术虚拟社区用户社会化交互行为的机理。①基于需求层次理论和动机理论分析学术虚拟社区用户社会化交互行为的知识动机、成就动机、社交动机、情感动机，采用系统动力学方法构建学术虚拟社区用户社会化交互动机模型，解释了 4 种动机对社会化交互行为的驱动作用。②将学术虚拟社区用户社会化交互行为的要素分为：主体要素，包括领域专家、普通用户和用户社群；客体要素，包括平台提供信息、用户分享信息以及用户生成信息；环境要素，包括政策环境、文化环境和信息制度环境；技术要素，包括网络稳定性、系统安全性、知识融合技术。③基于社会网络理论，阐述了学术虚拟社区用户社会化交互活动中社交关系网和知识关系网的形成，剖析了社会化交互网络的二方关系结构、三方关系结构、星状拓扑结构、环状拓扑结构、网状拓扑结构。④基于 S-O-R 模型，揭示了用户社会化交互行为的刺激识别阶段（S）—信息加工阶段（O）—行为反应阶段（R）的形成机制，并构建了学术虚拟社区用户社会化交互行为机理模型。

第二，识别学术虚拟社区用户社会化交互行为的影响因素。基于 S-O-R 模型、信息系统成功模型、技术接受模型，结合学术虚拟社区用户社会化交互网络结构特征，构建了学术虚拟社区用户社会化交互行为影响因素的理论模型。其中，刺激因素（S）包括信息质量、系统质量、服务质量、网络密度、网络中心性、联结强度；有机体（O）是用户受到外部刺激后产生的感知有用性、感知易用性、社会化交互态度、社会认同感知、自我效能感；反应（R）即学术虚拟社区用户社会化交互行为。采用结构方程模型，对典型学术虚拟社区用户进行问卷调查，实例验证了假设模型的合理性。研究结果表明：信息质量、服务质量正向影响感知有用性；感知易用性正向影响感知有用性；感知有用性与感知易用性共同影响社会化交互态度，进而影响社会化交互行为；网络中心性正向影响自我效能感；联结强度正向影响社会认同感；社会认同感与自我效能感共同作用于社会化交互行为。此外，系统质量与感知易用性、网络密度与社会认同感的相关性未达到显著水平。

第三，挖掘学术虚拟社区社会化交互网络结构与用户行为特征。基于社会网络相关理论和分析框架，采用数据挖掘技术，爬取小木虫学术虚拟社区用户社会化交互行为数据，结合社会网络分析工具 Ucinet 软件和 Gephi 软件，分别从宏观层——整体网络结构、中观层——内部子结构网络、微观层——个体网络结构进行深入剖析。整体网络分析结果表明，网络整体密度较低，用户节点间距离较远，关联性不强，网络存在多个分散游离的个体和子群。整体网络结构分析中，用户社会化交互呈现出低密度与低层次特征、中心化与分散化并存特征、关系网络结构脆弱特征。内部子结构网络二方关系分析中，用户之间双向交互缺失，没有形成深度的交流与互动，且多数交互内容不具有实质性的价值和意义。三方关系分析中，多数用户形成星状拓扑结构，用户更愿意向核心用户聚集，这就导致资源的高度集中，信息通道单一。凝聚子群分析中，子群间交互相对稀疏，有多个孤立子群存在，核心区用户交互频繁，成员间具有很好的凝聚力和控制力，边缘区与核心区用户间没有联系，交互意愿较弱。针对个体网络结构采取网络中心性与结构洞分析，发现社会化交互网络核心节点用户较少，有92.13%的用户处于网络的边缘位置，与中心节点距离较远，用户间的相互依赖程度不高，网络连通性不佳，网络中有36位用户占据了绝大部分结构洞，是网络中潜在的领袖人物。另外，针对个体网络进行的分析，发现用户的社会化交互行为具有不对称、点对点与点对面相结合的交互特征。

第四，基于物元可拓法评价学术虚拟社区用户社会化交互效果。以远程交互层次塔模型为理论基础，结合学术虚拟社区用户社会化交互行为特征与相关研究成果，构建了由操作交互、信息交互、情感交互和概念交互4个维度18个指标组成的学术虚拟社区用户社会化交互效果评价指标体系。选取小木虫学术虚拟社区用户为研究对象，采用物元可拓评价方法，通过计算经典域、节域、待评价物元、指标权重、关联函数，判定小木虫用户社会化交互效果的等级。研究结果表明，小木虫社区整体交互水平处于"一般"倾向于"良好"等级（特征值为2.56），说明社区仍有进一步提升的空间。为了避免主观因素导致的偏差，本书通过提取敏感性指标，利用客观赋权法验证了物元可拓评价方法的有效性。

第五，提出学术虚拟社区用户社会化交互行为的引导策略。本书在学术虚拟社区用户社会化交互行为机理、影响因素、社会网络结构与行为特征、交互效果评价的基础上，结合相关理论与实证分析结果，分别从平台环境层面、网络结构层面、用户感知—认知层面提出学术虚拟社区用户社会化交互行为的引导策略。

本书从理论层面丰富并完善了学术虚拟社区知识管理的理论体系，拓展并深化了S-O-R模型的理论框架与应用场景，为提升学术虚拟社区社会化交互效果提供理论指导。从实践层面，本书挖掘出影响用户社会化交互行为的动机因素，推演出用户社会化交互行为的形成机制，并通过网络结构分析，充分了解社会网络背后用户交互行为的逻辑关系，有利于学术虚拟社区服务主体整体把握用户需求与行为演化路径，有针对性地组织和引导用户社会化交互行为，通过知识杠杆作用，加速知识流转效率，增强学术虚拟社区的核心竞争力。

王美月

2023 年 12 月

目　录

1 绪 论

1.1 选题背景

1.1.1 新媒体环境下科研服务方式与用户信息行为的变革

中国互联网信息中心（CNNIC）发布的第 47 次《中国互联网发展状况统计报告》显示，截止到 2020 年 12 月底，我国网民规模达 9.89 亿，如图 1.1 所示，其中手机网民数量达到 9.86 亿，并连续三年实现稳速增长，手机网民占整体网民的比例由 2017 年的 97.5%升至 2020 年的 99.7%①。随着互联网与移动互联网技术的飞速发展与应用，人类社会实现了从 Web1.0 到 Web2.0 的时代跨越。从信息服务主体来看，Web2.0 网络环境下的知识服务平台更加注重用户的交互体验，用户既是信息的浏览者，同时也是生产者，信息服务模式从静态的单向阅读模式转向动态的双向互动模式。从信息服务对象来看，用户利用移动智能终端从网络获取资源已成为新型信息消费方式。以"三微一端"为代表的移动微服务深入人们生活的各个方面，如移动支付、网络购物、网络教育、电子政务、移动社交等。新媒体技术推动了各领域的蓬勃发展，同时也对用户信息行为产生了深远的影响。新媒体环境下信息碎片化与瞬时性的特征，导致用户的注意力范围不断转移、扩散，用户信息行为路径更加复杂。用户通过新媒体获取、分享、编辑和创造信息，其信息行为具有显著的社会性，主要表现为信息交互的互惠性和共同兴趣群体的聚集。用户信息行为呈现人机交互——

---

① 中国互联网信息中心. 第 47 次《中国互联网络发展状况统计报告》［EB/OL］.（2021-02-03）［2023-12-05］. http://cnnic.cn/gywm/xwzx/rdxw/20172017_7084/202102/t20210203_71364.htm.

人信息交互—社会交互的发展态势[①]。

图 1.1　中国网民规模和互联网普及率[②]

1.1.2　用户生成内容成为学术虚拟社区知识创新与发展的重要渠道

Web2.0 的兴起与发展为网络用户提供一个创造、表达与共享的开放式知识交流环境，用户生成内容（UGC）是这一背景下网络资源获取与创作的新兴模式。用户生成内容泛指依托于互联网信息技术，支持用户个体创作或与他人进行交流分享文本、图片、短视频等一系列资源的行为。用户生成内容具有创新性、公开性和公平性等特征，更加强调普通用户汇集的群体智慧对网站知识创新与发展的力量。由此可见，UGC 模式已成为互联网时代数字内容产业新的关注点。学术虚拟社区作为一种非正式的学术信息交流平台，为科研领域成果展示、知识流动、协作创新等提供了新的互动模式和路径。然而，数字化时代的网络信息生命周期不断缩短，信息的瞬时性、多元化等特征，使社区提供的信息资源无法满足用户对于即时性、多学科融合信息的需求。用户生成内容是解决这一困境的有效方法，学术虚拟社区用户既是信息的生产者、组织者也是浏览者和传播者[③]。用户间基于知识与经验的社会化交互会生成大量有价值的信息，进一步丰富了学术虚拟社区的知识体系。此外，学术虚拟社区的知识创新同样依赖用户群体的知识贡献。因此，用户生成内容目前已成为学术虚拟社区知识创

①　邓胜利. 网络用户信息交互行为研究模型 [J]. 情报理论与实践，2015，38（12）：53-56，87.

②　中国互联网信息中心. 第 47 次《中国互联网络发展状况统计报告》[EB/OL]. (2021-02-03) [2023-12-05]. http://cnnic.cn/gywm/xwzx/rdxw/20172017_7084/202102/t20210203_71364.htm.

③　张一涵. 阐 UGC 之内涵　探 UGC 之应用：《新一代互联网环境下用户生成内容的研究与应用》评价 [J]. 图书情报工作，2014，58（20）：145-148.

新与可持续发展的重要渠道。

1.1.3　社交网络关系对用户知识分享与传播的深刻影响

存在于人们大脑中的知识不会脱离主体而独立存在，知识的流动依赖知识主体间的相互交流，将主体嵌入社会网络中，剖析主体知识行为背后的社会网络关系，有助于深入理解不同网络结构下影响个体与群体知识行为的规律与特征。移动互联网时代的每一个用户都占据一个网络节点，多个节点连接形成了社交关系网，关系与结构是整个社会网络的"躯干"，知识则是社会网络中流动的"血液"，节点间形成的关系链即社会网络关系是保障知识快速流动的通道。社会心理学认为，社会性是指人类不能脱离社会而孤立存在的特殊属性，人们必须将个体置身于社会群体中，为了更好地适应社会环境，个人需要按照一定的社会准则与他人建立社交关系，进行互动交流与协作。无论是在现实生活中还是网络环境中，用户的社交关系强度都会直接影响用户的知识行为，网络中强联结关系用户通常是具有相同兴趣或相似观点的群体，他们之间更容易建立起信任和互惠关系，在信息的传递上更高效。弱联结关系用户是来自不同社群的陌生用户个体或群体，尽管社交距离较远，交互主体间联系比较松散[①]，但弱联结关系用户能够游走于不同的社群中，有更多的机会与他人建立联系，扩大了社交关系的范围，有利于吸收和传递异质性信息资源，实际上，弱联结关系在网络知识传播中发挥着更重要的作用。

1.2　研究意义

无论是个体知识建构的迫切需求，还是学术社交行为的研究趋势，都无法阻挡虚拟环境下学术知识获取与交流的发展趋势。学术虚拟社区作为新兴的学术交流与人际互动平台，在知识传播与科研协作等方面发挥着重要的作用，而用户社会化交互活动是连结用户与群体，用户与平台的有效途径。本书基于社会学、心理学、情报学、计算机科学等多学科领域的相关理论，研究学术虚拟社区用户社会化交互行为的机理、影响因素、网络

---

　　① BURT R S. Structural holes：the social structure of competition ［M］. Cambridge：Harvard University Press，1992：42.

结构与行为特征、交互效果，具有重要的理论意义与实践价值。

1.2.1 理论意义

（1）丰富并完善了学术虚拟社区知识管理的理论体系。

用户社会化交互活动的生成内容是学术虚拟社区重要的信息来源之一，也是学术虚拟社区知识创新驱动发展的关键。本书通过深入剖析学术虚拟社区用户社会化交互行为的动机、要素、网络结构、形成机制，全面了解学术虚拟社区用户社会化交互行为的内在机制与演化过程，帮助学术虚拟社区有针对性地监管社会化交互内容，优化社区知识管理流程，提高用户知识利用率，为完善学术虚拟社区知识管理体系提供支撑。

（2）拓展并深化了 S-O-R 模型的理论框架与应用场景。

S-O-R（刺激—有机体—反应）模型概括了外部环境因素对个体认知、情感、态度等的影响，进而触发个体行为反应的全过程，因此被广泛应用于多领域信息交互行为的研究中。本书在相关文献调研的基础上，以 S-O-R 模型为理论框架，分析了学术虚拟社区用户社会化交互行为的形成机制，整合信息系统成功模型、技术接受模型与社区网络结构的相关要素，构建了学术虚拟社区用户社会化交互行为的影响因素模型，进一步拓展了 S-O-R 模型的应用场景和指标体系，深化了 S-O-R 模型的理论框架，有助于推动 S-O-R 模型的跨领域应用与发展，对后续相关研究具有一定的理论指导意义。

（3）为提升学术虚拟社区社会化交互效果提供理论指导。

互联网与信息技术的高速发展，导致公众知识获取方式发生了根本性的变化，学术虚拟社区作为学术服务平台的根本目的是满足用户的知识需求，提升用户社会化交互满意度并最终达到自身的可持续发展。由国内外典型的学术虚拟社区应用情况可知，科研工作者已将学术虚拟社区作为个人学术成果展示、知识交流和科研合作的重要媒介。社会化交互活动作为用户知识交流与人际互动的手段已引起专家学者们的广泛关注。笔者通过梳理国内外学术虚拟社区社会化交互的文献，从社会化交互行为的内在机理出发，分析了学术虚拟社区用户社会化交互行为的影响因素、不同网络结构下用户交互行为特征，并构建了交互效果评价指标体系。本书尝试从理论融合与模拟实证的视角构建一套相对完整的理论分析框架，为学术虚拟社区高效开展社会化交互活动提供理论依据。

1.2.2 实践意义

（1）对提升用户认知水平和学术能力具有重要的意义。

学术虚拟社区是用户获取学术资源与交流的重要媒介，而用户的社会化交互活动是支撑社区知识创新与服务的关键环节。本书界定了学术虚拟社区社会化交互的概念，通过理论与实践分析获取影响用户社会化交互行为的动力因素，推演出用户社会交互过程的演化路径，结合社会网络结构分析用户学术社交关系背后的行为特征与规律。本书有助于学术虚拟社区在服务实践中发现优势与不足，全面优化信息服务质量，制定有效的干预和奖励机制，有针对性地组织和引导用户社会化交互行为。积极的交互行为能够促进知识传播与扩散，满足用户知识需求，通过建立学术交流与科研协作产生新的学术思想与观点，对提升用户认知水平和学术能力具有重要的意义。

（2）为学术虚拟社区服务主体开展知识服务活动提供决策支持。

学术虚拟社区的知识流转依赖用户间形成的社会网络，挖掘网络中心节点用户的价值，可以规避因用户流失而导致的知识网络断裂。同时，有针对性地激活边缘节点用户，能够增强整体网络连通性，加速知识传播效率。本书通过采集学术虚拟社区用户真实的社会化交互行为数据，实证分析了学术虚拟社区用户的社会网络结构，分别从整体网络结构、内部子结构网络、个体网络结构探究用户所处的网络位置及交互行为的逻辑关系，并采用物元可拓法评价学术虚拟社区用户社会化交互效果。上述综合分析结果有利于学术虚拟社区服务主体准确把握不同层次用户的需求，发现社区知识服务短板，为优化学术虚拟社区知识服务提供有效的决策支持。

1.3 研究现状

1.3.1 学术虚拟社区研究现状

近年来，国内外各类学术虚拟社区、学术博客、学术社交网站等已成为一种信息与知识获取、分享和交流的创新工具，受到各领域学者的广泛认可和青睐。本书通过梳理国内外相关研究成果，结合研究主题，归纳总结了内外学术虚拟社区研究主要聚焦的几个方面。

（1）学术虚拟社区知识共享研究。

学术虚拟社区作为一种非正式的学术信息交流平台，为科研领域成果展示、知识流动、协作创新等提供了新的互动模式和路径。社区的知识流动和社交活力是确保学术虚拟社区知识网络可持续发展的原动力，因而知识共享在学术虚拟社区发展中的核心作用引起了学者们的广泛关注。国外学者的研究方面，Allameh S M 等以理性行为理论模型为概念框架，以伊朗伊斯法罕大学中央图书馆学术社区 160 名工作人员为研究对象，采用结构方程模型实例验证了影响知识共享行为的影响因素，结果显示，期望组织报酬、互惠互利、知识自我效能、助人愉悦感、知识共享态度和意愿正相关，主观规范正向影响个体知识共享行为[①]。Chai S 等研究了信任、社会关系强度和互惠性对学术社区用户知识共享行为的影响作用，证实了性别差异在各因素中的调节作用[②]。Chandran D 等研究了文化对沙特阿拉伯学术虚拟社区用户知识共享态度的影响，揭示了沟通、开放性、人际信息等个体因素，以及感知有用性和易用性等技术因素显著影响知识共享态度，自我激励与知识共享态度不存在显著相关性，而主观规范和态度共同作用于用户的知识共享行为[③]。

国内学者的研究方面，徐美凤等通过收集和分析丁香园、中国学术论坛和小木虫三个典型学术虚拟社区用户发帖数量和互动频率得出知识共享主体的三个共性特征，即成员身份的稳定性、交流内容的专业性以及交流态度的严谨理性[④]。该学者结合社会网络分析方法分析人文管理类与理工类社区知识共享主体中心度的差异性，在后续的研究中构建了学术虚拟社区知识共享影响因素模型，分析了不同影响因素在自然科学与人文社科两类学术虚拟社区发挥的作用，其中，成员间的信任、身份特征及自我效能正向影响两类学术虚拟社区知识共享行为，成员信息性因素在自然科学类学术虚拟社区起到积极的作用，而人文社科类学术虚拟社区用户参与行为

① ALLAMCH S M, AHMAD A. An analysis of factors affecting staffs knowledge-sharing in the central library of the university of isfahan using the extension of theory of reasoned action [J]. International Journal of Human Resource Studies, 2012, 2 (1): 158-174.

② CHAI S, DAS S, RAO H R. Factors affecting Bloggers' knowledge sharing: an investigation across gender [J]. Journal of Management Information Systems, 2012, 28 (3): 309-341.

③ CHANDRAN D, ALAMMARI A M. Influence of culture on knowledge sharing among academic staff in e-learning virtual communities in Saudi Arabia [J]. Information Systems Frontiers, 2020, 12 (35): 17-21.

④ 徐美凤, 叶继元. 学术虚拟社区知识共享主体特征分析 [J]. 图书情报工作, 2010, 54 (11): 111-114, 148.

主要来源于心理动机①。

王东等基于知识发酵理论提取学术虚拟社区用户知识共享要素，构建了知识共享过程模型，同时进一步探究了知识发酵过程以及实现机理，为学术虚拟社区知识共享研究提供了一个新的视角②。赵鹏基于动机理论、自我概念理论构建了用户知识共享意愿理论模型，通过科学网实例验证了模型中各变量对知识共享行为的影响作用③。陈明红等从社会资本的视角探讨了学术虚拟社区知识共享行为④。商宪丽等基于交互理论、感知价值理论和氛围感构建了学术博客用户持续知识共享行为模型，研究结果表明，交互感、氛围感以及价值感对知识共享行为有不同程度的影响⑤。社会资本的三个维度对知识共享行为产生了不同程度的影响，结构资本与用户知识共享数量显著相关，而关系资本和认知资本同时影响知识共享的质量和数量。沈惠敏等从共生互利理论出发，分析了学术虚拟社区知识共享的共生互利单元与环境要素及其相互关系⑥。还有学者基于 S-O-R 模型与MOA 模型揭示了虚拟学术社区用户知识共享意愿和行为的影响因素，并对社区的运行机制给出具有实践价值的建议⑦⑧⑨。

① 徐美凤. 不同学科学术社区知识共享行为影响因素对比分析 [J]. 情报杂志，2011，30（11）：134–139.

② 王东，刘国亮. 基于知识发酵的虚拟学术社区知识共享影响要素与实现机理研究 [J]. 图书情报工作，2013，57（13）：18–21，139.

③ 赵鹏. 学术博客用户知识共享意愿的影响因素研究 [J]. 情报杂志，2014，33（11）：163–168，187.

④ 陈明红，漆贤军. 社会资本视角下的学术虚拟社区知识共享研究 [J]. 情报理论与实践，2014，37（9）：101–105.

⑤ 商宪丽，王学东. 学术博客用户持续知识共享行为分析：氛围感、交互感和价值感的影响 [J]. 情报科学，2016，34（7）：125–130，135.

⑥ 沈惠敏，娄策群. 虚拟学术社区知识共享中的共生互利框架分析 [J]. 情报科学，2017，35（7）：16–19，38.

⑦ MOA 模型（动机、机会、能力模型）来源于传播学和营销学领域对信息接收行为的研究。MOA 模型由动机（motivation）、机会（opportunity）、能力（ability）3 个核心概念组成，它们之间的相互关联和共同作用推动了特定行为的发生。由于模型具有较好的稳定性和对行为的预见性，MOA 模型不仅适用于对信息接收行为的解释，在公共管理、社会资本、人力资源管理、知识管理等领域也具有较为广泛的应用。

⑧ 贾明霞，熊回香. 虚拟学术社区知识交流与知识共享研究：基于整合 S-O-R 模型与 MOA 理论 [J]. 图书馆学研究，2020（2）：43–54.

⑨ 刘虹，李煜. 学术社交网络用户知识共享意愿的影响因素研究 [J]. 现代情报，2020，40（10）：73–83.

（2）学术虚拟社区科研合作研究。

学术虚拟社区的科研合作，能够极大地降低科研合作成本，组织成员可围绕一个研究主题组建临时的虚拟科研团队，在某种程度上提高成功的概率和科研成果的产出。但与传统的科研合作团队相比，学术虚拟社区科研合作的组织成员不够稳定，团队的核心控制力较弱，团队成员参与程度不足。我国学者谭春辉教授团队依托其国家社会科学基金项目"虚拟学术社区中科研人员合作机制研究"展开了一系列研究并发表了多篇学术论文。首先，谭春辉教授团队基于 Kelly S 等提出的三维角色理论模型将学术虚拟社区的团队成员分为任务角色倾向型、关系角色倾向型以及自我角色倾向型，利用三方博弈理论解析三种类型的团队成员合作行为的演化关系与过程，并提出有针对性的优化策略①。其次，谭春辉教授团队在社会资本理论、社会认知理论以及社会影响理论等基础上，采用内容分析方法对丁香园学术虚拟社区对用户交互文本逐级编码，识别了学术虚拟社区用户在科研合作建立阶段的个人、人际、社区三个维度的影响因素②。谭春辉教授团队还通过扎根理论方法以社区访谈资料为基础，获取学术虚拟社区用户科研合作行为的影响因素并建立了理论模型，运用结构方程验证了模型中各因素的相关关系。研究结果表明，自我效能、认同、社群影响、互惠正向影响科研合作意愿，进而影响合作行为；激励机制与系统易用性也同样对合作行为有积极的作用③。此外，谭春辉教授团队在激励机制视角下，运用演化博弈模型分析学术虚拟社区用户在无激励与有激励两种状态下科研合作关系、行为演化过程和影响因素④，并对学术虚拟社区科研人员合作动机⑤、合作效能⑥进行深入探析。

---

① 谭春辉，王仪雯，曾奕棠. 虚拟学术社区科研团队合作行为的三方动态博弈 [J]. 图书馆论坛，2020，40（2）：1-9.
② 王战平，刘雨齐，谭春辉，等. 虚拟学术社区科研合作建立阶段的影响因素 [J]. 图书馆论坛，2020，40（2）：17-25.
③ 谭春辉，朱宸良，苟凡. 虚拟学术社区科研人员合作行为影响因素研究：基于质性分析法与实证研究法相结合的视角 [J]. 情报科学，2020，38（2）：52-58，108.
④ 谭春辉，王仪雯，曾奕棠. 激励机制视角下虚拟学术社区科研人员合作的演化博弈研究 [J]. 现代情报，2019，39（12）：64-71.
⑤ 王战平，何文瑾，谭春辉. 基于质性分析的虚拟学术社区中科研人员合作动机演化研究 [J]. 情报科学，2020，38（3）：17-22.
⑥ 王战平，汪玲，谭春辉，等. 虚拟社区中科研人员合作效能影响因素的实证研究 [J]. 情报科学，2020，38（5）：11-19.

（3）学术虚拟社区知识交流效率研究。

知识交流效率是衡量学术虚拟社区知识交流广度与深度以及知识流转和创新的关键指标。高质量的知识交流能够提升知识扩散与传播能力，增强社区的学术影响力。宗乾进等构建了由两个产出指标（学术博客访问量、分享数量）和两个投入指标（博主数量、博文数量）构成的评价指标体系，并采用 DEA（探索性数据分析）方法对选取的 8 个学术博客进行知识交流效果评价[①]。综合评价结果显示，学术博客的平均知识交流效率较低，不同学科的博客知识交流效率具有显著的差距。

万莉根据宗乾进构建的指标体系，结合改进的非参数 DEA 和 Malmquist（马奎斯特）指数方法评价了人大经济论坛和小木虫两个学术虚拟社区 8 个版块用户知识交流效率，发现人大经济论坛中除金融版块知识交流效率有所提升外，其余版块的知识交流效率均呈下降趋势，而小木虫的 4 个学科版块知识交流效率表现出良好状态[②]。吴佳玲等基于 SBM 模型和非参数 Kernel 密度，测度小木虫社区静态与动态的知识交流效率，针对小木虫 4 个版块的评估结果从运营管理的视角给出相应的优化措施[③]。

庞建刚等采用参数模型 SFA（随机前沿）方法，以经管之家学术论坛为例，评估其知识交流效率[④]。研究结果表明，经管之家不同版块的知识交流水平存在显著差异，通过非参数核密度进行动态演化发现，高效率版块随时间推移呈下降趋势，而低效率版块随时间推移则呈现出相反的态势。杨瑞仙等基于社会交换理论结合学术虚拟社区的特征，构建社区知识交流效率评价指标体系，揭示了当前主流的学术虚拟社区普遍存在用户知识交流效率低的问题[⑤]。胡德华等基于遗传投影寻踪算法选取 4 个典型的学术虚拟社区中的 16 个版块，以用户发帖数、回帖数、浏览数和网络密度4 个指标评价学术虚拟社区的知识交流效率，其中科学网和小木虫社区知识交流较高，经管之家交流水平良好，而丁香园学术社区用户知识交流效

---

① 宗乾进，吕鑫，袁勤俭，等. 学术博客的知识交流效果评价研究 [J]. 情报科学，2014，32（12）：72-76.

② 万莉. 学术虚拟社区知识交流效率测度研究 [J]. 情报杂志，2015，34（9）：170-173.

③ 吴佳玲，庞建刚. 基于 SBM 模型的虚拟学术社区知识交流效率评价 [J]. 情报科学，2017，35（9）：125-130.

④ 庞建刚，吴佳玲. 基于 SFA 方法的虚拟学术社区知识交流效率研究 [J]. 情报科学，2018，36（5）：104-109.

⑤ 杨瑞仙，权明喆，武亚倩，等. 学术虚拟社区科研人员知识交流效率感知调查研究 [J]. 图书与情报，2018（6）：72-83.

率较低①。

1.3.2　信息交互行为研究现状

信息交互是一个复杂的过程。信息交互相关研究始于计算机科学领域，之后逐渐扩散到其他领域。近几年国内外学者对于信息交互相关研究课题颇为关注，所辐射的学科领域也越来越广泛。如在医学研究领域，学者分析了分子医学领域信息高度分布的数据库存储现状，以及现有数据库与工具在资源利用与用户数据理解方面的局限性，提出了一种基于任务型的信息检索方法，分别从工作任务的分析、信息通道间的交互作用、日常与复杂任务中查询内容的区别三个方面分析用户交互日志记录，了解搜索者的需求和意愿，通过资源自动聚合、直接连接集成资源、检索任务匹配以及跨资源协调相似数据语义异质性等方式，实现了精准的信息检索②。在信息管理领域，学者基于信息体系结构，从用户信息交互全过程出发，构建了包括用户、内容和系统的信息交互模型，该模型很好地阐释了三个因素在信息交互过程中发挥的作用，弥合了人机之间、信息行为与信息检索之间的鸿沟，为引导用户进行高效的信息交互提供理论框架③。在计算机科学领域，学者在分析了金融企业间信息合作环境基础上，提出保障金融机构间信息交换和数据传输安全的信息交互模型④。无论是信息交互系统的设计，还是信息交互模型构建，其根本目的都是为信息主体服务，因此，用户信息交互行为研究也受到格外的重视。近年来用户信息行为的研究内容主要集中在以下几个方面。

（1）信息交互行为的模式与特征。

随着信息科技和互联网技术的快速发展，传统单向的信息交互模式已无法适应社会化网络时代的发展要求。用户信息交互行为更加强调降低信息系统的控制，加强用户与信息本身的连通性。互联网环境下用户交互形

①　胡德华，张又月，罗爱静. 基于遗传投影寻踪算法的学术虚拟社区知识交流效率研究 [J]. 图书馆论坛，2019（4）：67-73，83.

②　KUMPULAINEN S W, JARVELIN K. Information interaction in molecular medicine: integrated use of multiple channels [J]. China Medical Devices, 2010, 23（5）：95-104.

③　TOMS E G. Information interaction: providing a framework for information architecture [J]. Journal of the American Society for Information Science & Technology, 2002, 53（10）：855-862.

④　AISOPOS F, TSERPES K, KARDARA M, et al. Information exchange in business collaboration using grid technologies [J]. Identity in the Information Society, 2009, 2（2）：189-204.

态的变化催生了信息交互过程中用户多角色（信息生产者、传播者、组织者和接收者等）的演变，不同网络结构与情境下用户的信息交互行为模式也具有显著的差异性。袁红等分别从信息传播机制和信息内容分析两个视角剖析用户的信息交流模式，前者存在裂变和聚合两种模式，后者包括链状模式、环状模式以及树状模式①。杨瑞仙探讨 Web2.0 环境下用户信息交互的要素，验证了知识交流主体、知识交流客体对信息交互行为的影响，并指出 web2.0 环境下用户主要的信息交互模式为一对一、一对多或多对多的同步或异步交互②。邓胜利基于 SICAS 模型分析用户个体信息交互模式，以用户与平台交互为起点，包括交互平台—用户感知、产生兴趣—互动、建立连接—交互沟通、行动—信息消费、体验—分享五个阶段的交互模式。信息交互行为模式研究的不断深化，为各类网络平台在信息兼容性、平台易用性、网络结构稳定性等方面提供了有利的理论框架③。

依托互联网技术的虚拟社区用户信息交互行为是信息得以流动的关键，探讨信息交互行为特征，有利于发掘外在交互规律和内在交互动机。Kittur 等考查了维基百科的"精英"用户和"普通"用户的影响力是如何随时间变化的④。研究发现，维基百科早期受到精英用户影响，而随时间的变化，普通用户在其中发挥着重要的作用。Yeh Y C 研究了在线学习社区的 32 名职前教师为期 18 周的教学计划，分析表明，在线用户有 13 种确定的在线交互行为，其中营造良好的氛围、为小组提供意见和作业相关工作是最常见的信息交互行为⑤。

梁孟华采用问卷调查的方法分析档案虚拟社区用户交互行为动因、需求以及规律⑥。研究表明，用户交互的内驱力是知识积累和学术交流，而外部驱动力是新技术的应用与推广，用户交互需求呈现多元化的特征，交

---

① 袁红，赵磊. 微博社区信息交流网络结构与交流模式研究 [J]. 现代情报，2012，32（9）：48-52.

② 杨瑞仙. Web2.0 环境下知识交流的要素及影响因素分析 [J]. 情报探索，2014 (1)：22-25.

③ 邓胜利. 网络用户信息交互行为研究模型 [J]. 情报理论与实践，2015，38 (12)：53-56，87.

④ KITTUR A，CHI E，PENDLETON B A，et al. Power of the few vs. wisdom of the crowd：Wikipedia and the rise of the bourgeoisie [J]. World Wide Web，2007，1 (2)：1-9.

⑤ YEH Y C. Analyzing online behaviors，roles，and learning communities via online discussions [J]. Educational Technology & Society，2010，13 (1)：140-151.

⑥ 梁孟华. 档案虚拟社区用户交互行为研究：基于用户调研数据分析 [J]. 档案学研究，2017 (6)：45-51.

互行为规律符合刺激—有机体—反应的规律。李纲等基于真实微信群的会话文本数据，得出不同群体用户信息交流具有同级或相似群体的层级互动特征，同时成员的交互行为受到内外部多重因素的影响[①]。卢恒等基于会话分析理论，采用定性与定量相结合的方法，分别探讨了用户交互内容特征和交互网络特征，并选择小木虫学术虚拟社区进行实例检验，结果显示，用户交互内容受到学术规范的约束，交流主题较稳定，不会随时间而发生变化，交互内容广泛且具有交叉性，除学术交流外，还涉及非学术交流如工作、情感问题等；从用户交互的网络结构来看，社区网络结构比较分散，缺少高活跃用户和领袖用户[②]。在远程教育领域，有学者基于BBS（网络论坛）平台研究学习者在异步交互过程中的内外部交互动机、交互的时间特征、交互的内容，并提出具有实践价值的促进对策[③]。

（2）信息交互行为的社会网络。

信息交互行为的社会网络是指用户个体间、用户群体间的连结关系，以及由连结关系形成的网络。行动者、关系和网络是构成信息交互网络的三要素。其中，行动者是关系和网络形成的前提，关系是搭建行动者社交网络的桥梁，网络是行动者之间持续发展关系的基础和保障。关于信息交互行为社会网络的研究主要涉及两方面的内容，一是交互关系的研究，如关系的内容、方向、强度及表现形式。从信息交互关系的类型来看，该研究可分为二方关系、三方关系、子群关系、外部节点关系等。从信息交互关系的方向来看，该研究可分为有向关系和无向关系[④]。从交互关系的强度来看，该研究可分为强连接关系和弱连接关系。从交互关系的形式来看，该研究可分为转发关系、评论关系、点赞关系、提及关系、关注关系、共享关系等[⑤]。二是交互网络结构的研究。社会网络结构包括：交互整体网络结构、交互内部子结构网络和交互个体网络结构，即从宏观、中

① 李纲，王馨平，巴志超. 微信群中会话网络结构及用户交互行为析 [J]. 情报理论与实践，2018，41（10）：124-130.

② 卢恒，张向先，张莉曼，等. 会话分析社角下虚拟学术社区用户交互行为特征研究 [J]. 图书情报工作，2020，64（13）：80-89.

③ 鲍日勤. 基于课程BBS平台的远程学习者异步交互行为实证研究 [J]. 中国远程教育，2007（9）：44-48.

④ 李立峰. 基于社会网络理论的顾客创新社区研究：成员角色、网络结构和网络演化 [D]. 北京：北京交通大学，2017.

⑤ 田博，凡玲玲. 基于交互行为的在线社会网络社区发现方法研究 [J]. 情报杂志，2016，35（11）：183-188.

观、微观三个层面分析交互网络的结构特征。罗军研究了直接连接效用下、间接连接效用下、群内—群外效应下以及多知识社群效应下，企业员工知识分享关系行为的网络结构特征[①]。李立峰从顾客创新社区关系网络结构的基本属性、网络中心性、成分分析、凝聚子群四个维度分析了互动关系网络、社交关系网络、知识共享关系网络的结构特征[②]。胡哲等对突发事件情境下的在线健康社区用户交互行为进行量化分析，通过爬取百度贴吧中健康类贴吧的文本数据，分别分析了用户信息交互行为的整体网络结构和个体网络结构[③]。研究结果显示，整体网络密度较松散、用户之间连通性不高；点度中心度高的用户能够得到社群的认同、关注和回帖，而这一部分用户也是社区网络中具有影响力的成员，应重视其在社区网络中具有的核心地位和发挥的引导作用；网络距离测量显现出的效应与现实生活中人际交往特征吻合，出于信任感，人们更愿意接收强关系用户的信息。个体网络结构分析结果显示，由于网络节点的疏离，核心成员很难控制网络其他节点用户交互行为，由于自身的影响力不足，在整个网络中无法发挥"桥"的作用。

（3）信息交互行为的影响因素。

网络用户信息交互行为受到多重内外部因素的共同作用，Koranteng 等基于社会资本理论分析了社交网站用户知识共享行为的影响因素，通过实例验证了社会互动关系、互惠、认同、共享语言和共享愿景等因素对用户知识共享行为的影响[④]。Bock 等基于计划行为理论，结合社会心理因素和组织氛围因素提出影响用户知识共享行为的假设[⑤]。研究表明，态度与主观规范共同作用于知识共享行为；文化氛围影响个人分享意愿；互惠关系影响个人的态度，进而影响共享行为。

国内学者从用户心理因素角度出发，结合环境因素构建了网络用户信

① 罗军. 基于复杂社会网络的企业员工知识分享行为研究 [D]. 重庆：重庆大学，2013.

② 李立峰. 基于社会网络理论的顾客创新社区研究：成员角色、网络结构和网络演化 [D]. 北京：北京交通大学，2017.

③ 胡哲，查先进，严亚兰. 突发事件情境下在线健康社区用户交互行为研究 [J]. 数据分析与知识发现，2019（12）：10-20.

④ KORANTENG F N，WIAFE I. Factors that promote knowledge sharing on academic social networking sites [J]. Education and Information Technologies，2019，24（2）：1211-1236.

⑤ BOCK G W，ZMUD R W，KIM Y G，et al. Behavioral intention formation in knowledge sharing：examining the role of extrinsic motivators，social-psychological forces，and organizational climate [J]. MIS Quarterly，2005，29（1）：87-111.

息交互行为理论模型，得出感知风险和环境因素显著影响交互成本进而对交互动力产生作用的结论①。陈远等基于小猪短租平台的房主与租客的个体网络结构，提出基于中心度与相连用户交互行为关系的研究假设，采用二模网络分析方法，验证了租客的中介中心度与相连用户正相关；核心租客的中介中心度影响到房东的房屋供给行为；房东的中介中心度影响租客的租赁行为②。马捷等采用扎根理论方法，对政务平台10名用户访谈数据逐层编码，构建政务信息交互行为影响因素模型③。研究表明，信息特征、平台、用户特征、信息发布者特征是政务信息交互行为的影响因素。该研究为政务平台用户信息交互行为提供一个新的视角，同时也为政务平台管理提供了有利的参考依据。还有学者认为信息主体、信息和信息环境是影响用户信息交互行为的三个主要因素④。

1.3.3　社会化交互研究现状

社会化交互是以强连接社会关系为主导的个体与个体的个别化交互，和以弱连接社会关系为主体的个体与群体或群体与群体的泛化交互，社会化交互是用户进行信息交换与情感互动的社会交往活动。1989年美国学者穆尔提出远程教育中的三种交互形式，包括学习者与学习内容的交互、学习者与教师的交互以及学习者之间的交互。他强调远程教育中自主学习能力的重要性，但协作学习是激发学习兴趣和知识创新的关键因素⑤。Bates首次提出社会性交互的概念，他指出远程教育的互动存在两种不同的情境，一种是学习者个体孤立的活动，即学习者与学习材料（包括文本、视频或者计算机系统）的交互，定义为"个别化交互"；另一种是社会性活动，即两个或两个以上的人关于学习内容的交互活动，定义为"社会性交

①　刘高勇，邓胜利，王彤. 网络用户信息交互动力的实证研究［J］. 情报科学，2014，32（5）：115-119.

②　陈远，刘福珍，吴江. 基于二模复杂网络的共享经济平台用户交互行为研究［J］. 数据分析与知识发现，2017（6）：72-82.

③　马捷，张世良，葛岩，等. 新媒体环境下政务信息交互行为影响因素研究［J］. 情报资料工作，2020，41（1）：24-31.

④　齐云飞，张玥，朱庆华. 信息生态链视角下社会化问答用户的信息交互行为研究［J］. 情报理论与实践，2018，41（12）：1-7，26.

⑤　MOORE M G. Three types of Interaction［J］. American Journal of Distance，1989，3(2)：1-7.

互"①。Bates 对社会性交互概念的界定为后续相关研究奠定了基础。

（1）社会化交互模型研究。

早期社会化交互模型的研究始于国外学者 Henri，之后各领域学者根据学科特点进一步发展了该模型。本书将具有代表性的模型归纳在表 1.1 中。

表 1.1　社会化交互的代表性模型

作者	模型维度	文献
Henri F	参与、互动、社会、认知、元认知	Computer conferencing and content analysis②
Laurillard D M	适应性交互、会话性交互	Rethinking university teaching: a conversational framework for the effective use of learning technologies③
Garrison D R, Archer T A W	触发、探索、整合、解决	Critical thinking, cognitive presence and computer conferencing in distance education④
Mckenzie W, Murphy D	参与性、交互性、认知、元认知	I hope this goes somewhere: evaluating of an online discussion group⑤
陈丽	操作交互、信息交互、概念交互	远程学习的教学交互模型和教学交互层次塔⑥
丁兴富、李新宇	人媒交互、通信交互、人际交互、内化交互	远程教学交互作用理论的发展演化⑦

Henri 的五维交互分析模型由学习者参与率、交互类型、社会线索、认知技能与深层加工、元认知知识与元认知技能几个维度构成⑧。五维交

---

① BATES A W. Interactivity as a criterion for media selection in distance education [J]. Never Too Far, 1991 (16): 5-9.

② HENRI F. Computer conferencing and content analysis [M]. Berlin: The Najaden Papers, 1992: 61.

③ LAURILLARD D M. Rethinking university teaching: a conversational framework for the effective use of learning technologies [M]. London: Routledge, 2002: 38.

④ GARRISON D R, ARCHER T A W. Critical thinking, cognitive presence and computer conferencing in distance education [J]. American Journal of Distance Education, 2001, 15 (1): 7-23.

⑤ MCKENZIE W, MURPHY D. I hope this goes somewhere: evaluating of an online discussion group [J]. Australian Journal of Educational Technology, 2000, 16 (3): 239-257.

⑥ 陈丽. 远程学习的教学交互模型和教学交互层次塔 [J]. 中国远程教育, 2004 (3): 24-28.

⑦ 丁兴富, 李新宇. 远程教学交互作用理论的发展演化 [J]. 现代远程教育研究, 2009 (3): 8-12, 71.

⑧ HENRI F. Computer conferencing and content analysis [M]. Berlin: The Najaden Papers, 1992: 61.

互分析模型深入解析了网络教学环境下教师该如何处理远程学习群体的工作，为教师们了解整个教学过程，优化教学交互设计，提高与学生的互动效率提供了有利的指导。

陈丽提出了远程学习的会话交互模型①，如图 1.2 所示。她认为远程交互过程中学习者会发生两个层面交互，第一层交互是适应性交互，即学习者与环境之间的交互，包括物理环境和教师构建的环境。学习者通过适应环境任务和反馈发生行为的变化。第二层交互是会话性交互，即学习者认知冲突所引发的概念转变。Laurillard 认为用户远程的交互活动是有意图的、动态的、意义建构的过程，通过新旧知识的相互作用产生认知冲突，从而实现新旧概念的交替②。个体发生概念的交互与转变是有意义学习的内在机制，个体交互过程中原认知与新认知之间产生冲突，触发了自身对观点概念框架的理解发生变化，即产生了概念的转变。

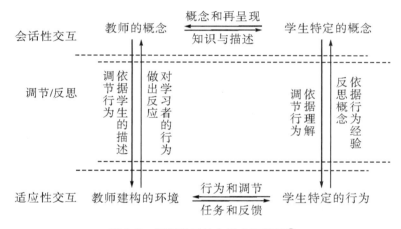

图 1.2 远程学习的会话交互模型③

Mckenzie 和 Murphy 在 Henri 的交互模型基础上，开发了参与性、交互性、认知与元认知四个维度评价用户的交互量表④。其中，参与性以参与程度、参与结构和参与类型来测量；交互性维度包括显性交互（直接评

---

① 陈丽. 远程学习的教学交互模型和教学交互层次塔 [J]. 中国远程教育，2004（3）：24-28.

② LAURILLARD D M. Rethinking university teaching：a conversational framework for the effective use of learning technologies [M]. London：Routledge，2002：38.

③ 陈丽. 远程学习的教学交互模型和教学交互层次塔 [J]. 中国远程教育，2004（3）：24-28.

④ MCKENZIE W，MURPHY D. I hope this goes somewhere：evaluating of an online discussion group [J]. Australian Journal of Educational Technology，2000，16（3）：239-257.

论、直接回复)、隐性交互（间接评论、间接回复）以及独立陈述（即发表与主题相关的新观点）；认知维度的批判性思维以澄清、深入澄清、推论、判断、策略五个层面测量，信息处理则包括表面信息处理与深层信息处理；元认知维度的知识包括人、任务以及策略，技能则包括评价、规划、法规和自我意识几个要素。研究通过定性与定量相结合的方法，验证了量表的可靠性和科学性，是网络交互内容与行为研究的经典模型。

Garrison 等提出了由触发、探索、整合、解决四阶段组成的交互评价模型①，如图 1.3 所示。模型采用了 Garrison 等于 2001 年开展的一项社区调查的概念框架。

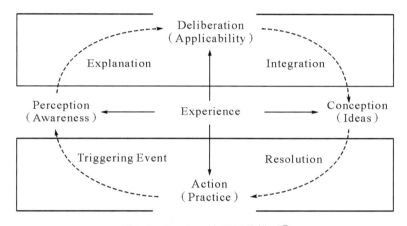

图 1.3　Garrison 交互评价模型②

触发阶段教师承担学习任务和目标发起者与传达者的角色，学习小组成员也可在这一阶段有目的地添加触发事件；探索阶段要求学生感知和掌握问题的本质特征，在个体与外部环境的交互过程中产生批判性反思；整合阶段是学习者的过渡阶段，学生在不断反思中进行整合和意义建构，这一阶段是推动学习者批判性思维和认知发展的更高阶段；通过解决阶段，学习者能够采用直接或替代的方法解决困境，获得新知。该模型重点关注学习者的高阶认知过程，即批判性思维，而非具体的思维过程。

陈丽以 Laurillard 提出的远程学习会话交互模型为基础，结合 Hillman

---

① GARRISON D R, AECHER T A W. Critical thinking, cognitive presence and computer conferencing in distance education [J]. American Journal of Distance Education, 2001, 15 (1): 7-23.

② GARRISON D R, ARCHER T A W. Critical thinking, cognitive presence and computer conferencing in distance education [J]. American Journal of Distance Education, 2001, 15 (1): 7-23.

等的研究①、Moore 的三种交互类型②、丁兴富的教学三要素，对适应性交互和会话性交互两个层面进行补充，重新确定了操作交互、信息交互和概念交互三个层面③。丁兴富等探讨国内外经典的交互理论与模型，以陈丽的远程交互层次塔为基础，融合霍姆伯格的教学会谈和非连续双向交互通信理论，构建了远程教学交互与校园教学交互的双塔模型，该模型是远程与现实交互活动中，评估学习者交互水平的重要理论模型④。

（2）社会化交互评价研究。

目前关于社会化交互评价的研究多基于国外理论模型，选取交互论坛的文本信息进行编码汇总，评估方式一般从某个侧面反映学习者社会化交互水平。相关研究涵盖远程教育、虚拟社区、微信公众号等多种网络平台，研究多采用社会网络分析、内容分析、层次分析、主题聚类等研究方法，从用户交互的数量和交互内容的深度来评估社会化交互水平。在交互数量方面，已有研究主要采用社会网络分析法，以交互的点入度、点出度、中心度、网络密度、互惠性等指标判断用户参与度和活跃度。在交互内容方面，学者们基于已有的理论框架分析交互文本内容。如戴心来等基于 Bloom 认知分类理论，从识记、理解、运用、分析、评价和创新六个层面分析用户的社会化交互层次⑤；曹传东等采用 Gunawardena 五阶段（包括分享与澄清、认知冲突、意义协商、检验修正、达成与应用）交互模型，选取果壳网一门 MOOC 讨论区文本数据，评估学习者社会化交互水平⑥。邹沁含等基于联通主义学习理论构建交互文本的评价指标体系，运用层次分析和主题聚类方法，根据交互文本词频统计与主题匹配度，判断用户社会化交互质量⑦。还有学者对用户社会性交互质量评价指标体系展

① HILLMAN D C A，WILLIS D J，GUNAWARDENA C N. Learner-interface interaction in distance education：an extension of contemporary models and strategies for practitioners［J］. American Journal of DistanceEducation，1994，8（2）：30-42.

② MOORE M G. Three types of Interaction［J］. American Journal of Distance，1989，3(2)：1-7.

③ 陈丽. 远程学习的教学交互模型和教学交互层次塔［J］. 中国远程教育，2004（3）：24-28.

④ 丁兴富，李新宇. 远程教学交互作用理论的发展演化［J］. 现代远程教育研究，2009（3）：8-12，71.

⑤ 戴心来，王丽红，崔春阳，等. 基于学习分析的虚拟学习社区社会性交互研究［J］. 电化教育研究，2015（12）：59-64.

⑥ 曹传东，赵华新. MOOC 课程讨论区的社会性交互个案研究［J］. 中国远程教育，2016（3）：39-44.

⑦ 邹沁含，庞晓阳，黄嘉靖，等. 交互文本质量评价模型的构建与实践：以 cMOOC 论坛文本为例［J］. 开放学习研究，2020，25（1）：22-30.

开了探索性的研究。如魏志慧等构建了由媒体与界面交互性、学生与学习资源交互、教师的参与程度、学生的参与程度、社会化交互的教学设计 5 个一级指标和 47 个二级指标组成的评价指标体系①。熊秋娥基于建构主义学习理论，构建了在线学习中异步社会性交互质量评价指标体系，包括在线交互水平、人际交互能力、批判性思维水平、教师参与角色、知识建构水平 5 个一级指标和 53 个二级指标②。

（3）社会化交互影响因素研究。

社会化交互是虚拟社区用户活动的关键部分，分析社区中影响交互的相关因素，揭示社会化交互中存在的问题，对提高知识获取效率与学术能力的发展具有重要意义。Chua A 提出了社会化交互的结构、关系和认知三个维度，分析学习者知识建构的测量指标，构建学习者社会化交互与知识建构过程的影响关系模型，通过问卷调查和回归分析，证实了社会化交互水平对知识建构质量的正向影响作用，特别是社会化交互关系维度对知识建构的影响显著大于结构维度和认知维度③。陈丽在总结前人成果的基础上，构建了远程教育中社会化交互因素分析模型，该模型包括交互者的特征、交互模式、交互过程、课程四个维度，验证了四维因素的正交关系，并将其定为第五个维度④。况姗芸和崔佳等分别探讨了交互主体、交互内容、交互环境等对社会化交互的影响作用⑤⑥。李建生等探讨了教师参与程度与交互时间对社会化交互次数与交互内容的影响，证实了教师在网络学习社区中的关键作用⑦。陈为东等基于技术接受模型、社会认知理论等构建学术虚拟社区社会化交互影响因素理论模型，运用结构方程验证了模型的适用性⑧。研究结果表明：互惠、感知有用性、感知易用性、归属感正

① 魏志慧，陈丽，希建华. 网络课程教学交互质量评价指标体系的研究 [J]. 开放教育研究，2004 (6)：34-38.

② 熊秋娥. 在线学习中异步社会性交互质量评价指标体系研究 [D]. 南昌：江西师范大学，2005.

③ CHUA A. The influence of social interaction on knowledge creation [J]. Journal of Intellectual Capital，2002，3 (4)：375-392.

④ 陈丽. 远程学习的教学交互模型和教学交互层次塔 [J]. 中国远程教育，2004 (3)：24-28.

⑤ 况姗芸. 课程论坛中的交互行为促进策略研究 [J]. 中国电化教育，2006 (12)：31-34.

⑥ 崔佳，马峥涛，杜向丽. 远程学习中社会性交互质量的控制策略 [J]. 广州广播电视大学学报，2008，8 (6)：34-37，106.

⑦ 李建生，张红玉. 网络学习社区的社会性交互研究：教师参与程度和交互模式对社会性交互的影响 [J]. 电化教育研究，2013 (2)：36-41.

⑧ 陈为东，王萍，王美月. 学术虚拟社区用户社会性交互的影响因素与优化策略研究 [J]. 情报理论与实践，2018，41 (6)：117-123.

向影响社会性交互态度，态度—意向—行为呈链式影响关系。此外，还有学者将社会化交互作为前因变量，研究其对用户意愿的影响。如史慧珊等提出社会性交互对学习者临场感、学习积极性、社会性学习、优化学习效果的影响，同时分析社会性交互在教师实施教学评价、丰富教师角色中发挥的重要作用①。周涛等将社会化交互定义为人人交互，将相似度、专业度与熟悉度作为三个测量指标，验证了变量对"流体验"的直接影响作用，以及对购买、分享意愿的间接影响作用②。

（4）社会化交互策略研究。

社会化交互的相关研究涉及多个学科领域，学者们普遍认为社会化交互是远程教育和学术虚拟社区可持续发展的重要因素。学术虚拟社区用户社会化交互动力不足是目前亟待解决的问题，学者们分别从不同的角度提出了改进社会化交互质量的策略与方法。陈丽等提出远程学习中学习者社会性交互策略框架，以时间线为逻辑起点，从交互准备阶段、交互进行阶段、交互结束阶段，分别阐释了宏观和微观层面的交互策略③。李远航等从社会学的视角提出，社区中的领袖群体是构成社会化交互的重要人物，能够引领和带动社区成员积极参与互动，良好的交互氛围也是促进社会化交互的前提和保障，研究重点强调了师师交互的重要作用④。李良基于建构主义理论和最近发展区理论，构建了网络学习社区社会性交互评分标准，提出交互内容模块化、交互评价标准化、交互平台人性化、交互辅助多元化、交互监控系统化五方面的提升策略⑤。韩国学者 Byun M 等将 K-MOOC 的 21 门课程与国际 6 个典型 MOOC 平台 Coursera、edX、Future learn、Iversity、Udacity 和 Udemy 相同课程进行比对，发现韩国大型在线开放课程 K-MOOC 在教学实施过程中社会化互动存在缺陷⑥。基于此，Byun M 以 Moore 的三种交互方式为研究框架，提出三种互动教学策略，师生互动对学生在 K-MOOC 学习的重要性；生生互动应在课程中实施并以同伴评

① 史慧珊，郑燕林. MOOC 中社会性互动的功用分析 [J]. 现代远距离教育，2016（2）：29-35.

② 周涛，石楠. 社会交互对社会化商务用户体验的作用机理研究 [J]. 现代情报，2019，39（2）：105-110，120.

③ 陈丽，全艳蕊. 远程学习中社会性交互策略和方法 [J]. 中国远程教育，2004（9）：14-17.

④ 李远航，王子平. 社会学视角下的虚拟学习社区中社会性交互研究 [J]. 现代教育技术，2009，19（9）：75-77.

⑤ 李良. 突破在线教学瓶颈，促进学生社会性交互 [J]. 中国远程教育，2011（11）：47-50.

⑥ BYUN M, LEE J, HONG S, et al. Instructional strategies to promote interaction in K-MOOC：focused on Moore's three types of interaction [J]. Journal of Korean Association for Education and Media，2016，22（3）：633-659.

价的方式呈现；课程全部内容包括学习任务、活动安排和期望应详尽描述，允许学生下载全部文本和视频资料，以促进学生与学习内容的交互。此外，也有学者从媒体工具、平台功能与机制、交互设计以及知识融合等方面提出促进社会性交互的优化机制①。

1.3.4　研究评述

通过对国内外相关研究的梳理与总结，本书发现各领域的研究热点主要集中在以下方面：①在学术虚拟社区领域，国内外学者主要关注知识共享研究、用户科研合作行为以及知识交流效率三个方面。②在信息交互行为领域，国内外研究热点包括信息交互行为模式与特征、影响因素、社会网络关系与结构等方面。③在社会化交互研究领域，研究主要聚焦在社会化交互内涵与交互模型、影响因素、交互评价及策略方面。

从国内外相关研究采用的方法来看，国内外学者采用的研究方法存在以下异同点：①学术虚拟社区相关研究中，学者们分别采用了定性与定量分析方法，具体来说，对学术虚拟社区知识共享行为影响因素、知识交流效率评价等的研究多采用定量的分析方法，而对学术虚拟社区特征与交互环境架构等的研究多采用定性的分析方法。②用户信息行为的相关研究中，国外学者多采用观察法、实验法以及数据挖掘的方法，如链接分析技术；国内相关成果更多采用文献调研法和访谈法相结合，推理和演绎出用户信息行为的过程与演化规律。③社会化交互相关研究中，国外研究主要采用模型分析与实证分析相结合的方法；国内学者在社会化交互影响因素与质量评价研究中多运用问卷调查法、社会网络分析法与德尔菲法等。

从国内外相关文献的发展趋势来看，各领域研究主要呈现以下趋势：①目前，学术虚拟社区用户信息行为相关研究得到广泛关注，用户的持续关注与使用是学术虚拟社区知识服务能力与学术影响力最直接的体现，该领域在用户信息行为方面取得了丰硕的成果，包括信息的共享、搜索及协作等行为，而上述行为发生的前提是用户与平台的互动和用户间社交关系的建立，因此学术虚拟社区交互行为以及引发用户交互活动的相关问题得到了足够重视。②跨学科理论与方法的融合已成为未来的研究趋势。由国内外近年来的研究成果不难看出，为了适应学科发展，用户知识需求与协

---

① 张喜艳，王美月. MOOC 社会性交互影响因素与提升策略研究：人的社会性视角 [J]. 中国电化教育，2016 (7)：63-68.

作对象都显现出交叉与跨学科的特点，由此对于用户信息行为研究的相关理论与方法也从单一学科向多学科融合转变，需要综合情报学、计算机科学、管理学、心理学以及社会学等理论与方法，挖掘、分析与评价学术虚拟社区用户信息行为。③Web2.0 环境下的学术虚拟社区中，去中心化的交流方式更依赖用户之间的网络关系与网络结构，基于社会网络分析学术虚拟社区用户行为特征对于加速知识传播效率，扩大社区学术影响力具有重要意义。

综上所述，目前国内外学术虚拟社区用户社会化交互行为涉及的研究只从某一个侧面展开，对于学术虚拟社区用户社会化交互行为机理与网络关系特征研究较少，缺乏全面系统的研究理论框架；此外，相关研究多以远程教育领域平台为研究对象，缺少针对以科研服务为目的的学术虚拟社区的研究。在社会化交互行为影响因素与质量评价方面，现有研究多采用定量的统计方法与实例验证，鲜有采用定性与定量相结合的方法。基于此，本书利用文献调研法、实证分析法、数据挖掘法、社会网络分析法、可拓评价法等方法，从学术虚拟社区用户社会化交互行为的内在机理出发，研究学术虚拟用户社会化交互行为的影响因素、网络结构、行为特征与交互效果评价问题，以期发掘用户知识需求，优化网络结构，推动学术虚拟社区可持续发展。

1.4　研究内容与研究方法

1.4.1　研究内容

本书在总结国内外相关研究基础上提出下列研究问题：①学术虚拟社区用户社会化交互行为机理是什么？②学术虚拟社区用户社会化交互行为的影响因素有哪些？③学术虚拟社区用户社会化交互的网络结构以及不同网络结构下用户具有哪些行为特征？如何科学地评价学术虚拟社区用户社会化交互效果？基于上述问题，本书首先概述了学术虚拟社区社会化交互涉及的概念、内涵、特征以及相关理论，详细剖析了学术虚拟社区用户社会化交互行为的机理；基于 S-O-R 模型、D&M 模型、TAM 模型，采用结构方程实证分析了学术虚拟社区用户社会化交互行为影响因素；利用社会网络分析法挖掘学术虚拟社区社会化交互网络结构及用户行为特征；在此基础上，采用物元可拓评价法构建学术虚拟社区用户社会化交互效果评价指标体系并进行可拓评价；最后从理论层面出发，提出学术虚拟社区用户社会化交互行为的引导策略。

本书分为 8 章，具体的研究内容如下：

绪论。本章主要阐述了学术虚拟社区用户社会化交互行为研究背景和研究意义，通过系统地梳理学术虚拟社区、信息交互行为和社会化交互的国内外研究现状，引出本书的研究问题，明确研究的主要内容、研究方法、技术路线，并提出本书的创新点。

相关概念及理论基础。本章主要概述了本书的核心概念和相关理论，为全书的研究奠定理论基础。本章界定了学术虚拟社区、社会化交互、学术虚拟社区社会化交互的概念、内涵及特征。本书涉及的相关理论包括社会网络理论、S-O-R 模型、远程交互层次塔模型。

学术虚拟社区用户社会化交互行为的机理分析。本章剖析了学术虚拟社区用户社会化交互行为的动机、要素、网络结构和形成过程，揭示了学术虚拟社区用户社会化交互行为形成机制，旨在从全方位、多维度视角分析用户社会化交互行为的发生与演化过程，从而构建学术虚拟社区用户社会化交互行为机理模型。

学术虚拟社区用户社会化交互行为影响因素分析。本章以 S-O-R 模型为理论框架，借鉴信息系统成功模型、技术接受模型，结合学术虚拟社区用户社会化交互网络结构特征，构建了学术虚拟社区用户社会化交互行为影响因素的理论模型。其中，刺激因素包括信息质量、系统质量、服务质量、网络密度、网络中心性、联结强度；有机体是用户受到外部刺激所产生的感知有用性、感知易用性、社会化交互态度、社会认同感、自我效能感；反应是学术虚拟社区用户社会化交互行为。本书通过对典型学术虚拟社区用户进行问卷调查，运用结构方程模型实例验证了假设的合理性。

学术虚拟社区用户社会化交互网络结构与行为特征分析。本章基于社会网络理论和分析框架，通过爬取小木虫学术社区用户的交互行为数据，解析学术虚拟社区用户社会化交互网络结构，分别从整体网络、内部子结构网络和个体网络剖析用户的行为特征。

学术虚拟社区用户社会化交互效果评价。本章主要以远程交互层次塔模型为基础，构建了学术虚拟社区用户社会化交互效果评价指标体系，采用物元可拓方法对学术虚拟社区用户社会化交互效果进行可拓评价。本书通过提取敏感性指标，利用客观赋权的方法验证了物元评价方法的有效性，同时分析了指标权重随实际值变化的影响程度。

学术虚拟社区用户社会化交互行为引导策略。本章依据前文的研究结果，总结归纳学术虚拟社区面临的知识服务困境以及用户社会化交互中存在的问题，分别从平台环境层面、网络结构层面、用户感知—认知层面提出学术虚拟社区用户社会化交互行为的引导策略。

研究结论与展望。本章总结了全文的研究结论与局限，探讨学术虚拟社区用户社会化交互行为未来研究的前景。

1.4.2 研究方法

本书聚焦学术虚拟社区用户社会化交互行为，综合了社会学、心理学、情报学等多个交叉学科领域，在梳理国内外相关研究的基础上，采用定性与定量相结合、理论与实证相结合的方法展开全文的研究工作，涉及的主要研究方法如下。

（1）文献调研法。

文献调研法是对目前国内外相关研究现状、研究方法和理论进行系统全面的归纳和总结的方法。本书通过梳理学术虚拟社区、信息交互行为、社会化交互相关研究现状，发现相关研究不足，在此基础上，通过文献调研与回顾，界定了学术虚拟社区用户社会化交互的定义，阐明相关理论对本书研究内容的支撑作用。此外，本书构建的各类理论模型均需建立在大量文献调研的基础上。

（2）社会网络分析法。

社会网络分析法是挖掘学术虚拟社区用户社会化交互文本数据的网络结构与行为特征的方法。本书采用 Ucinet 和 Gephi 软件，分别分析了社会化交互的整体网络、内部子结构网络以及个体网络，以获取不同网络结构下学术虚拟社区用户社会化交互的行为特征。

（3）实证研究法。

实证研究法是在价值中立的条件下，以对经验事实的观察为基础来建立和检验知识性命题的各种方法的总称。本书选取国内典型的学术虚拟社区用户并爬取小木虫网站"材料综合版块"中交互文本数据，采用 Amos、Ucinet、Gephi、Python 等工具，对学术虚拟社区用户社会化交互行为的影响因素、行为特征、交互效果等进行了实例验证分析。

（4）物元可拓法。

物元可拓法是以物元理论与可拓集合理论为支撑，通过研究事物的内在矛盾机制，求解不相容问题的方法。由于物元可拓法能够降低个体主观因素形成的偏差，提升评价的客观性和准确性，因此本书采用物元可拓法评价了学术虚拟社区用户社会化交互效果。

1.5　研究技术路线与创新点

1.5.1　研究技术路线

本书的研究技术路线，如图 1.4 所示。

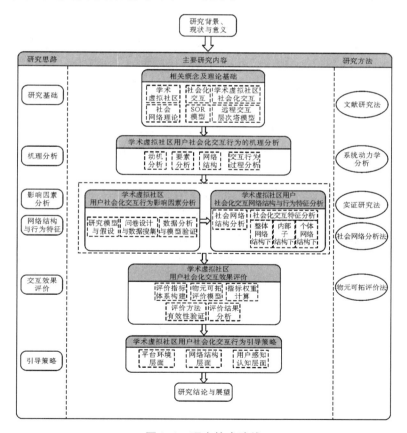

图 1.4　研究技术路线

1.5.2　创新点

本书主要创新点包括以下四个方面。

（1）系统分析了学术虚拟社区用户社会化交互行为机理。本书在相关文献综述和理论分析的基础上，结合学术虚拟社区与社会化交互行为的概念特征和发展脉络，尝试性地构建了学术虚拟社区用户社会化交互行为的机理模型，包括社会化交互行为动机、要素、网络结构、形成过程与机制。分析交互行为机理有助于发掘用户社会化交互行为产生与持续进行的原理和规律，从理论上完善社会化交互行为研究的思想和框架。

（2）构建了学术虚拟社区用户社会化交互行为影响因素模型。以往关于虚拟环境下用户交互行为影响因素的研究主要集中于内外部环境、用户感知等方面，而交互主体间形成的网络结构同样在交互过程中影响着用户认知与情感体验。本书将 S-O-R 模型作为学术虚拟社区用户社会化交互行为影响因素研究的理论框架，从平台环境、网络结构和用户感知三个维度构建影响因素假设模型。其中，网络结构维度重点突出社会化交互网络中用户的位置与关系特征，笔者采用翔实的问卷调查方法收集数据，验证了本书提出的假设。研究结论能够帮助学术虚拟社区深入了解用户需求，为优化平台知识管理与服务体系提供指导。

（3）深入剖析了学术虚拟社区社会化交互网络结构与用户行为特征。本书基于社会网络相关理论与方法，提出学术虚拟社区用户社会化交互网络结构分析框架，即宏观层——整体网络、中观层——内部子结构网络、微观层——个体网络，分析了不同网络结构下用户社会化交互行为的特征。社会网络结构分析框架有助于发掘社会化交互行为研究的具体层次，帮助平台管理者有针对性地选择和定位具体服务对象和范围。

（4）评价学术虚拟社区用户社会化交互效果。本书引入远程交互层次塔模型作为学术虚拟社区用户社会化交互评价指标体系构建的理论依据，为社会化交互评价研究开辟了一个新的理论方向。同时，本书采用物元可拓评价方法评估学术虚拟社区用户社会化交互效果，并通过提取敏感性指标，利用客观赋权的方法验证了物元评价方法的有效性，为社会化交互效果评价提供了一种可行的方法。

2 相关概念及理论基础

2.1 相关概念

2.1.1 学术虚拟社区

（1）学术虚拟社区的概念。

community 源于拉丁语，原意为共同体，指某种社会组织的形式，经过社会学领域研究的不断发展，Community 逐步被译成"社区"。滕尼斯于 1887 年所著的《社区与社会》中提到，社会与社区是人类共存的两种生活形式，社区的产生基于人类的情感、血缘、风俗习惯等"自然意愿"，这种组织形式包括村镇、邻居和家族等①。区域空间、处于该区域的群体以及群体共同活动积累的经验，是社区必须具备的三个要素。人作为社区成员，通过直接或间接的互动，在社区整体的建设和发展中起着关键作用。随着互联网技术的出现和信息社会的高速发展，人们相互之间的交流方式发生了根本性的变化，虚拟的交流方式不再受时空的限制，虚拟社区也由此诞生。Rheingold 于 1993 年首次提出了"虚拟社区"的概念，他认为虚拟社区是具有一定程度共识，利用互联网进行交流沟通以分享知识和信息的用户团体②。Romm 和 Clarke 弱化了 Rheingold 所认为的社区中人与人之间关系的亲密程度，他们认为虚拟社区是"除当面沟通外，还利用网络媒

---

① 马汀·奇达夫.社会网络与组织 [M].王凤彬，蔡文彬，译.北京：中国人民大学出版社，2002：72.

② RHEINGOLD H. The virtual community：home steading on the electronic frontier [M]. New York：HarperPerennial，1993：35.

体进行信息交流，通过互动而形成人际的网络社区①。Balasubraman 等认为虚拟社区是一个具有合理性、聚合使用者、将使用者利益最大化、交流不受地域限制、可供使用者进行知识交流和共享的载体②。国内学者周德民等将虚拟社区视为一个虚拟共同体，他认为该共同体的媒介是互联网，并由联系密切的人通过信息技术组成③。

学术虚拟社区（又称虚拟学术社区）是基于虚拟社区发展而来的，虚拟社区主要强调网络信息技术对人们交流方式的转变，而学术虚拟社区更强调学习主题，其主要的使用对象为科研工作者，旨在为科研人员提供高效、便捷的学术交流环境而建立起来的专业性社区。学术界目前对学术虚拟社区的概念和边界尚未有统一的界定。Russell 等认为学术虚拟社区是一种凭借互联网技术使社区成员获取知识的机构④。Markus 提出，学术虚拟社区是一个以专业知识为导向的虚拟社区，强调交互主体与客体专业性，社区的成员既是知识的生产者，同时也是知识的消费者⑤。徐美凤等基于Hagel 和 Armstrong 以及 Markus 的分类，认为学术虚拟社区是用户通过学术信息交流手段，进行特定专业主题讨论的专业型社区⑥。李建国等对学术虚拟社区给出了相对简洁的定义，即面向科研人员的社交网络，并强调了社会交互在社区中的重要作用⑦。夏立新等认为虚拟学术社区是为学者和专家提供学术知识交流的网络平台⑧。个体学者愿意融入浓厚的学术环境中并产生积极的知识贡献和学术交流意愿。王东指出学术虚拟社区具有一

① ROMM C R, CLARKE J. Virtual community research themes：a preliminary draft for a comprehensive model [J]. Australasian Conference on Information, 1995 (6)：26-29.

② BALASUBRAMAN S, MAHAJAN V. The economic leverage of the virtue community [J]. International Journal of Electronic Commerce, 2001 (3)：103-138.

③ 周德民，吕耀怀. 虚拟社区：传统社区概念的拓展 [J]. 湖湘论坛，2003 (1)：68-82.

④ RUSSELL M, GINSBURG L. Learning online：extending the meaning of community：a review of three programs from the South Eastern United States [M]. Philadelphia：National Center on Adult Literacy, University of Pennsylvania, 1999：114.

⑤ MARKUS E. Characterizing the virtual community [EB/OL]. (2020-12-12) [2023-12-05]. http：www.sapdesignguild.org/editions5/communities.asp.

⑥ 徐美凤，叶继元. 学术虚拟社区知识共享研究综述 [J]. 图书情报工作，2011, 55 (13)：67-71, 125.

⑦ 李建国，汤庸，姚良超，等. 社交网络中感知技术的研究与应用 [J]. 计算机科学，2009, 36 (11)：152-156.

⑧ 夏立新，张玉涛. 基于主题图构建知识专家学术社区研究 [J]. 图书情报工作，2009, 53 (22)：103-107.

般社区的属性，同时也有网络环境所赋予的特殊性，他认为虚拟学术社区是科研人员利用网络进行知识交流和人际交往的平台①。孙思阳等则从交流的角度，将虚拟学术社区看作具有创新学术内容的知识交流平台②。遆云鹤综合了多位学者的定义，指出学术虚拟社区是借助互联网与计算机技术，将具有专业性背景且关注点相同的个体聚集在一起进行学术交流活动的专业社区③。综上所述，学者们主要从四个维度对学术虚拟社区的概念进行定义，首先，学术虚拟社区的交流主体为科研工作者或某一特定领域的专业群体；其次，学术虚拟社区交流的内容具有专业性、前沿性、创新性；再次，学术虚拟社区交互以计算机和移动互联网为媒介；最后，学术虚拟社区具有典型的社会性。

根据已有的研究，本书将学术虚拟社区定义为具有专业知识组织、共享、交流与获取功能的科研社交网络，并依托互联网技术，保障和满足个体多种形式的协作互动、情感支持、建立科研社交关系和以学术发展需求为目的的专业知识型社区。

（2）学术虚拟社区的特征。

学术虚拟社区作为学术信息交流与互动平台，在平台功能、网络技术、资源类型以及交互方式等方面都具有诸多特征。除具有一般虚拟社区的共性特征外，还凸显学术性、交互性、开放性和社会性四方面的特征④。

①学术性。学术虚拟社区与其他类型的虚拟社区的显著不同在于它具有"学术性"，这也是知识型专业社区最重要的特征。学术虚拟社区的学术性特点体现在诸多方面，无论从社区用户到用户间交流的内容，或者从社区功能设定到用户交互的目的，无一不体现"学术性"这一鲜明的特点。学术虚拟社区的使用者多为科研工作者或科研领域的专家，也有可能是对学术研究感兴趣或有学术需求的个人或群体，这些使用者本身具备学术属性，具有较高的学术素养和认知水平。在管理方面，学术虚拟社区以学术信息服务理念为基础，体现了以服务科研用户为中心的原则，提供丰富多元的学术信息资源，设置了不同学科门类的多功能学术交流区，以满

① 王东. 虚拟学术社区知识共享实现机制研究 [D]. 长春：吉林大学，2010.

② 孙思阳，张海涛，任亮，等. 虚拟学术社区用户知识交流行为研究综述 [J]. 情报科学，2019，37（1）：171-176.

③ 遆云鹤. 虚拟学术社区知识聚合模型研究 [D]. 长春：吉林大学，2018.

④ 李宇佳. 学术新媒体信息服务模式与服务质量评价研究 [D]. 长春：吉林大学，2017.

足不同领域学者的学术需求。学术虚拟社区用户也围绕学术主题开展交互活动，并在此过程中生成大量具有学术价值的资源。

②交互性。交互性是学术虚拟社区的一大典型特征。同传统媒体相比，学术虚拟社区具有实时互动的功能，而且不再受单向交流的限制，使信息资源能够通过网络技术实现双向流通。学术虚拟社区的交互性特征促使用户从被动的受众角色转变为积极参与者。使用者为了达到其学术目的，通过直接或间接的互动获取自身所需求的学术资源，这种交互性不仅发生在学术内容发布者与需求者之间，还发生在用户与平台界面、用户与信息资源之间。另外，学术虚拟社区中的互动还可以实现用户认知层面新旧概念之间的交替。在交互过程中，用户在满足学术需求的同时，实现社会关系的建立与维护，个体的知识能力和学术水平得到提升，社区的学术口碑获得认同。

③开放性。学术虚拟社区具有平台开放性和参与大众化的特征。大数据背景下的知识时代，大众获取知识的途径已然发生改变，学术虚拟社区作为一个知识型专业社区，用户进入和使用的门槛很低，只需简单注册就可以登录平台获取自己需求的开放性资源。平台的开放性还体现在任何用户都可以成为信息的发布者、组织者、传播者和消费者，利用网络终端发布，上传学术研究成果，实时参与学术研究讨论，浏览、获取由众多科研人员发布的海量学术资料，突破了传统媒介对发布者、发布时间、发布内容以及交流互动的限制，用户只需要使用电脑或手机等移动终端设备就能够完成所有学术交流活动。学术虚拟社区也鼓励用户主动参与资源分享与观点交流，进而加速了知识的传播和创新。

④社会性。学术虚拟社区具有社会性，表现为用户的学术社交行为和学术协作行为。学术社交是学术协作的基础，学术协作为学术社交提供了保障。学术虚拟社区用户在进行学术社交活动时更倾向与自己学科背景、观点、兴趣相同或相似的人交流，学术虚拟社区的匿名性打破了现实生活中身份、职位、年龄等因素所带来的约束，用户可以自由地表达自己的观点，这种平等而无障碍的交流沟通，有利于用户树立个人学术形象，与他人建立良好的学术社交关系。随着交流的不断深化，用户间会产生认同感，逐渐形成具有浓厚学术氛围的社交圈，开展学术协作活动，紧密的学术协作关系又强化了用户间的学术社交关系。

2.1.2　社会化交互

（1）社会化交互的概念。

交互是人们传递符号、信息，分享感情的过程，是通过语言和非语言信息的交流，相互影响的过程。因此，交互作为普遍存在的社会现象，对传播学、社会学、远程教育等领域均具有重要意义。在传播学理论研究中，Wiener认为交互是信息接收者接收来自信息源的信息内容并向信息源进行反馈，使得信息接收者与信息源之间通过不断反馈丰富信息内容，最终实现良好而有效的信息沟通的过程[①]。在社会学理论研究中，交互一词又被称为社会互动、社会交往，是指社会上个人与个人、个人与群体、群体与群体之间通过信息传播而发生的具有互相依赖性的社会交往活动[②]。Blattberg等也认为，交互就是个人与组织之间不受时间和空间影响，彼此之间进行直接沟通的方式和手段[③]。在远程教育领域，Moore最早提出交互关系，并指出交互关系的三种类型：学习者之间、学习者与学习资料以及学习者与教授者[④]。远程教育领域中的交互倾向于一种互相作用关系，这与社会学中的交互相似，只是交互的主体范围缩小为教授者和学习者。张亚培认为，学习中的交互行为是学习者为了达到某种学习目的，发生在传者与受者之间相互的传递、沟通以及反馈信息的动态交流过程[⑤]。

社会化交互（又称"社会性交互"或"社会交互"）作为交互的常见形式，可以从社会学和远程教育两个视角进行概念介绍。社会学视角下，Wiener较早对社会化交互进行了界定，他认为社会化交互指的是信息源与接受者之间的双向沟通和交流[⑥]。Sheizaf等认为，社会化交互不止是一个沟通的过程，而是通过沟通进行信息传达，使信息可以相互关联[⑦]。Williams提出的概念侧重于控制角度，他认为社会交互是指参与者在沟通

①　WIENER D N. Subtle and obvious keys for the Minnesota multiphasic personality inventory [J]. Journal of Consulting Psychology，1948，12（3）：164-170.

②　郑杭生. 社会学概论新修 [M]. 北京：中国人民大学出版社，2003：176.

③　BLATTBERG R C，DEIGHTON J. Interactive marketing：exploring the age of addressability [J]. Sloan Management Review，1991，33（1）：5-14.

④　MOORE M G. Three types of interaction [J]. American Journal of Distance，1989，3(2)：1-7.

⑤　张亚培. 群体非线性学习中交互行为与绩效关系研究 [D]. 武汉：华中师范大学，2011.

⑥　WIENER D N. Subtle and obvious keys for the minnesota multiphasic personality inventory [J]. Journal of Consulting Psychology，1948，12（3）：164-170.

⑦　SHEIZAF R，FAY S. Networked Interactivity [J]. Journal of Computer Mediated Communication，1997，2（4）：24-32.

过程中，能够主导谈话和交换信息的程度①。郭燕提出，社会化交互是发生在社会成员之间的交流和互动，是通过信息的交换和传播使社会成员之间形成相互依存关系的动态过程②。鲁博指出，社会化交互是社会成员在交往过程中进行的信息置换和情感沟通③。史慧姗等认为，社会化互动是指个体或小组间通过互动对象的行为调整自身社会行为的动态变化事件④。远程教育视角下，Bates认为，社会性交互是交互中除个性化交互之外的另一个类型，是学习者与其他社会成员之间的交互⑤。陈丽提出，社会性交互主要指学习者通过各种技术手段与教师和其他学习者之间的信息传递和思想交流⑥。顾清红认为，社会化交互的内容不仅是学习问题，还应包括价值观念等方面的交流，因此将社会化交互定义为学习者在学习过程中，通过媒介或者面对面的方式与教师、同学或其他人相互交流信息、感情、观念和价值观的人际沟通活动⑦。

（2）社会化交互的类型。

从Bates对社会化交互的定义可知，社会化交互包括学习者之间的交互以及学习者和教授者之间的交互两大类。陈丽等在后续的研究中发展了Bates的观点，将其进一步细分为个别化信息交互和集体信息交互两种类型⑧。除了按照定义划分，不同学者还根据不同的研究方向对社会化交互的类型进行了不同程度的划分。

①按照社会化交互的对象，可将社会化交互划分为师生交互和生生交互，且两种交互类型均包括个别化交互和集体交互。在师生交互中，教师和学生之间可以通过一对一的方式进行交互，也可以开展一个教师对多个学生或多个教师对多个学生的交互。对于生生交互而言，可以开展个别化

① WILLIAMS F, RICE R E, ROGERS E M. Research methods and the new media ［M］. New York：The Free Press, 1988：96.

② 郭燕. 基于网络的消费者社会互动及管理研究 ［J］. 商业研究, 2001, 65（5）：90-92.

③ 鲁博. 基于社会交互的亚马逊中国产品在线销售影响因素研究 ［D］. 哈尔滨：哈尔滨工业大学, 2014.

④ 史慧姗，郑燕林. MOOC中社会性互动的功用分析［J］. 现代远距离教育, 2016（2）：29-35.

⑤ BATES A W. Interactivity as a criterion for media selection in distance education ［J］. Never Too Far, 1991（16）：5-9.

⑥ 陈丽. 远程学习中的信息交互活动与学生信息交互网络 ［J］. 中国远程教育, 2004（5）：15-19.

⑦ 顾清红. 远程学习环境中的交互性 ［J］. 常熟高专学报, 2000（2）：86-90.

⑧ 陈丽，全艳蕊. 远程学习中社会性交互策略和方法 ［J］. 中国远程教育, 2006（8）：14-17, 78.

交互，也可以采取集体交互①。

②按照交互发生的场景，可以将社会化交互分为线上交互、线下交互或线上线下相结合的复合网络环境交互②。

③按照交互的内容，可以将社会化交互分为信息交互和情感交互两部分。信息交互是用户之间信息和知识的交流，包括信息搜集、提供和共享行为。情感交互是用户之间关于个人感受、情绪等的交流③。

④按照交互的方向，可以将社会化交互分为双向交互（two-way communication）、同步交互（synchronicity）和动态控制（active control）。双向交互指用户和平台、用户和用户之间的交互，同步交互指用户向交互环境中输入信息并获得即时反馈的互动④。

⑤按照交互的主体，可以将社会化交互从信息接收者、信息和信息源之间的关系分为人际交互（interpersonal interactivity）和内容交互（content interactivity）⑤。

⑥根据交互与媒介之间的关系，可以将社会化交互分为以媒介为内容的交互和以媒介为通道的交互。以媒介为内容的交互偏重人机交互或机器交互，强调用户向电脑或其他网络设备发出指令，而以媒介为通道的交互即人际交互，侧重于人与人之间的互动⑥。

（3）社会化交互的作用。

社会交互作为社会成员之间进行信息传播，获取有用信息的社会交往活动，能够帮助用户获取交流体验⑦，提升用户的参与水平⑧，增强用户的

---

① 王玮. 基于教育云平台的教师在线学习社区社会性交互评价指标与方法研究 [D]. 武汉：华中师范大学，2018.

② 周军杰，左美云. 线上线下互动、群体分化与知识共享的关系研究：基于虚拟社区的实证分析 [J]. 中国管理科学，2012（6）：185-192.

③ 周涛，檀齐，TAKIROVA B，等. 社会交互对用户知识付费意愿的作用机理研究 [J]. 图书情报工作，2019，63（4）：94-100.

④ SZUOPROWICZ B O. Multimedia networking [M]. New York：McGrawHill，1995：23-24.

⑤ MASSEY B L，LEVY M R. Interactivity，online journalism，and English-language web newspapers in Asia [J]. Journalism & Mass Communication Quarterly，1999，76（1）：138-151.

⑥ HOFFMAN D，NOVAK T. Marketing in hypermedia computer - mediated environments：conceptual foundations [J]. Journal of Marketing，1996，60（3）：50-68.

⑦ CHANG C C. Examining users'intention to continue using social network games：a flow experience perspective [J]. Telematics and Informatics，2013，30（4）：311-321.

⑧ PHANG C W，ZHANG C H，SUTANTO J. The influence of user interaction and participation in social media on the consumption intention of niche products [J]. Information & Management，2013，50（8）：661-672.

忠诚度①以及彼此之间的亲密度和信任度②，提高用户感知收益③。以上是社会学中社会化交互的具体作用，学者们已经根据相关研究成果进行了证实。此外，还可以从3个角度讨论社会化交互的具体作用：

①认知层面。社会化交互借助网络时代的种种便利，将知识从静态的单项传播演变为动态的云状知识网络，通过对知识的扩展和升华帮助学习者构建知识体系，进而提升知识转化效率④。用户之间能够通过互动实现优质资源的共享，最终达到解决问题和增长知识的目的。

②行为层面。社会化交互是用户社会化发展的主要途径，用户可以通过交互行为实现与资源之间的信息交互，帮助用户建立良好的社交关系，激发用户的交互热情，提高交互动机的持续性，进一步建立社会关系，从而加强知识交流，实现知识创新⑤。

③情感层面。用户不仅有求知的欲望，还有情感的需求。他人的尊重和信任等情感因素能够影响用户的认知和交互动机。另外，用户之间的交流，能够缓解时空分离所带来的孤独感，增强社会交往能力⑥。

2.1.3 学术虚拟社区社会化交互

社会化交互是人们沟通和交流的本质要求，是推动学术虚拟社区发展的重要手段。用户通过学术社区进行社会化交互的过程中会对信息内容进行不断地理解和反思，以此提高学习兴趣，增强交互动机和社区归属感。这种通过长期交流合作形成的多边互动方式使用户之间的交流更为密切，在增长个人知识，开阔眼界的同时，帮助用户提高逻辑思辨能力和社会交

---

① SHEN Y C，HUANGH C Y，CHU C H，et al. Virtual community loyalty：a interpersonal-interaction perspective［J］. International Journal of Electronic Commerce，2010，15（1）：49-73.

② NG C S. Intention to purchase on social commerce websites across cultures：a cross-regional study［J］. Information & Management，2013，50（8）：609-620.

③ KUO Y F，FENG L H. Relationships among community interaction characteristics，perceived benefits，community commitment，and oppositional brand loyalty in online brand communities［J］. International Journal of Information Management，2013，33（6）：948-962.

④ KEARSLEY G. The Nature and value of interaction in distant learning［J］. ACSDE Research Monograph，1995，112（2）：45-48.

⑤ 姚天泓，陈艳梅. MOOC社会化信息交互模式下的知识构建研究［J］. 图书馆学刊，2017，39（9）：29-34.

⑥ 崔佳，马峥涛，杜向丽. 远程学习中社会性交互质量的控制策略［J］. 广州广播电视大学学报，2008，8（6）：34-37，108.

往能力①。学术虚拟社区社会化交互是基于技术支持的非面对面信息交流活动，异于人与人之间面对面的传统交流方式。学术虚拟社区打破了地域和空间分离的局限，它的出现和发展能够最大化挖掘社会化交互隐性价值，为学习者提供自由讨论的学术交流环境，提高社会化交互的质量，弱化感性认识和情面关系，将学术虚拟社区的互助、激励和社交等功能进行最大程度地发挥②。

综上所述，本书将学术虚拟社区社会化交互界定为：用户个体或群体通过互联网信息技术手段，在具有专业知识组织、共享、交流与获取功能的科研社交平台，进行信息、经验、情感、文化、价值等方面双向或多向的人际交流与互动，以满足个体信息需求、情感支持、能力提升和自我价值实现的社交活动。

2.2 社会网络理论

（1）社会网络的概念。

社会网络是指社会行动者及其相互作用关系的集合。一个社会网络往往由多个社会行动者以及他们之间因为互动和联系而产生的相对稳定的关系构成③。Lauras 等将社会网络的概念界定为在某一群人、某个组织或其他社会实体的基础上建立起来的社会关系，如友谊、合作及信息互换等社交关系④。学术虚拟社区中的行动者是指社区成员。社会网络以点和线的形式来表达并界定网络范围，更加关注行动者之间的互动和联系，以及社会互动对于行动者观念、价值、态度、行为等产生的重要影响。Wellman指出，社会网络不仅限于亲属和邻里之间的传统关系，人们可以依托多种

---

① 李远航，王子平. 社会学视角下的虚拟学习社区中社会性交互研究 [J]. 现代教育技术，2009，19（9）：75-77.

② 王妍. 虚拟学习社区中社会性交互研究现状及启示 [J]. 中国信息技术教育，2017（Z3）：163-166.

③ 刘军. 社会网络分析导论 [M]. 北京：社会科学文献出版社，2004：4.

④ LAURAS G，CAROLINE H，BARRY W. Studying online social networks [J]. Journal of Computer-Mediated Communication，1997，3（1）：313.

媒介（电话、邮件、网络等）跨越时空的限制与他人建立关系并保持互动[1]。行动者、关系和网络是构成社会网络的三个基本要素。

①行动者（actor）。

Knoke 等指出，行动者（实体）可以是一个自然人、群体、组织、机构，也可以是一个国家[2]。在社会网络中，行动者代表网络中的节点，具体到学术虚拟社区社会化交互网络中，行动者是指用户个体或某一特定群体。在学术虚拟社区社会化交互网络研究中，研究人员既关注某位行动者个体网络、同时也关注行动者群体以及整体网络。其中，个体网络聚焦用户个体所处的网络位置和角色，以及与他人的互动关系状况等；子群网络研究群体间如何通过"桥"连接用户，了解各子群内部以及子群间的互动情况；整体网络的研究对象是学术虚拟社区某一个版块下的所有用户，研究人员获取全部用户交互数据，分析整个版块的社会网络。通过数据观察用户网络位置和关系强度，可以确定行动者的性别、年龄、地位的基本信息及其在社会化交互网络中的认知、态度、组织性质等行为特征。进一步考察行动者属性与用户网络位置和关系强度的相关程度，可以确定各属性对用户社会化交互行为的影响。

②关系（ties）。

关系实际上代表的是行动者（节点）之间的相互作用与联系。Knoke 等认为，一个社会网络中可以同时存在着多种类型的关系，如交换关系、亲属关系、权力关系、沟通关系、情感关系等[3]。分析社会网络中行动者之间关系的模式对于深入剖析社会网络的内涵与作用路径具有重要意义，这也是本书的重点研究内容之一。一般而言，关系主要由内容、方向和强度[4]三个维度构成。其中，关系内容是社会网络中行动者之间产生的资源交换，包括学术虚拟社区社会化交互过程中用户关于个人、工作或社会问题的交流，信息资源的分享，情感支持等。关系方向包含无向关系和有向关系，如某个行动者提供社会支持给另一个行动者，发送者和支持者会存在两种不同的方向，一种是基于无向的友谊关系，两者是无区别的，如行

① WELLMAN B. The Community question re-evaluated ［M］. NJ：Transaction Books，1998：22.

② KNOKE D，杨松. 社会网络分析 ［M］. 李兰，译. 上海：上海人民出版社，2017：13.

③ KNOKE D，杨松. 社会网络分析 ［M］. 李兰，译. 上海：上海人民出版社，2017：22.

④ LAURA G，CAROLINE H，BARRY W. Studying online social networks ［J］. Journal of Computer-Mediated Communication，1997，3（1）：313.

动者间的知识交流，另一种是有向关系，在有向关系中会有四种关系组：①U1 发送，U2 没有回复；②U2 发送，U1 没有回复；③U1 与 U2 相互发送；④ U1 和 U2 没有互动。关系强度是指行动者之间关系亲疏程度，一般可以用行动者之间的互动频率、亲密度、互惠性等来衡量。强关系用户在学术虚拟社区社会化交互过程中更容易形成社群，因为他们的知识结构、背景和观点等更容易达成共识。从社区知识传播效率的角度出发，弱关系更利于异质性知识的获取与利用。

③网络（network）。

网络是指通过连接行动者之间的一系列关系而形成的结构，由此，网络结构的形成是以行动者和关系的存在为前提。社会网络是一系列网络节点和描述这些节点连接的关系。网络既存在所有行动者没有任何关联的孤立结构，也存在所有行动者直接相关的饱和网络，但在实际社会网络中很少出现极端的情况。一般来说，网络处于孤立与饱和之间的状态，少数核心节点行动者比其他行动者拥有更广泛的网络。当前，对社会网络的分析主要包括整体网络和个体中心网络两个分支。其中，个体中心网络主要研究以行动者为中心的各种网络关系或社会关系，如个体中心网络用户连结强度、中心性、结构洞等。个体中心网络分析方法适用于研究学术虚拟社区用户是如何与社区成员建立和维持社交关系的，用户社会化交互过程中知识的流向等问题。整体网络是研究一个有明显边界的组织内部所有成员之间的互动关系，研究对象可以是一个班级、团体、组织或者国家。整体网络分析方法需要特定范围内所有行动者的数据，并计算相当数量行动者之间可能存在的所有关系，如网络密度、网络规模、小团体、结构同等性等[1]。

本书将互联网环境下学术虚拟社区社会化交互活动中抽取的用户个体作为节点，将个体间的关联关系作为边，所形成的连接关系网络定义为学术虚拟社区社会化交互网络。

社会网络理论最早起源于 20 世纪 30 年代，直到 20 世纪 80 年代社会网络理论的相关研究才有了进一步的发展，出现了以社会资本理论、结构洞理论、强弱关系理论、网络交换理论、网络结构理论等为代表的社会网

---

① BORGATTI S P, EVERETT M G, FREEMAN L C. UCINET for Windows: software for social network analysis [M]. Harvard, MA: Analytic Technologies, 2002: 36.

络理论，前三种理论与学术虚拟社区用户社会化交互行为有着密切的关系①。其中，社会资本理论可作为学术虚拟社区用户社会化交互行为动力问题的理论基础；结构洞理论可以从社区结构层面上，分析成员在复杂社区关系中的角色，揭示社会整体网络关系的架构规律；强弱关系理论可以深入解释学术虚拟社区用户社会化交互活动中的用户合作问题。

（2）社会资本理论（social capital theory）。

社会资本理论始于社会学领域，而后被经济学、管理学、政治学等众多学科领域的专家用来解释社会经济现象。1986 年，Richardsonm 从社会学角度出发，提出社会资本是一个人积累所得到的实际或潜在的，能够通过制度化关系网络进一步积累或占有的社会资源的观点②，这被学界视为社会资本的首次系统表达。Coleman 认为，人从出生就拥有人力资本、物质资本和社会资本，其中社会资本由它的功能来决定，简单来说，社会资本代表个体在群体中生存的资本财富③。Burt 提出，社会资本就是能够帮助个体获得使用经济和人力资本机会的一切普遍联系，包括朋友关系、同事关系等④。Nahapiet 和 Ghoshal 将社会资本划分为结构、关系和认知 3 个维度。其中，结构维度是指个体在社会交往中与他人建立联系并获得优势的能力；关系维度是指个体对社会网络关联性的利用能力；认知维度是相互连结的个体间具有共同观点或共同理解的情况⑤。Fukuyama 则专注于从宏观层面对社会资本进行研究，认为社会资本是一组能够促进组织成员合作和共享的非正式的价值观和规范⑥。Lin 提出，社会资本是个体在社会网络结构环境下从嵌入性资源获取回报的一种投资⑦。

边燕杰认为，社会资本是人们在人际社交网络中逐渐形成的一种潜在

① 潘以锋，盛小平. 社会网络理论与开放获取的关系分析 [J]. 情报理论与实践，2013，36（6）：21-26.

② RICHARDSONM J G. Handbook of theory and research for the sociology of education [J]. Contemporary Sociology，1986，16（6）：141-145.

③ COLEMAN J S. Social capital in the creation of human capital [J]. American Journal of Sociology，1988，94（S1）：95-120.

④ BURT R S. Structural holes：the social structure of competition [M]. Cambridge：Harvard University Press，1992：42.

⑤ NAHAPIET J，GHOSHAL S. Social capital，intellectual capital，and the organizational advantage [J]. Academy of Management Review，1998，23（2）：242-266.

⑥ FUKUYAMA F. Social capital，civil society and development [J]. Third World Quarterly，2001，22（1）：7-20.

⑦ LIN N. A network theory of social capital [J]. Journal of Science，2005（16）：58-77.

的非正式资本，社会资本会根据个体的行为和投入而发生改变①。曹永辉提出，社会资本是一种区别于传统资本的新型资本，是嵌入社会网络中可以被获取和利用，从而帮助行为者达成目标的资源②。

通过上述文献能够发现，社会资本是人们在各种社会关系网络中逐渐形成的，受个体行为影响，能够进行信息交换，实现知识共享，降低交易成本，获得利益回报的一种资源总和。学术虚拟社区用户社会化交互行为本质上是将社区资源、用户（信息提供者、传播者、接收者等）以及用户之间建立的各种联系通过社区网络联结起来，形成了一个学术社交网络。这种学术社交网络不仅承载着大量学术资源，同时也搭建起个体间、个体与组织、组织与组织间学术社交关系，如进行学术知识共享、结识志同道合的用户、建立科研合作关系等。学术社交网络中的多种关系属于无形的社会资源，属于社会资本研究范畴，因此可以采用社会资本理论来解释学术虚拟社区用户社会化交互行为的动力问题③。

（3）结构洞理论（structural holes）。

结构洞理论由美国社会学家 Burt 在 1992 年编写的《结构洞：竞争的社会结构》中首次提出，该理论已受到学术界广泛认可和关注。Burt 认为，结构洞是指具有互补资源和知识的两个群体之间存在空白，当第三方中介介入填补这个空白将两个群体连接起来，就能够给处于结构洞两边的群体带来竞争优势④。具体来说，结构洞是存在于社会网络的个体与其他个体之间未产生直接联系而出现的无连接或者间断情况，这种连接就是整个网络中的"结构洞"⑤。个体拥有的结构洞越多，获得的资源数量就越庞大，内容细节会更加具体，传递效率越高，可以利用资源优势来创造更多的获利机会⑥。如图 2.1（a）所示，由 U1、U2、U3、U4 组成的网络中，U1 和 U2、U2 和 U4 以及 U1 和 U4 之间都不存在直接相连的关系，这三点

① 边燕杰. 城市居民社会资本的来源及作用：网络观点与调查发现 [J]. 中国社会科学. 2004（3）：136-146.

② 曹永辉. 社会资本理论及其发展脉络 [J]. 中国流通经济，2013，27（6）：62-67.

③ 潘以锋，盛小平. 社会网络理论与开放获取的关系分析 [J]. 情报理论与实践，2013，36（6）：21-26.

④ BURT R S. Reinforced structural holes [J]. Social Networks，2015（43）：149-161.

⑤ 张锋，王娇. 对伯特结构洞理论的应用评析 [J]. 江苏教育学院学报（社会科学），2011，27（5）：94-96.

⑥ 汪丹. 结构洞理论在情报分析中的应用与展望 [J]. 情报杂志，2009，28（1）：183-186.

如果要建立直接的联系，则必须通过 U3 点来实现，U3 点就处在 U1 和 U4、U2 和 U4 以及 U1 和 U2 的结构洞上。相反，在图 2.1（b）所形成的网络中，U1 和 U2、U2 和 U4 以及 U1 和 U4 之间都存在直接连接，因而 U3 也不再处于网络的结构洞位置上。但是，仅仅依据个体之间缺乏直接关系无法对结构洞进行判断，还应该结合凝聚性和对等性两个方面①。凝聚性是指，如果两个个体之间直接连接，那么两者之间便存在冗余性联系，其凝聚性也较强，因而两者之间不存在结构洞。对等性是指结构对等的两者之间不存在直接的连接，但是具有相同的信息来源，则两者之间结构对等，不存在结构洞。例如，在图 2.2（a）中，U2 提供给 U1 的信息与 U3 和 U4 提供给 U1 的信息具有非冗余的特点，所以 U2 和 U3、U4 之间存在结构洞；U3 和 U4 为 U1 提供的是冗余信息，故 U3 和 U4 之间就不存在结构洞。同理，图 2.2（b）中，U2、U3、U4 之间不存在结构洞。在图 2.2（c）中，虽然 U1 的联络人 U2、U3、U4 之间均不存在着直接连接，但是他们的网络结构具有对等性，所以任意两者之间都不存在结构洞。更进一步来看，图 2.2（d）显示，U1 两侧的两组节点之间存在全局结构洞。

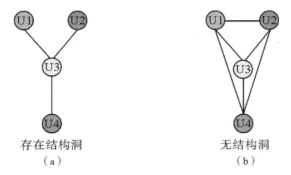

存在结构洞   无结构洞

（a）   （b）

图 2.1 结构洞示意图②

---

① 赵颖斯. 创新网络中企业网络能力、网络位置与创新绩效的相关性研究 [D]. 北京：北京交通大学，2014.

② 张锋，王娇. 对伯特结构洞理论的应用评析 [J]. 江苏教育学院学报（社会科学），2011, 27（5）：94-96.

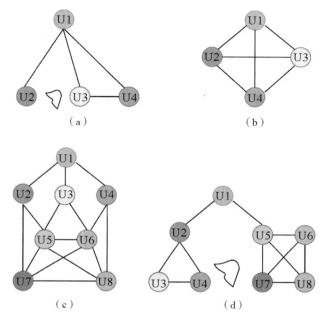

图 2.2　结构洞判断标准①

学术虚拟社区社会化交互网络中，无结构洞的情况只发生在一些小型的社群网络中，而整体社会网络中存在着大量的结构洞，起到"桥"的作用，打开了社会化交互网络信息的通道，是知识交流、知识获取、情感支持的关键环节。深入了解学术虚拟社区社会化交互网络中用户的网络位置与角色，是学术虚拟社区社会网络结构与用户行为特征研究的重点之一，而结构洞理论为这部分相关研究提供了科学的理论指导。

（4）强弱关系理论（strong and weak ties）。

强弱关系理论最早由美国社会学家马特·格兰诺维特提出，他将人际关系划分为两种，一种是特征相似的个体之间保持频繁互动关系的强关系；另一种异质个体之间偶尔发生互动且情感维系程度较低的弱关系②。强关系是对称的关系，也是社会协同的关系，产生于社会、经济等情况相似的个体或组织之间，这些个体或组织彼此了解的事物和认知结构相同或

---

① BURT R S. Structural holes：the social structure of competition ［M］. Cambridge：Harvard University Press，1992：42.

② GRANOVETTER M S. The strength of weak ties ［J］. The American Journal of Sociology，1973，78（6）：1360-1380.

相似，在交互中获取的信息会产生重复。弱关系与强关系相反，它是一种非对称性关系，是在两个社会、经济特征不同的个体或组织之间发展起来的关系，其分布范围较广，是获取其他资源和信息的重要渠道①。从定义可以看出，强关系对主体之间相似程度的要求比弱关系要高，这就意味着强关系的主体需要处于相同生活圈或者学习圈，并且需要较长的接触时间，以确保主体之间信息和知识的有效交换，因此构成强关系的主体往往规模较小；而弱关系往往存在于不同的主体之间，为不同主体之间的知识交换提供了可能。从这个角度来看，强关系的优点在于彼此之间的联系较为坚固，弱关系则在传播速度、成本等方面更有优势，能够跨越更多主体，实现信息传播的桥梁作用②。

当下对于关系强度的探讨不断深入，已经有不少学者运用强弱关系理论进行相关研究。Levin 等指出，用户间的关系强度是知识创新和转移的关键因素，研究表明，强联结关系与有用知识的获取要以能力和信任关系为中介，控制好这两个维度，也会促进弱联结关系的形成；而弱联结关系提供了获取非冗余信息的途径，更有利于知识的转移和创新③。冯娇等认为，强联结关系能够使用户接收到的信息质量得到提升，并且更加能够刺激用户增强购买意愿④。赖胜强则认为，用户转发微博的行为与用户之间关系的强度有关，用户更愿意转发给与自己具有强关系的用户⑤。

学术虚拟社区用户社会化交互实质上是一种基于信息共享、互助与协作的关系。强弱关系理论能够为分析用户间合作关系的动机、过程和路径提供强有力的理论支撑⑥。一方面，学术虚拟社区社会化交互网络中的弱关系使用户接触到不同的社群和组织，为用户提供更多的机会获取异质资源，同时也为用户间的互动与合作关系奠定了基础。另一方面，社会化交

① 邓辉，刘晓菲. 基于强弱关系理论的档案传播中档案信息传播分析 [J]. 兰台世界，2014 (29)：1-4.
② 单春玲，赵含宇. 社交媒体中商务信息转发行为研究：基于强弱关系理论 [J]. 现代情报，2017，37（10）：16-22.
③ LEVIN D Z，CROSS R. The strength of weak ties you can trust：the mediating role of trust in effective knowledge transfer [J]. Management Science，2004，50（11）：1477-1490.
④ 冯娇，姚忠. 基于强弱关系理论的社会化商务购买意愿影响因素研究 [J]. 管理评论，2015，27（12）：99-109.
⑤ 赖胜强. 影响用户微博信息转发的因素研究 [J]. 图书馆工作与研究，2015（8）：31-37.
⑥ 潘以锋，盛小平. 社会网络理论与开放获取的关系分析 [J]. 情报理论与实践，2013，36（6）：21-26.

互网络中的强关系是由朋友、亲人、同事等组成的基于熟人的社会关系，他们之间具有更多的同质性，彼此之间的信任是参与社会化交互的前提，这种信任关系嵌入到社会化交互网络结构中，使用户间的关系更加稳定。

2.3 S-O-R 模型

行为学家 John Waston 提出了著名的 S-R 理论，他认为人类的复杂行为分别是刺激和反应的联结，即人的行为受到身体外部环境或者身体内部刺激后会做出的反应[1]。Mehrabian 和 Russell 修正了该模型，他们认为刺激因素应对有机体（O）产生作用，而后做出相应的反应，并提出著名的 S-O-R 模型（Stimulus-Organism-Response）[2]。早期的 S-O-R 模型源于环境心理学，用来解释环境对人类行为的影响。完整的 S-O-R 模型中包含刺激因素（S）、有机体因素（O）及反应因素（R）三个部分，刺激因素指的是影响个体情感或认知过程的外部动力，可以是单因素，也可以是多因素的组合；有机体因素指的是个体或组织的内部状态或心理过程；反应因素是有机体受到外部环境刺激后，各种认知、情感、情绪等心理感知的外在体现[3]。S-O-R 模型如图 2.3 所示。

图 2.3　S-O-R 模型[4]

目前，S-O-R 模型框架被广泛应用于各领域用户行为的相关研究中。Eroglu 等构建了在线零售环境中的 S-O-R 模型，研究环境因素对用户的认知及情感的影响作用[5]。刺激因素与在线环境线索中的高、低任务相关；

----

① 雷帅. "S-R"模型的国防科技信息用户情报行为研究 [J]. 图书情报工作，2011，55（16）：55-58.

② MEHRABIAN A, RUSSELL J A. An approach to environmental psychology [M]. US：MIT，1974：126.

③ 周涛，陈可鑫. 基于 SOR 模型的社会化商务用户行为机理研究 [J]. 现代情报，2018，38（3）：51-57.

④ 雷帅. "S-R"模型的国防科技信息用户情报行为研究 [J]. 图书情报工作，2011，55（16）：44.

⑤ EROGLU S A, MACHLEIT K A, DAVIS L M. Atmospheric qualities of online retailing：a conceptual model and implications [J]. Journal of Business Research，2001，54（2）：177-184.

有机体因素即内在状态，包括用户的情感（愉悦、唤醒、控制）和认知（态度）；反应因素是购物结果，如趋向行为和规避行为。

Zimmerman J 基于 S-O-R 模型，构建了网上购物体验框架用于分析线上和线下商店消费者的购物行为①。其中，网站的属性为刺激因素（S），包括网站设计、安全/隐私以及购物服务；有机体因素（O）是由情感和态度状态定义的，其中，情感包括愉悦、唤醒和支配，态度状态包括最终影响用户行为的信任和满意度变量；模型中的反应因素是指用户购买意向、访问商店的意向、重访网站的意向以及品牌忠诚度。

Peng 等采用 S-O-R 框架研究消费者网上购物因素，以及网站刺激因素如何影响消费者对网上购物的态度、管理购买情绪能力以及再次购买意向②。Chen 等通过实证分析，验证了情境因素对移动拍卖平台顾客冲动性购买行为的影响作用③。

国内的相关研究主要集中在电子商务和社交网站等领域的用户行为研究，以及 S-O-R 与其他模型构成的衍生模型。徐孝娟等在社交媒体网站用户流失因素的研究中运用了 S-O-R 模型，提出了社区用户行为演化模型④。喻昕等发现直播平台中的沉浸体验会正向影响用户的信息参与行为⑤。邓卫华等用 S-O-R 模型建立了在线用户追评信息采纳行为分析框架，以此为基础探讨追评信息认知、价值识别与信息使用的关系⑥。另外，有学者根据研究需求，进一步拓展了 S-O-R 模型。刘鲁川等基于扎根理论，构建了在社交网络环境下用户倦怠影响因素及消极使用行为的整合模型，发现作为机体的情绪不仅受到外部环境因素的作用，还受到内部个人

---

① ZIMMERMAN J. Using the S-O-R model to understand the impact of website attributes on the on-line shopping experience [D]. Denton：University of North Texas，2012.

② PENG C，KIM Y G. Application of the Stimuli-Organism-Response（S-O-R）framework to on-line shopping behavior [J]. Journal of Internet Commerce，2014（13）：159-176.

③ CHEN C C，YAO J Y. What drives impulse buying behaviors in a mobile auction? The perspective of the Stimulus-Organism-Response model [J]. Telematics and Informatics，2018，35（5）：1249-1262.

④ 徐孝娟，赵宇翔，朱庆华，等. 社交网站中用户流失要素的理论探讨及实证分析 [J]. 信息系统学报，2013（2）：83-97.

⑤ 喻昕，许正良. 网络直播平台中弹幕用户信息参与行为研究—基于沉浸理论的视角 [J]. 情报科学，2017，35（10）：147-151.

⑥ 邓卫华，易明. 基于 SOR 模型的在线用户追加评论信息采纳机制研究 [J]. 图书馆理论与实践，2018（8）：33-39，56.

因素的影响①。张敏等提出，在 S-O-R 模型中将结果预期和感知规范作为刺激因素，探究两者通过情绪和认知中介对知识共享意愿和行为的影响②。

在解释用户行为模式的研究中 S-O-R 是经典的模型。从学术虚拟社区用户社会化交互行为的本质来看，用户对社区多种环境因素所引发的内部心理状态，会影响交互行为的过程。S-O-R 模型说明社会化交互行为是由外部环境刺激所引起的，这种刺激来自社区环境和用户个体内部的心理和生理因素，经由个体的大脑进行信息加工后所产生的感知和态度，再由感知和态度共同作用下产生社会化交互行为反应。因此，本书将 S-O-R 模型应用于学术虚拟社区用户社会化交互行为的理论框架具有很好的适用性。

2.4　远程交互层次塔模型

Laurillard 从教和学的视角提出了远程学习会话交互模型，学习者在远程交互的过程中会经历两个层面的交互，即适应性交互和会话性交互③。适应性交互是指学习者根据教授者构建的学习环境完成任务并反馈；会话性交互则是学习者认知冲突所引发的概念转变。用户远程的交互活动是有意图的、动态的、意义建构的过程，通过新旧知识的相互作用产生认知冲突，从而实现新旧概念的交替。个体发生概念的交互与转变是有意义学习的内在机制，个体交互过程中原认知与新认知之间产生冲突，触发了自身对观点概念框架的理解发生变化，即产生了概念的转变。概念交互虽无法被直接观察但却可以作用于信息交互的内容与形式。

陈丽以 Laurillard 提出的远程学习会话交互模型为基础，结合 Hillman 的研究、Moore 的三种类型交互、丁兴富的教学三要素，对适应性交互和会话性交互两个层面进行补充，重新确定了操作交互、信息交互和概念交

① 刘鲁川，李旭，张冰倩. 基于扎根理论的社交媒体用户倦怠与消极使用研究 [J]. 情报理论与实践，2017，40（12）：100-106.
② 张敏，唐国庆，张艳. 基于 S-O-R 范式的虚拟社区用户知识共享行为影响因素分析 [J]. 情报科学，2017，35（11）：149-155.
③ LAURILLARD D. Rethinking university teaching：a conversational framework for the effective use of learning technologies [M]. London：Routledge，2002：38.

互三个层面的交互，构建出了如图2.4所示的远程学习中的交互模型①②③。

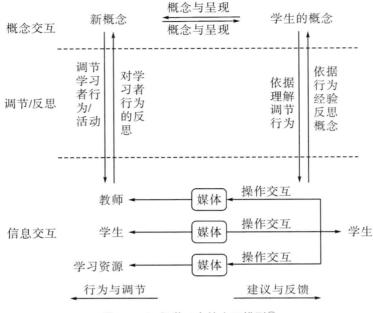

图2.4 远程学习中的交互模型④

操作交互表示学生与媒体界面的交互，强调的是学生参与交互的物理环境；信息交互是指学生与教学因素的交互，这里面提到的教学因素即教师、同学以及所有与教学相关的学习资料；概念交互表示学生新旧概念之间的交互，是远程学习过程中学习者认知和行为的调节和反思，以及自身认知结构的变化。陈丽依照认知规律，对上述三种交互做出了从底层低级到顶层高级、由底层具体到顶层抽象的分层设计⑤。由于教学交互是以媒体作为载体或平台，所以媒体位于交互层次塔和底层。操作交互侧重学习者与媒体的交互水平，媒体的复杂程度和学习者对媒体的熟悉程度都会影

① HILLMAN D C A, WILLIS D J, GUNAWARDENA C N. Learner-interface interaction in distance education：an extension of contemporary models and strategies for practitioners［J］. American Journal of Distance Education，1994，8（2）：30-42.

② MOORE M G. Three types of interaction［J］. American Journal of Distance，1989，3(2)：1-7.

③ 丁兴富，李新宇. 远程教学交互作用理论的发展演化［J］. 现代远程教育研究，2009（3）：8-12，71.

④ 陈丽. 远程学习的教学交互模型和教学交互层次塔［J］. 中国远程教育，2004（5）：24-28.

⑤ 陈丽. 远程学习的教学交互模型和教学交互层次塔［J］. 中国远程教育，2004（5）：24-28.

响操作交互水平，而操作交互水平也会直接影响信息交互的效果①。信息交互体现在学习者与教学要素之间的交互，是交互过程中至关重要的环节，主要包括学习者与学习资源、学习者与学习者、学习者与教师的三种交互形式。信息交互层实际上包含两个层面的交互活动，一方面是学习者以操作交互为基础，借助各种教学要素帮助学习者进行信息的获取与传递，完成知识的内化过程；另一方面是学习者通过与同伴或教师的交互获得心理、情感等方面的支持②。概念交互利用交互行为推动新旧概念在学习者脑中同化与顺应，是最抽象、最高级的一种交互，操作交互与信息交互的最终目的都是促使个体概念交互的发生，以确保教学目标的顺利实现③。远程交互层次塔模型如图 2.5 所示。

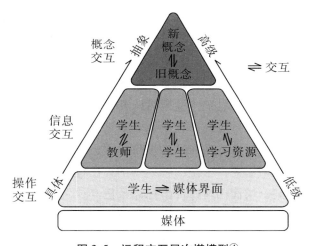

图 2.5　远程交互层次塔模型④

目前，远程交互层次塔模型主要集中应用于远程交互过程分析与交互评价两方面。王志军等基于交互层次模型，分析了 cMOOCS 学习者参与交互过程中四个层次：操作交互、寻径交互、意会交互和创生交互⑤。许敬

① 王志军，陈丽，陈敏，等. 远程学习中教学交互层次塔的哲学基础探讨 [J]. 中国远程教育，2016（9）：7-13，80.

② 王志军，陈丽，韩世梅. 远程学习中学习环境的交互性分析框架研究 [J]. 中国远程教育，2016（12）：37-42，80.

③ 王志军，陈丽. 远程学习中的概念交互与学习评价 [J]. 中国远程教育，2017（12）：12-20，79.

④ 陈丽. 远程学习的教学交互模型和教学交互层次塔 [J]. 中国远程教育，2004（5）：24-28.

⑤ 王志军，陈丽. cMOOCS 中教学交互模式和方式研究[J]. 中国电化教育，2016(2)：49-57.

基于层次塔模型构建了教学交互模型，模型由教师模块、教学模块和学习者模块构成，分析了不同模块在交互过程中发挥的作用和路径①。王志军等分析了远程学习环境的交互性对学习者之间、学习者与教师之间、学习者与学习资源之间以及学习过程中的相互通信和支持作用，建立了由操作交互、信息交互、概念交互 3 个一级指标和 17 个二级指标构成的远程学习环境交互性的分析框架②。陈娟菲等③基于远程交互层次塔理论，从操作交互、信息交互、概念交互三个层面五个维度评估国内三个典型的 MOOC 平台交互功能和用户交互质量。

对于学术虚拟社区用户社会化交互行为问题，教学交互层次塔模型同样具有重要的指导意义。第一，远程教学交互层次塔模型为系统分析学术虚拟社区用户社会化交互过程提供了逻辑框架。学术虚拟社区为用户获取学术资源、学术交流与合作搭建了一个平台，是用户个体与群体间的纽带。用户在学术虚拟社区开展社会化交互活动也需要经历从操作交互、信息交互到概念交互的过程。从远程交互层次塔模型的视角剖析学术虚拟社区用户社会化交互过程，有助于社区系统开发者和管理者正确认识学术虚拟社区用户社会化交互行为的内在机制。第二，远程教学层次塔模型为评价学术虚拟社区用户社会化交互效果提供了理论支撑。评价学术虚拟社区用户社会化交互效果需要一个全面和系统的评估体系，基于远程交互层次塔模型从交互的三个层面构建评价指标体系已经成为诸多学者评价交互质量的主要理论框架。因此，本书选取远程交互层次塔模型分析学术虚拟社区用户社会化交互过程与交互效果具有科学性和有效性。

2.5　本章小结

本章对学术虚拟社区、社会化交互、学术虚拟社区社会化交互的相关概念进行了梳理，对社会网络和交互行为相关理论进行了系统阐述，为全

①　许敬. 基于层次塔理论的教学交互模型构建与应用 [D]. 石家庄：河北师范大学，2018.

②　王志军，陈丽，韩世梅. 远程学习中学习环境的交互性分析框架研究 [J]. 中国远程教育，2016（12）：37-42，80.

③　陈娟菲，郑玲，高楠. 国内主流 MOOC 平台交互功能对比研究 [J]. 中国教育信息化，2019（1）：26-29.

书提供理论支撑。

本章研究工作和结论如下：

（1）学术虚拟社区。本章结合本书主题，从虚拟社区的概念和内涵着手，梳理了学术虚拟社区的历史发展脉络，界定了学术虚拟社区的概念，总结出学术虚拟社区的四个特征，分别是学术性、交互性、开放性和社会性。

（2）社会化交互。本章在梳理了国内外社会化交互概念的基础上，结合实际情况，进一步确定了社会化交互的概念；基于社会化交互内涵，总结分析了社会化交互的类型，包括交互的对象、场景、内容、方向及主体；从认知、行为、情感三个层面深入剖析了社会化交互的作用。

（3）学术虚拟社区社会化交互。本章通过对学术虚拟社区及社会化交互相关概念、特征以及作用的分析，结合本书的研究对象与范围，界定了学术虚拟社区社会化交互的概念。

（4）相关研究理论阐释。本章分别对社会网络的概念和相关理论、S-O-R模型、远程交互层次塔模型的提出背景、发展过程、研究范围、实践情况等进行全面的剖析，并结合本书主题，阐述上述理论与学术虚拟社区用户社会化交互行为研究的契合之处，为本书的后续研究奠定了坚实的理论基础。

3 学术虚拟社区用户社会化交互行为的机理分析

机理是指为实现某一特定功能，各要素在系统结构中相互联系和作用的运行规则与原理。学术虚拟社区用户社会化交互行为的触发与进行受到多方要素的协同作用，深入探析交互行为的内在机理，有助于厘清学术虚拟社区用户社会化交互的运行原理与行为规律，为后续的研究奠定理论基础。在前文相关概念与理论基础上，本章将社会化交互引入学术虚拟社区相关研究，分析学术虚拟社区用户社会化交互行为产生的动机，并阐述要素及要素间相互关系；基于社会网络理论，剖析学术虚拟社区用户社会化交互的网络结构；借鉴 S-O-R 模型，解读学术虚拟社区用户社会化交互行为的形成过程及动力机制，从而构建学术虚拟社区用户社会化交互行为机理模型。

3.1 学术虚拟社区用户社会化交互行为的动机

"动机（motivation）"一词最早起源于拉丁词"motus"，1813 年德国著名哲学家 Arthur Schopenhauer（亚瑟·叔本华）正式提出"motivation"一词，指出动机是指人类（或动物）行为的内在原因。该定义表明了动机是所有行为发生的前提和驱动因素，并在行为起始、强度和持久性方面具有差异性。尽管个体对认知、情感以及社会关系的需求不同，但每个个体都希望与他人建立关系，人类核心动机可以很好地解释这一行为现象。需求是人类一种特定类型的动机，分为生理需求和心理需求。生理需求是人类最基本的需求，也是人类生存、繁衍和进化的基础。人类的许多动机都是在生理需求的驱动下形成的，但生理需求并不是指导人类行为的唯一需求。心理学家马斯洛构建了人类需求层次，阐释了心理需求的重要作用，如图 3.1 所示。马斯洛需求层次中，最底层为生理需求，他认为当人们一旦满足生理需求时，就会转向更高阶的心理需求，如安全需求、社交需求、尊重需求以及到达最顶端的自我实现需求。虽然心理需求不是人类生存的必要条件，却影响着人类的成长、身心健康、社会幸福感等。

图 3.1　马斯洛需求层次

爱德华·伯克利等在自决理论中指出，自主需求、能力需求、归属需求是核心动机的三个需求，当某一经历能够同时实现这三个核心动机时，人们就会享受这一经历并获得幸福感[①]。同时，内在动机是需求与结果的中介变量，换言之，由需求驱动内在动机产生积极结果。内在动机是个体因为对活动本身产生兴趣或愉悦感而激发的某一行为。自决理论与动机分层理论指出，环境中的社会因素能够提升个体自主感、能力感和归属感，激发和增强个体的内在动机，从而使个体对任务有更高情绪和关注度，并对未来任务有所期望。另外，行为是实现某一特定的目的或目标的手段，是由一些外在因素驱动的，因此称为外在动机。多数情况下人们会把内在动机与外在动机视为两个完全独立的维度，但事实上内外动机是一个从完全外到完全内的连续体，是个体由外部刺激通过外在调节、内摄调节、认同调节和整合调节将外部的奖励和规则内化为自己的奖励和规则。需求与内外动机驱动关系，如图 3.2 所示。

---

① 伯克利. 动机心理学 ［M］. 郭书采，译. 北京：人民邮电出版社，2020：56.

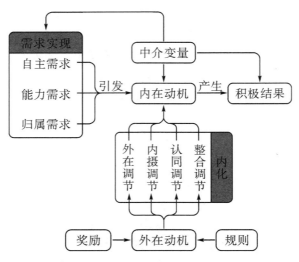

图 3.2 需求与内外动机驱动关系①

学者们基于内外部动机表征形式，展开更深入和细致的分析。如 Schulzki 分析了环境因素（安全性、隐私性、稳定性、可用性等）对用户参与动机的积极作用②；Cress 等展开个体因素对用户信息交互动机的影响研究，其中包括个体认知因素和交互话题的兴趣，研究表明个体的认知水平以及对话题的兴趣强烈影响信息交互动机③；Chiu 等认为社会信息空间用户之间的社会关系，即人际因素有效降低了网络用户信息交互的感知成本，从而提升了用户交互动机④；Matschke 等实证研究动机对用户信息交互行为的影响，结果表明内在动机、威望、信息数量和质量以及程序公平是参与交互的最强动机因素，而个人贡献时间、精力以及恐惧个人反馈是阻碍参与交互的动机因素⑤。结合上述研究成果，本书认为学术虚拟社区用户社会

① SCHULZKI H C, LORENZ M L. Kooperative echnologien in arbeit, ausbildung and zivilgesell-schaft [M]. Berlin: Fachbereich Media der Hochschule Darmstadt, 2008: 53.

② SCHULZKI H C, LORENZ M L. Kooperative echnologien in arbeit, ausbildung and zivilgesell-schaft [M]. Berlin: Fachbereich Media der Hochschule Darmstadt, 2008: 60.

③ CRESS U. The information-exchange with shared databases as a social dilemma: the effects of metaknowledge, bonus systems, and costs [J]. Communication Research, 2006, 33 (5): 370-390.

④ CHIU C M, HSU M H, WANG E T G. Understanding knowledge sharing in virtual communities: An integration of social capital and social cognitive theories [J]. Decision Support Systems, 2006, 42 (3): 1872-1888.

⑤ MATSCHKE C, MOSKALIUK J, BOKHORST F, et al. Motivational factors of information exchange in social information spaces [J]. Computers in Human Behavior, 2014, 36: 549-558.

化交互行为的动机包括知识动机、成就动机、社交动机和情感动机。

3.1.1　知识动机

学术虚拟社区重要的功能之一是为用户提供一个获取、共享与创新知识的平台，实现用户的认知改变。用户的知识动机主要来源于用户的知识需求，这是用户进行社会化交互活动的根本目的。学术虚拟社区的用户包括多个领域的专家学者，是用户解决现实生活和科研难题的重要信息源。Garrison 等认为，异步在线的社会化交互活动能够促进学习者进行思想和学术交流，发展个体的批判性思维①。社会化交互的主体是双向的，交互活动发生在两个或两个以上的个体或群体间，知识需求者期望通过社会化交互活动获取学术资源，提高个人的学术水平，同时知识分享者会通过分享知识获得需求者的反馈，以提升个人的学术影响力。社会交换理论认为，互惠行为在个体或群体交互过程中起着和谐发展的作用，社会交换活动得以持续的准则是个体间的互惠互利②。这种知识互惠行为提高了学术虚拟社区知识流传效率，帮助用户有效地组织、建构和应用知识，从而改变用户的认知结构，实现深度交互与学习。

3.1.2　成就动机

成就动机是个体为了实现目标，追求成功的一种心理倾向，是人们愿意投身于自己认为有价值或重要的事情上，并会努力达到完美的一种内驱力③。Atkinson 认为，个体的成就动机可分为追求成功的意向和避免失败的意向两部分，高成就动机者在任务的坚持上比低成就动机者更坚定，更容易取得成功，这种成功完全依靠内在驱动力而不受到任何外力的控制④。Hars A 等的研究表明，许多用户参与学术虚拟社区的目的是分享自己的学

---

①　GARRISON D R, ANDERSON T, ARCHER W. Critical thinking, cognitive presence, and computer conferencing in distance education [J]. American Journal of Distance Education, 2001, 15 (1): 7-23.

②　张思. 社会交换理论视角下网络学习空间知识共享行为研究 [J]. 中国远程教育, 2017 (7): 26-33, 47, 80.

③　辛素飞, 王一鑫. 中国大学生成就动机变迁的横断历史研究: 1999—2014 [J]. 心理发展与教育, 2019, 35 (3): 288-294.

④　ATKINSON W J. Motives in fantasy, action, and society [M]. NJ: Van Nostrand, 1958: 108.

术成果，帮助他人解决问题，从而获得同行的认同，获取成就感①。赵静杰等从个体认知的视角分析内部成就动机和外部社会责任感对创业者信息行为目标的影响，研究表明，成就动机基于价值和目标导向决定了创业者的信息行为方向，并对创业绩效有积极的影响②。成就动机作为一种内在驱动力激发、引导和维持用户利用学术虚拟社区平台进行社会化交互，并以一种高标准来要求自己完成既定的目标③。社会化交互过程中，用户在成就动机的驱使下通过学术资源共享、学术交流、学术协作等不断提升个人的创造力和解决问题能力，并在社群交互中获得认同④。

3.1.3　社交动机

著名心理学家 Clayton 提出了 ERG 需求理论，即人类共存的三大核心需求，包括生存需求、关系需求和成长需求，其中，关系需求是指人们需要与他人进行有意义的社会交往，形成人际关系。Pongsajapan 认为，社交动机对网络环境下的知识传播有显著的促进作用，用户通常倾向与自己具有共同学术背景、关系密切且观点相近的人进行信息交流，以获取社会认同与支持⑤。Dholakia 等从目的价值、自我发现、持续的社交关系、社会参与、环境价值出发，分析用户参与虚拟社区的影响因素，研究结果证实了虚拟社区用户的社交关系是用户协同发展、获得友谊和情感支持的重要因素⑥。王娟通过问卷调查总结了微博用户的十种参与动机，并构建了微博用户的使用动机模型，结果表明社交性动机、信息性动机、情感动机等对微博用户的参与有着不同程度的影响⑦。学术虚拟社区社会化交互活动的

---

① HARS A，OU S. Working for free? motivations for participating in open-source projects [J]. International Journal of Electronic Commerce，2002，6（3）：25-39.

② 赵静杰，赵娜，王特. 高绩效创业者个体差异因素组态模型构建：基于信息搜寻行为视角 [J]. 情报科学，2019，37（11）：144-153.

③ 奥尔德弗. 人类需求新理论的经验测试 [M]. 北京：科学出版社，1982.

④ PONGSAJAPAN R A. Liminal entities：identity，governance，and organizations on Twitter [D]. Washington：Georgetown University，2009.

⑤ PONGSAJAPAN R A. Liminal entities：identity，governance，and organizations on Twitter [D]. Washington：Georgetown University，2009.

⑥ DHOLAKIA U M，BAGOZZI R P，PEARO L K. A Social influence model of consumer participation in network and small-group-based virtual communities [J]. International Journal of Research in Marketing，2004，（21）：241-263.

⑦ 王娟. 微博客用户的使用动机与行为：基于技术接受模型的实证研究 [D]. 济南：山东大学，2010.

社交关系网包括基于熟人建立起来的强连接关系和基于间接关系与陌生成员建立的弱连接关系。前者的人际互动更频繁，社会关系网更牢固，更容易产生依赖和归属感；后者则会通过网络中间节点扩大关系网，对于科研工作者来说更利于建立科研合作关系，扩大学术交流圈。由此可见，社交动机是推动学术虚拟社区用户社会化交互行为的动力因素。

3.1.4　情感动机

情感动机是学术虚拟社区用户社会化交互的重要组成部分，是用户个体间以及用户群体间的一种心理体验，也是用户交流情感与维系社会关系的桥梁。情感动机表现为双方在情感上的倾向和相互依恋。学术虚拟社区的情感动机包括利他性、移情感知与社会认同。利他性是亲社会行为的一种表现，主要有亲缘利他性、纯粹利他性和互惠利他性三种形式[①]。学术虚拟社区社会化交互的利他性以后两种为主。纯粹利他性是指个体在发生利他行为时，其动机和目的比较纯粹，不求回报，如社区平台一些用户免费分享学术资源；互惠利他性则是指利他者期望受惠者予以回报，既帮助其他用户又有利于自身发展，属于双赢模式，如社会化交互过程中用户之间的互动、资源共享等。互惠利他性在用户之间的社会合作过程中起着和谐发展作用，有利于增进用户间协作关系的持续和情感的维系，消除孤立无助感。学术虚拟社区社会化交互中的移情感知是指用户认知他人观点，对他人情绪状态和情绪条件的感受能力。移情感知贯穿用户整个交互过程，并对社区成员知识创造与共享行为产生深远的影响。

移情感知能帮助用户更好地理解他人的信息和情感需求，是虚拟社区用户社会行为重要的驱动因素[②]。

社会认同是指学术虚拟社区用户在社会化交互过程中认识到自己与社区成员拥有共同的观念、价值和目标，归属这一群体。社会认同是连结个体和群体心理的机制，除对人们认知、情绪和行为产生影响外，还影响着个体的成员身份[③]。Van 等通过两项实验研究对社会认同水平进行评估，

---

① 叶航. 利他行为的经济学解释 [J]. 经济学家, 2005 (3): 22-28.

② 赵晶, 汪涛. 社会资本、移情效应与虚拟社区成员的知识创造 [J]. 管理学报, 2014, 11 (6): 921-927.

③ 薛婷, 陈浩, 乐国安, 等. 社会认同对集体行动的作用：群体情绪与效能路径 [J]. 心理学报, 2013, 45 (8): 899-920.

研究结果表明工具性的社会支持与情感性的社会支持对参与集体行为均具有显著的作用①。

综合上述个体社会化交互动机可以看出，社会化交互过程可以获取优质的学术资源，加速社区的知识流动，将学术背景或观点相似的成员紧密地联系在一起，构建学术圈，知识动机、成就动机、情感动机与社交动机共同促进个体的社会化交互行为。

3.1.5 学术虚拟社区用户社会化交互行为动机模型

学术虚拟社区用户社会化交互行为的发生与进行受到内外动机的共同驱动和作用，并贯穿整个交互过程，每一个动机因素又包含了多个驱动变量以及变量间复杂的非线性驱动关系。本书采用美国麻省理工学院教授Jay 创立的系统动力学方法，利用系统科学与计算机仿真工具，从系统结构入手，分析社会化交互复杂系统行为的动态演化规律，以及行为驱动过程中各动机因素的内在逻辑关系，利用 Stella 建模工具绘制了学术虚拟社区用户社会化交互行为动机模型，如图 3.3 所示。

动机模型包括知识动机、成就动机、社交动机以及情感动机四个动力因素。①知识动机源于用户社会化交互知识需求，涉及知识获取、知识分享、知识创新。用户知识获取主要通过平台提供的信息资源、领域专家以及用户交互中生成的内容；知识分享包括用户经验分享、情感分享、资源分享；知识创新则主要包括自主创新和与他人协同创新两个路径。②成就动机主要由价值实现、目标实现构成，其中价值实现包括自我价值与利他价值。为了达成既定目标，用户需要预判追求成功和避免失败的概率，同时来自同侪的观念、价值和目标的认同也驱动着用户成就动机。③情感动机是用户社会化交互行为发生的核心要素，移情感知、利他性与社会认同共同支持用户的情感，用户社交关系的展开、知识的获取与分享以及获得社区成员的认同所产生的成就感都离不开情感动机的支持。④社交动机是促使用户产生交互行为的前提，用户的社交动机通常开始于直接的交互关系即强连接，随着关系不断延展，用户逐步建立起间接的关系网即弱连接，并搭建起个人的学术社交网，以满足学术社交需求，促进社会化交互

---

① VAN Z M, SPEARS R, LEACH C W. Exploring psychological mechanisms of collective action: Does relevance of group identity influence how people cope with collective disadvantage? [J]. British Journal of Social Psychology, 2008 (47): 353-372.

行为。知识动机、成就动机、情感动机和社交动机共同驱动用户的社会化交互行为，与此同时用户会对社会化交互效率与个体期望进行对比，高水平的社会化交互也会反作用于四个参与动机，形成反馈回路，进一步增强用户的交互动机。

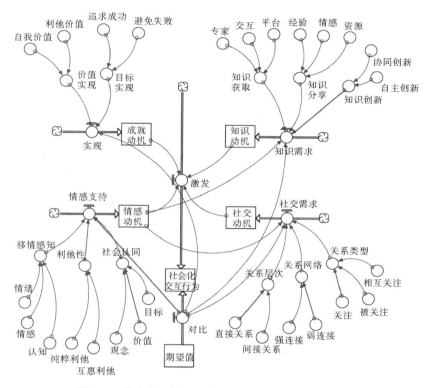

图 3.3　学术虚拟社区用户社会化交互行为动机模型

3.2　学术虚拟社区用户社会化交互行为的要素分析

信息生态理论指出，信息人与信息环境构成了信息生态系统①，并强调二者之间的相互作用。而信息生态因子概念的提出，进一步明确和细化了信息生态系统的构成要素。目前国内外学者分别从三因子维度或四因子

　　①　韩秋明. 基于信息生态理论的个人数据保护策略研究：由英国下议院《网络安全：个人在线数据保护》报告说开去 ［J］. 图书情报知识，2017，2（346）：96-106.

维度展开信息生态的相关研究①。从三因子视角出发，学者们认为，信息、人与环境是信息生态系统的三大要素②③。也有学者从四因子视角出发，提出信息、信息人、信息环境以及信息技术对信息生态系统的作用④⑤。综上所述，学术虚拟社区用户社会化交互是一个由多要素构成的信息生态系统，本书将信息人（主体要素）、信息（客体要素）、信息环境（环境要素）与信息技术（技术要素）作为社会化交互的核心要素，要素间相互作用，共同协调、驱动学术虚拟社区用户社会化交互的运行与发展。

3.2.1 社会化交互主体要素

学术虚拟社区用户社会化交互的主体要素是指参与社会化交互的个体和由个体组成的社群。人作为交互的核心要素，在社区用户社会化交互中扮演交互活动发起者、组织者和参与者等多个角色，通过发起的社会化交互活动，实现知识获取、流转、协作与创新，并对交互客体、交互环境与交互技术协调统一⑥。学术虚拟社区的活力依赖用户社会化交互的参与程度与活跃度，由此可见，交互主体在社会化交互中占据核心地位。依据用户的活跃度与贡献度，本书将学术虚拟社区用户社会化交互主体分为领域专家和普通用户，以及由二者构成的社群。

（1）领域专家。

学术虚拟社区作为科研学术社交网站，用户群体主要由硕士研究生、博士研究生、科研工作者和领域专家组成。领域专家一般对本领域学术交流具有较高的参与性，并乐于为他人贡献资源、答疑解惑。在社区活动中领域专家虽人数较少，但他们会经常提出自己的观点和看法，也会分享自己的科研经验和对学术前沿热点问题的看法。经过长时间学术积累，领域专家通常在某一领域中有较高的威望，其思想会直接影响社区用户思想和行为。从社会网络结构的视角来看，每一个用户就是一个网络节点，而

---

① 赵丹. 基于信息生态理论的移动环境下微博舆情传播研究 [D]. 长春：吉林大学，2017.

② 李美娣. 信息生态系统的剖析 [J]. 情报杂志，1998，17（4）：3-5.

③ 王东艳，侯延香. 信息生态失衡的根源及其对策分析 [J]. 情报科学，2003（6）：572-575.

④ 王晰巍，靖继鹏，刘明彦，等. 电子商务中的信息生态模型构建实证研究 [J]. 图书情报工作，2009，53（22）：128-132.

⑤ 赵丹. 基于信息生态理论的移动环境下微博舆情传播研究 [D]. 长春：吉林大学，2017.

⑥ 张长亮. 信息生态视角下社群用户信息共享行为影响因素及效果评价研究 [D]. 长春：吉林大学，2019.

领域专家处于整个网络的核心位置，与其他节点用户保持相对稳定的社交关系，并掌握着社群信息资源的流向。

（2）普通用户。

普通用户是学术虚拟社区最大的群体。与领域专家相比，普通用户由于性格因素、信息素养、认知水平等限制，不具备领域的权威性和学术影响力，因此大部分用户交互参与度、社区认同度、贡献度都比较低，多数时间处于沉默的状态，很少主动与他人进行学术交流和分享信息资源。虽然多数普通用户相较于领域专家对社区的贡献度低，但他们也具备潜在的价值，通常情况下普通用户会主动浏览社区共享的知识或用户交互过程中生成的信息资源，进而形成自己独特的见解和知识体系，部分普通用户也会分享知识或与自己观点、兴趣相似的用户进行交流。针对这种情况，如果给予普通用户适当的激励和引导会极大促进社区知识传播效率。

（3）用户社群。

学术虚拟社区的用户社群是由领域专家与普通用户构成的社会网络。依据用户社群的特征和所处的网络位置，学术虚拟社区的用户社群可分为两种类型：其一，由某一个领域专家充当意见领袖，领域专家位于一个或多个社群中，并处于一个核心节点，引领社群中各项交互活动；其二，由一些对某一主题观点相同、兴趣相似的普通用户组成，或基于某项特定任务的协作社群。第二类用户社群稳定性较差，一般情况下讨论或任务结束后社群就会解散或个别用户转向其他社群。由于领域专家在学术虚拟社区的影响力和声望较高，通常第一类用户社群规模较大且相对稳定。学术虚拟社区中的多个用户社群又形成了学术虚拟社区整体社会网络，用户社群内部与用户社群之间的交流实现了社区整体网络信息的流动。学术虚拟社区社会化交互用户社群如图3.4所示。

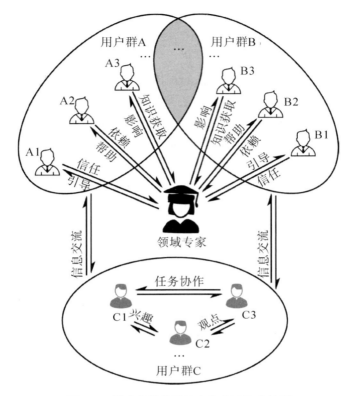

图3.4 学术虚拟社区社会化交互用户社群

3.2.2 社会化交互客体要素

学术虚拟社区用户社会化交互的客体要素是平台提供的信息和用户在交互过程中生成的信息。"信息"一词最早由美国贝尔实验室的哈特利于1928年出版的《信息传输》一书中提出。控制论的创始人维纳认为,信息是人们不断适应外部世界变化,同时又反作用于外部世界的一个基于内容交流的过程。学术虚拟社区信息的质量不仅代表社区的影响力,也是决定社区用户知识创新的基础。作为学术开放型社区,学术虚拟社区不仅要鼓励用户贡献信息资源,更要打破组织边界不断吸纳外部优质的信息资源来推进社区的持续创新与发展,最大程度地满足用户的信息需求。因此,信息作为学术虚拟社区用户社会化交互的客体因素,对用户参与交互态度和行为起到了基础性支撑作用。学术虚拟社区的信息主要来源于:①平台提供。学术虚拟社区会为平台用户提供一些免费或付费的课程和学术资源。

如小木虫科研互动平台设置多种积分奖励，用户可以用积分兑换需要的文献或其他资料，也包括一些学术相关的科研申请、出国留学或国内外学术会议、资格考试、考研考博等方面的通知或文件。此外，国内很多学术虚拟社区也会发布如招聘、交友等信息。②用户分享。学术虚拟社区的领域专家用户乐于分享学术资源或者科研经验，因为领域专家具有专业的学科背景和多年的学术积累，在社区内的认可度极高，在此过程中专家用户成就感得以提升，乐于为社区贡献资源从而形成一种良性的循环。一般用户由于受到自身知识水平和他人认同等多方面的影响，资源贡献度相对较低。③用户生成。首先，学术虚拟社区用户生成信息来源于用户的反馈。如信息质量、系统功能以及服务等，平台通过用户反馈信息了解信息匹配度，系统功能不足以及服务缺陷，更精准地了解用户需求；用户可通过浏览他人的反馈避免交互中可能出现的错误操作。其次，用户生成信息产生于用户与用户间的交互过程，用户在交互过程中产生的大量包含用户观点和想法的内容，既丰富了学术社区的信息资源，也提升了学术虚拟社区的知识创新能力。学术虚拟社区信息的呈现方式主要有：文本、图片、音频、视频、超链接等。其中，文本是学术虚拟社区最普遍的一种信息形式，短文本信息由简短的文字和符号构成，通常是一些礼貌性的回复和个人情感表达。长文本比短文本内容更丰富，能清晰地表达一件完整事件或经历；图片信息有多种呈现方式，如文本截图图片，GIF 动态的图片表达一些用户情感，一般图片信息配有文本信息更具有图文并茂的效果；音频包括学习材料、课程资源等，或将一些文本形式的材料通过音频录制的方式呈现给用户；视频主要是录制的视频课程，针对一个关键技术或方法的小视频，相较于文本和图片，视频更生动和直观，易于用户理解知识；超链接形式是当用户对某一主题或内容感兴趣时，点开链接转到另外一个可能包含一种或多种信息形式的网页，为用户获取更多的信息资源提供便捷途径。

3.2.3　社会化交互环境要素

学术虚拟社区用户社会化交互的环境要素是用户参与社会化交互活动过程中承载着主体要素与客体要素及其相互关系的载体，是学术虚拟社区所有社会化交互活动发生与进行的基础保障，也是影响学术虚拟社区用户社会化交互行为的关键因素。学术虚拟社区用户社会化交互的环境要素包括政策环境、文化环境、信息制度环境等。①政策环境是指所有与学术虚拟社区社会化交互相关的，由国家和地方制定的互联网法律、法规，如网络安全、用户隐私保护等一系列政策的总和。良好的政策环境能够有效保障用户的安全和个人权益，促进用户参与社会化交互活动的积极性，并从宏观层面引导社区良性发展。②文化环境是指学术虚拟社区成员的社会网络结构、价值观念、行为规范和交流方式等。用户会在社区文化环境潜移默化的影响下，逐渐形成一种对社区文化的认同感，良好的社区文化环境可以有效增进社区成员的人际交往和学术协作，在平等友善的前提下，将具备高认知水平和文化素养的学者聚集在一起，建立学术氛围浓厚的科研社交圈，影响和感染其他用户的态度、行为和价值取向。③信息制度环境。政策环境是从宏观的层面约束平台管理者和用户的行为，那么信息制度环境则是从微观层面对个人的行为进行规范的管理。信息制度环境是指学术虚拟社区用户社会化交互行为的准则和网络信息发布的制度，如严禁发布侮辱、威胁的语言，以及反党反社会，具有煽动性的评论。此外，信息伦理也是用户有序开展社会化交互活动的重要环节，用户在信息发布、传播、组织、利用和交互过程中都要受到信息伦理的约束。社会化交互环境要素，如图 3.5 所示。

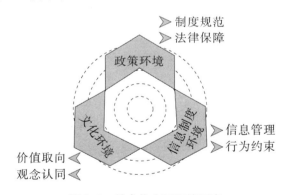

图 3.5　社会化交互环境要素

3.2.4　社会化交互技术要素

学术虚拟社区用户社会化交互的技术要素是指学术虚拟社区用户信息检索、获取、分享、交流以及平台收集、筛选、评价用户生成知识过程中采取的所有技术手段的总和。优质的社区知识服务和用户交互体验都依赖技术的推动和发展，技术的支持贯穿用户社会化交互活动的全过程。学术虚拟社区用户社会化交互的技术要素包括：①网络稳定性。自组织理论认为网络的稳定性是在动态网络系统中，网络运行对于内外部干扰因素表现出的自我保护能力①。无论网络系统是否受到干扰，始终都应维持原有平衡的状态。学术虚拟社区的网络稳定性是指在内外部网络环境出现不同程度的变动时，系统仍然维持正常运作。稳定的网络带给用户良好的交互体验，促进用户交互行为。②系统安全性。互联网黑客的出现和网络信息犯罪频发，引起人们对信息系统安全性的高度重视，从宏观层面，国家制定了相关的法律、法规和信息安全预警制度；微观层面，各类平台针对网站特点设立安全保障机制。学术虚拟社区信息系统安全是指保护信息系统中硬件、软件以及相关的数据，防控因恶意攻击而使信息遭到破坏、更改或者泄露。系统安全性可以有效帮助用户降低焦虑感，提升交互体验。③知识融合技术。大数据背景下的学术虚拟社区信息呈现多源异构、分布广泛、动态更新等特征。知识融合基于语义网、本体和知识关联等技术，通过对多源、碎片化的知识进行融合，满足用户对知识完整性的需求，实现知识层面的精准化服务，提高社区知识利用率②。社会化交互技术要素如图3.6所示。

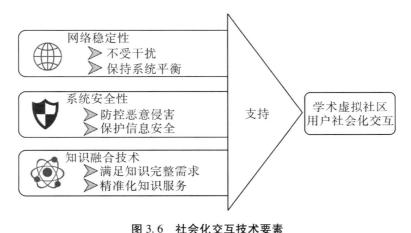

图3.6 社会化交互技术要素

① 张萌. 工业共生网络形成机理及稳定性研究 [D]. 哈尔滨：哈尔滨工业大学，2008.
② 张心源，邱均平. 大数据环境下的知识融合框架研究 [J]. 图书馆学研究，2016 (8)：66-70.

3.3 学术虚拟社区用户社会化交互网络结构

3.3.1 社会化交互网络关系的形成

社会网络理论指出，行为人、关系、网络是形成社会网络的三要素①，其中，每一个行为人都是网络中的一个节点。学术虚拟社区的行为人是参与交互的每一位用户，受性格、背景、认知水平，交互动机等差异影响，交互过程中用户会处于不同的网络位置，因而对于整个网络结构和演化也发挥着不同的作用。关系是连接网络中节点的线，也是本书重点研究的内容。学术虚拟社区用户之间的网络关系具有三个特征：关系方向、关系类型和关系强度。关系的方向可以是定向的，即由一名用户发起，另一名用户响应，也可以是非定向的，即两名用户之间存在互动②；关系类型分为以社交和情感交流为主要目的的社交关系和以知识获取为交互前提的知识关系；关系强度是用户间相互交流的频度，一般以交互的频率来判断，强关系一般发生在社群内熟人间，而弱关系则多存在于社群外的陌生用户个体或群体间。网络是指由一群行为人组成结构的社会网络，包括由节点和描述节点间关联的关系。李立峰③指出，个体的关系结构和个体在网络中的位置，对于用户个体和整个网络在意识、态度和行为方面都具有重要的影响作用了。由上述社会网络的构成要素及其在网络中的作用可知，学术虚拟社区用户关系网是网络结构生成、演化的重要因素，也是社会化交互行为研究的关键环节。下面本书将具体分析学术虚拟社区用户社会化交互社交关系网和知识关系网的形成。

（1）社会化交互社交关系网的形成。

Barnes 指出，社交关系是点的集合，其中一些点由线连接，形成了整体的关系网络④。学术虚拟社区知识流动与知识创新的基础是成员间频繁

---

① 诺克，杨松. 社会网络分析 [M]. 李兰，译. 上海：上海人民出版社，2017：13.

② 诺克，杨松. 社会网络分析 [M]. 李兰，译. 上海：上海人民出版社，2017：13.

③ 李立峰. 基于社会网络理论的顾客创新社区研究：成员角色、网络结构和网络演化 [D]. 北京：北京交通大学，2017.

④ BARNES J. Class and committees in Norwegian island parish [J]. Human Relations，1954（7）：39-58.

互动生成大量有价值的公共信息资源。用户的一个发帖和一次回帖就形成一次交互，成员间通过对话建立联系。不同用户间的联系形成了整体的社会网络结构，即学术虚拟社区的社交关系网。该网络的节点是用户，以用户间交互的强度作为边线，表示为 W＝（P，T_s）。其中，P 代表所有用户的集合，P＝{P_1，P_2，P_3，…P_n}，T_s 代表所有边的集合，T_s＝{（S_i，S_j）|S_i，S_j∈S；i，j＝1，2，3，4，…，n}，（S_i，S_j）代表用户 S_i 和 S_j 之间存在社交关系。学术虚拟社区用户社会化交互的社交关系网是一个有向加权网络，用户的交互频率可以很好地解释关系的强度[①]，如图 3.7 所示。用户 U1 与用户 U2 存在一条有向边，边的权重为 1 表示 U1 回复 U2 帖子 1 次；用户 U2 与 U3 是一个双向边，边的权重为 3 表示 U2 与 U3 进行了 3 次双向互动交流；同样 U2 和 U4 也进行了 2 次交互。

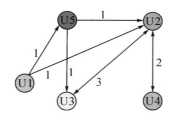

图 3.7　学术虚拟社区用户社会化交互的社交关系网

（2）社会化交互知识关系网的形成。

学术虚拟社区知识来源于三个方面：平台知识、个体知识和交互知识，后两者是满足用户知识需求的重要来源。用户个体知识以社区平台为媒介，同其他个体知识通过知识共享活动将彼此的知识结构关联起来，形成知识关系网。根据雷静的相关研究，知识关系的强度以个体知识结构的相似度来衡量，强知识关系用户具有相同或相似的知识结构，反之则用户间知识结构具有较大差异性[②]。学术虚拟社区知识关系网是一个无向加权关系网，每一个用户为一个节点，用户知识结构相似度为边，通常情况下，知识结构相同或者相似的用户倾向参与同一学术主题的交流与讨论，一个主题下的所有回复构成了一个会话线索，会话线索数量越多则知识关系越强。目前对知识关系强度的测算主要采用知识贡献者和接受者的匹配

　　① JOOH，KOH，YOUNG G. et al. Encouraging participation in virtual communities [J]. Communications of ACM，2007，50（2）：68-73.

　　② 雷静. 基于社会网络的虚拟社区知识共享研究 [D]. 上海：东华大学，2012.

度，以及对交互内容的分析来评价。社会化交互知识关系网表示为：$N_a =$（P，T_s）。其中，P 代表所有用户的集合，P = {P_1，P_2，P_3，…，P_n}，T_s 代表节点之间所有边的集合，T_s = {（S_i，S_j）|S_i，$S_j \in S$；i，j = 1，2，3，4，…，n}，（S_i，S_j）代表用户 S_i 和 S_j 之间存在知识关系。如图 3.8 所示，节点 U1 与 U2 有一条边，说明两个节点有互动关系，边的权重为 4 可以解释为用户 U1 与 U2 发生过 4 次会话。

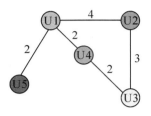

图 3.8　用户社会化交互的知识关系网

3.3.2　社会化交互网络的二方关系结构

两个行为人之间的社交关系构成了社会网络的基本元素。二方关系是由两个行为人和他们之间可能存在的关系构成。两个行为人 a 和 b 构成二方关系，表示为 P_{ab} =（W_{ab}，W_{ba}），a ≠ b。二方关系是根据无序定义的，因此两个行为人的指标表示为 a<b。由 n 个行为人组成的社会网络中存在多个二方关系，无向网络关系存在 n（$n-1$）/2 个二方关系；有向网络关系则存在 n（$n-1$）个有序二方关系。在社会网络中无向关系存在两种情况，即 P_{ab} =（0，0）和 P_{ab} =（1，1），如图 3.9 所示。有向关系则存在三种情况，虚无关系 P_{ab} =（0，0），即两个用户无关联；不对称关系 P_{ab} =（0，1），即两个用户存在单向关系，单向关系指向有 2 类模式存在；互惠关系 P_{ab} =（1，1），即两个用户存在双向关系，如图 3.10 所示。

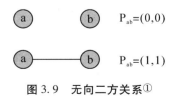

图 3.9　无向二方关系①

---

① 刘军. 社会网络分析导论［M］. 北京：社会科学文献出版社，2004：86.

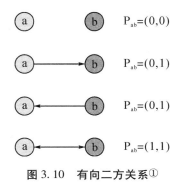

图 3.10　有向二方关系①

3.3.3　社会化交互网络的三方关系结构

三方关系是所有社会网络得以建构的基石。行为人之间的二方关系与三方关系是社会网络关系研究中的最小分析单位。相对于二方关系，三方关系更具有研究价值，因为它包含多种关系类型，如传递关系、循环关系，对于进一步发现用户信息传播模式和交流模式等具有重要的意义。三方关系即有三个行为人，由网络中的三个节点及其相互可能的关系构成。无向的三方关系存在四种同构类，如图 3.11 所示。对于有向三方关系而言，存在 16 种关系，除图 3.11 中提到的三方关系外，任何两个行为人都不存在关系，称为虚无三方关系，其他 15 种关系见图 3.12。这里需要强调的是，有向三方关系图谱尽管只有三个网络节点，但也可将关系结构归纳为星状拓扑结构、环状拓扑结构以及网状拓扑结构三种类型，如图 3.12 中 002 类型，节点 a、b、c 形成了一个环状拓扑结构。本书将针对不同的网络拓扑结构进行详细的解析。

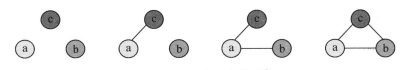

图 3.11　无向三方关系②

①　刘军. 社会网络分析导论［M］. 北京：社会科学文献出版社，2004：88.
②　刘军. 社会网络分析导论［M］. 北京：社会科学文献出版社，2004：88.

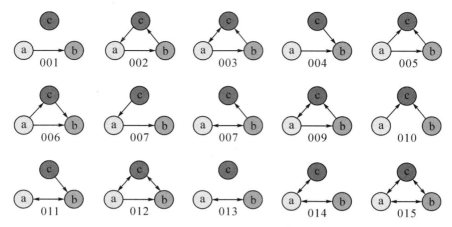

图 3.12　有向三方关系①

3.3.4　社会化交互的星状网络拓扑结构

　　星状社会化交互网络拓扑结构是一个以核心节点为中心，其他节点围绕在中心节点周围，并以点对点的方式直接与中心节点相连而形成的一个星状拓扑结构，如图 3.13 所示。星状拓扑结构的最大优势是便于集中控制，用户只受中心节点用户的影响，而与网络其他节点用户间无任何关联。学术虚拟社区中，中心节点位于社会化交互网络的核心位置，通常是具有权威性和影响力的领域专家，他们具有较高的学术素养，能够把握学科前沿与热点，引领其他节点用户共同参与交流讨论，中心节点用户分享学术资源与科研经验给其他节点用户，其他节点用户结合自身的学术背景提出新的问题，双方在不断的交互过程中大幅提升学术水平与影响力，社区知识得以快速更新和流动。

---

　　①　刘军. 社会网络分析导论［M］. 北京：社会科学文献出版社，2004：90.

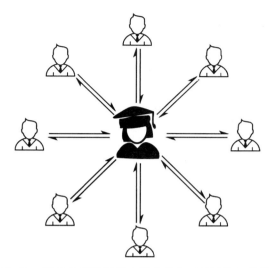

图 3.13   学术虚拟社区用户社会化交互的星状拓扑结构

3.3.5   社会化交互的环状网络拓扑结构

环状网络结构是所有节点用户以点对点的连接方式形成的一个闭合环形结构。知识在闭环中沿着同一个方向从一个节点传输到另一个节点。这种网络节点的优点是摆脱了对核心节点的依赖,节点用户的网络地位平等且同时可以连接上下两个节点。但缺点在于知识流动从一个节点出发,在环状网络结构中总是朝固定的方向成行通过每一个节点,当环形节点过多时,知识流动速度会较慢,而且闭合的环状网络,不利于知识的扩展。学术虚拟社区用户在社区分享资源,通过多个节点用户转移、分解、转化资源,最后由知识接收者吸收内化,由此形成一个环形结构。学术虚拟社区用户社会化交互的环状拓扑结构,如图 3.14 所示。

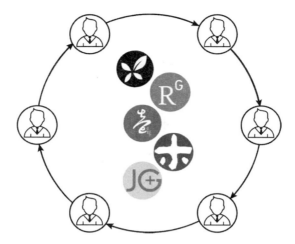

图 3.14　学术虚拟社区用户社会化交互的环状拓扑结构

3.3.6　社会化交互的网状网络拓扑结构

网状拓扑结构是由多个核心节点及其周边节点通过平台媒介相互连接构成的。网状结构实际上是由多个星形网络结构通过一些占据网络"桥"节点的用户联系在一起的复杂网络结构，节点间都存在着直接或者间接的联系。在学术虚拟社区，某一学科领域专家与普通用户之间互动形成星状网络，多个不同网络结构中专家之间的互动，或者专家与普通用户的交互实现了整个网络的互联互通，从而保持了知识的创新与知识资源的供需平衡。学术虚拟社区用户社会化交互的网状拓扑结构，如图 3.15 所示。

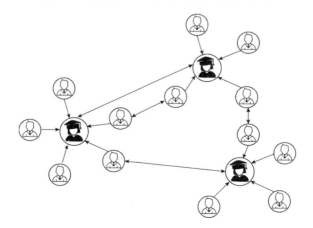

图 3.15　学术虚拟社区用户社会化交互的网状拓扑结构

3.4　学术虚拟社区用户社会化交互行为形成过程

Vendemia 和 Rodriguez 在行为学家 John Waston 提出的 S-R（刺激—反应）模型的基础上，增加了有机体（O）作为中介变量，并揭示了物理环境因素通过刺激个体的感官，经由大脑进行信息加工后，做出的行为反应，即 S-O-R 模型①②。本书基于 S-O-R 模型，剖析学术虚拟社区用户社会化交互行为的形成过程：刺激识别阶段—信息加工阶段—行为反应阶段。

3.4.1　刺激识别阶段

孙嘉璐指出，人类的知识需求创造了人际间的互动关系，蕴藏于个体内的知识只有通过不断的交流，才能实现知识的创新和发展③。知识的流动建立在由无数节点和连线组成的知识网络结构中，即知识载体经由知识平台进行知识交流、知识共享、知识创新等知识活动，进而形成知识网络。知识资源是个体与群体的隐性知识和显性知识，知识平台是传播路径，知识活动是知识传播的手段和方法，网络结构是知识流动的价值链④。学术虚拟社区用户在初始知识需求的驱动下与平台或其他用户发生社会化交互活动，形成学术虚拟社区的知识网络，用户根据交互过程中通过对知识网络中知识资源、知识平台、知识服务以及知识网络结构等环境因素的满意度，决定是否继续社会化交互活动。由此可见，初始的知识需要是用户社会化交互行为发生的前提和条件，而学术虚拟社区知识网络环境因素则是刺激用户持续进行社会化交互的动力所在。

Delone 和 Mclean 于 2003 年提出了修正的信息系统成功模型（D&M）：信息质量、系统质量、服务质量是信息系统成功的三要素。该模型强调三

---

① VENDEMIA J M, RODRIGUEZ P D. Repressors vs low-and high-anxious coping styles：EEG differences during a modified version of the emotional stroop task [J]. International Journal of Psychophysiology, 2010, 78（3）：284-294.

② 徐孝娟. 基于 S-O-R 理论的社交网站用户流失研究 [D]. 南京：南京大学, 2015.

③ 孙嘉璐. 创业企业知识网络结构与知识创新：人力资本异质性与知识转换能力的调节作用 [D]. 长春：吉林大学, 2019.

④ 谢辉. 基于用户群体交互的网络知识聚合与服务研究 [D]. 武汉：华中师范大学, 2014.

要素对用户情感态度的影响作用，因而也被国内外学者广泛应用于用户信息行为的相关研究中①。Wang 等综合 D&M 模型、TAM 模型（技术接受模型）和 TPB 理论（计划行为理论）构建了移动电话用户使用呼叫中心行为模型，研究结果表明：信息质量与用户感知有用性正相关，系统质量影响用户感知易用性，进而影响用户使用行为②。Hui 等基于 361 名电子健康系统的用户，分析其使用行为的影响因素，得出信息质量、系统质量和服务质量通过对用户满意度和使用意愿的中介作用，共同影响用户的使用行为③。还有学者探讨了 D&M 模型中三要素对图书馆、社交媒体、信息检索、开放资源等领域用户使用行为的显著影响作用④⑤⑥⑦。

在学术虚拟社区用户社会化交互刺激因素识别阶段，基于信息系统成功模型结合学术虚拟社区知识网络结构可以归纳出知识资源（信息质量）、知识平台（系统质量）、知识服务（服务质量）、网络结构四个刺激因素，如图 3.16 所示。①知识资源包括知识来源和知识质量两个方面，在学术虚拟社区知识网络中，知识主要来自平台为用户提供的信息资源，还包括个人知识，即个人的经验、观点等隐性知识和形式化的显性知识，此外用户交互过程中生成的信息也是重要的知识源。知识质量是指信息的丰裕度、呈现形式的多样性、需求相关性、来源可靠性与真实性等。②知识平台是指系统质量和平台设计。系统质量是用户进行交互的基础物理条件，也是用户初始的交互体验，包括稳定性、安全性、容错性等；平台设计是针对用户交互过程中的感观体验而言，如导航清晰便于操作、平台界面配色合理等。③知识服务是学术虚拟社区的软实力，如用户需求的及时反馈、个性化提醒服务和有针对性的知识推荐等。④网络结构是学术虚拟社区用户

① DELONE W H, MCLEAN E R. The Delone and Mclean model of information systems success：a ten-year update ［J］. Journal of Management Information Systems，2003，19（4）：30-36.

② WANG K，BAI Y，YUE Y. An empirical investigation on factors influencing the adoption of mobile phone call centre services：an integrated model ［J］. Internet and Enterprise Management，2011，7（3）：287-304.

③ HUI L，HSIEH C H. Factors affecting success of an integrated community-based telehealth system ［J］. Technology and Health Care，2015（23）：189-196.

④ 谢佳琳，张晋朝. 高校图书馆用户标注行为研究 ［J］. 图书馆论坛，2014（11）：87-93.

⑤ 赵英，范娇颖. 大学生持续使用社交媒体的影响因素对比研究 ［J］. 情报杂志，2016（1）：187-194.

⑥ 成颖. 信息检索相关性判据及应用研究 ［D］. 南京：南京大学，2011.

⑦ 吴艳占，南罗毅. 用户接受视角下高校开放课程资源使用意愿模型构建研究 ［J］. 图书馆学研究，2014（18）：69- 76.

通过知识分享与人际互动形成规模不等的个体网络、内部子结构网络以及整体网络。联结强度、网络中心性、网络密度三个属性在某种程度上影响用户交互感知[1][2]。其中，联结强度是指网络中两个节点相互关联和依赖的程度，强联结的用户关系紧密互动频繁，而弱联系的交互主体间联系比较松散[3]。网络中心性是社区用户处于网络结构中的位置，中心节点用户具有控制信息资源的能力和较高的社区声望，也有更多的机会进行社会化交互活动[4]。网络密度即网络中每个节点的关联度，如果网络中各节点有紧密的联系，说明社区具有很高的用户参与度，高活跃度的社区表现为更高的知识贡献率和知识传播效率，更利于激发用户社会化交互的意愿[5]。

图 3.16 社会化交互行为刺激因素

3.4.2 信息加工阶段

S-O-R 模型与行为主义心理学中的 S-R 理论不同，其更加强调有机体（O）对外部刺激所引发的认知、情感等心理感知。认知心理学认为行

① REAGANS R, MCEVILY Z B. How to make the team: social networks vs. demography as criteria for designing effective teams [J]. Administrative Science Quarterly, 2004, 49 (1): 101-133.

② TSAI W. Knowledge transfer in intra-organizational networks: effects of network position and absorptive capacity on business unit innovation and performance [J]. Academy of Management Journal, 2001, 44 (5): 996-1004.

③ BURT R S. Structural hole: the social structure of competition [M]. Cambridge: Harvard University Press, 1992: 39.

④ 罗家德. 社会网络分析讲义 [M]. 北京：社会科学文献出版社，2005：78.

⑤ 朱亚丽. 基于社会网络社视角的企业间知识转移影响因素实证研究 [D]. 杭州：浙江大学，2009.

为是由有机体内部信息流程决定的①，所有的外部刺激被看作是编码和信息加工的过程，包括知觉、注意、记忆、理解等②。学术虚拟社区用户社会化交互行为的信息加工阶段即用户在受到外部知识资源、知识系统、知识服务以及网络结构的刺激时产生的一系列心理感知。Davis 提出的技术接受模型指出，外部变量影响个体的感知有用性与感知易用性，两个变量又同时作用于个体对信息技术的接受程度和使用态度，最后影响实际的使用行为③。TAM 模型适用于多种信息系统评估和信息接收行为的相关研究。另外，学者们将 D&M 模型作为外部变量，验证了信息质量、系统质量、服务质量与感知有用性和感知易用性之间的影响关系④⑤。社会化交互是学术虚拟社区知识交流的主要表现形式，知识需求是用户进行社会化交互的主要目的，同时社区提供多种知识服务是用户获取良好交互体验的保障，因此，本书认为学术虚拟社区的信息质量、服务质量影响感知有用性，而系统质量影响用户的感知易用性。学术虚拟社区是由少数核心节点连接边缘节点构成的社会网络结构，网络中心节点成员是组织和联络其他结点用户的核心成员，这类用户通常是领域专家，具有很强的专业性和权威性，受到社区成员的普遍认同，因此这类用户具有较强的自我效能感。此外，在刺激识别阶段，网络密度较强的社区用户参与度较高，成员间的关系更加密切，特别是社群网络中的强联结关系用户，具有相同的兴趣或相似的观点，更容易将个人融入社区中，获得归属感与社区认同感。

3.4.3　行为反应阶段

基于前文对学术虚拟社区用户社会化交互概念的界定，用户社会化交互行为可以发生在个体与个体间、个体与群体间或者群体与群体间，社会化交互行为最直接的表现形式为用户的发帖、回帖与跟帖行为。具体来

---

① 陈琦，刘儒德. 当代教育心理学 [M]. 北京：北京师范大学出版社，2003.

② 李虹，曲铁华. 信息加工理论视域下教师实践性知识的生成机制探析 [J]. 教育理论与实践，2018，38（7）：39-43.

③ DAVIS F D. Perceived usefulness, perceived ease of use, and user acceptance of information technology [J]. MIS Quarterly, 1989, 13 (3)：319-340.

④ 陈晓春，赵珊珊，赵钊，等. 基于 D&M 和 TAM 模型的电子政务公民采纳研究 [J]. 情报杂志，2016，35（12）：133-138.

⑤ 关磊. 高校图书馆微信平台阅读推广成效影响因素研究：以 TAM 和 D&M 模型为视角 [J]. 图书馆，2020（6）：80-89.

说，当用户 A 在学术虚拟社区发布一条帖子时，内容可以是多种类型，如资源帖、问题帖、评论帖等，得到用户 B 的一次回复，视为 A 与 B 之间发生一次社会化交互行为，如果用户 C 也跟了一个帖子，则 C 也发生了一次社会化交互行为。此外，多层社会化交互行为是用户通过信息加工判断社会化交互体验后另一种反应行为，浅层交互对于学习者来说是没有质量的交互，只有深层交互才能促进学习者的知识建构和情感的升华①。著名教育学家李克东教授将交互层次按照交互的频率分为浅层交互、中层交互和深层交互，其中，用户间的一次交互循环为浅层交互，两次交互循环为中层交互，三次及以上的交互循环为深度交互。学术虚拟社区用户交互层次决定了生成的信息量，用户从中获取有价值的信息越多其发生多层交互行为的概率越高。学术虚拟社区的发帖行为、回帖行为、跟帖行为是用户的初始行为反应，而多层交互行为是用户经过交互过程中的切身体验做出的持续行为反应，同时多层交互行为也为其他用户提供了更多可参考的信息资源。

学术口碑与社区影响力是学术虚拟社区创新与可持续发展的原动力，而用户推荐行为是实现这一目标的有效途径。有研究表明：良好的交互体验是激发用户推荐意愿和行为的关键因素②。学术虚拟社区用户具有典型的社群属性，用户更愿意向熟人圈分享和推荐自己使用过并且认可的社区，同时信息接收者是否采纳学术虚拟社区受两者之间关系强度的影响③。

3.4.4 学术虚拟社区用户社会化交互行为形成机制

学术虚拟社区用户社会化交互行为形成机制由刺激识别（S）、信息加工（O）和行为反应（R）三个阶段构成，三个阶段是要素依存联结作用的驱动结果，学术虚拟社区用户社会化交互行为形成机制，如图 3.17 所示。

---

① 严亚利，黎加厚. 教师在线交流与深度互动的能力评估研究：以海盐教师博客群体的互动深度分析为例 [J]. 远程教育杂志，2010（2）：68-71.

② 陈远，张磊，张敏. 信息内容特征对移动医疗 APP 用户推荐行为的影响及作用路径分析 [J]. 现代情报，2019，39（6）：38-47.

③ 周芙蓉. 社交关系强度对社会化电子商务推荐采纳的影响研究 [D]. 南京：南京大学，2018.

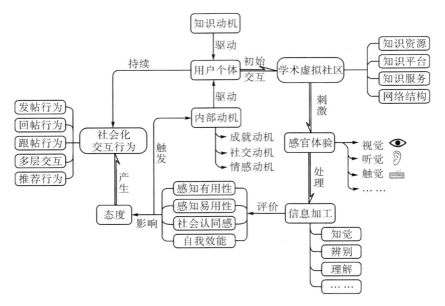

图 3.17　学术虚拟社区用户社会化交互行为形成机制

　　以知识动机驱动为用户社会化交互行为的逻辑起点，用户在知识动机的驱动下与学术虚拟社区进行初始交互，在交互过程中，社区的知识资源、知识平台、知识服务、网络结构等刺激因素通过用户的视觉、听觉、触觉等感观体验传输给大脑进行知觉、记忆、辨别、理解、评价等信息加工活动，并做出心理感知评价，社区知识资源、知识服务的有用性感知、系统的易用性感知，以及整个网络结构因素对用户自我效能感和社区认同感都直接影响学术虚拟社区用户的社会化交互态度，进而产生社会化交互行为。同时交互体验的满意度又触发用户成就、社交、情感等内部动机，驱动用户持续进行发帖、回帖、跟帖、多层交互以及推荐等一系列社会化交互行为。

3.5　学术虚拟社区用户社会化交互行为机理模型构建

　　本书从学术虚拟社区用户社会化交互动机出发，结合社会化交互要素、网络结构以及交互行为的形成过程，分析了学术虚拟社区用户社会化交互内在机理，并构建了机理模型，如图 3.18 所示。以学术虚拟社区用户社会化行为的形成过程为主线，以学术虚拟社区用户社会化交互动机为内外驱动力，学术虚拟社区用户在整个交互过程中受到主体、客体、环境和技术要素的影响，同时学术虚拟社区用户社会化交互行为的发生与进行更依赖主体间搭建的社会网络（社交关系网络与知识关系网络）。社会化交互是一个动态循环的过程，只有上述几方面相互作用与协调稳定，才能保障学术虚拟社区用户社会化交互行为的持续进行。

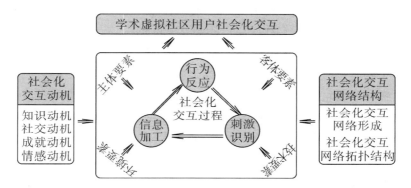

图 3.18 学术虚拟社区用户社会化交互行为机理模型

学术虚拟社区用户社会化交互机理模型宏观地呈现了学术虚拟社区用户社会化交互动机到交互行为的全过程。本书将学术虚拟社区用户社会化交互主体（领域专家、普通用户、用户社群）、交互客体（平台提供信息、用户分享信息、用户生成信息）、交互环境（政策环境、文化环境、信息制度环境）、交互技术（网络稳定性、系统安全性、知识融合技术）与用户社会化交互形成阶段（刺激识别—信息加工—行为反应）以及交互动机和网络结构之间的关系进行了系统的梳理，从整体上把握了学术虚拟社区用户社会化交互活动的基本原理与运行规律，为本书后续研究提供了理论指导框架。

3.6 本章小结

本章在对学术虚拟社区用户社会化交互行为动机进行分析的基础上，进一步阐释了学术虚拟社区用户社会化交互的要素和网络结构，结合 S-O-R 模型剖析了学术虚拟社区用户社会化交互行为的形成过程和动力机制，并在上述研究的基础上构建了学术虚拟社区用户社会化交互行为机理模型，为后续研究奠定了坚实的理论基础。

本章的研究工作和结论主要包括以下方面：

（1）基于需求层次理论和动机理论挖掘学术虚拟社区用户社会化交互的动机，包括知识动机、成就动机、社交动机、情感动机，采用系统动力学方法构建了学术虚拟社区用户社会化交互动机模型，解释了多重动机对学术虚拟社区用户社会化交互行为的驱动作用。

（2）提出了学术虚拟社区用户社会化交互的主体、客体、环境与技术要素。主体要素是学术虚拟社区中参与交互的用户，包括领域专家、普通用户及由两者构成的用户社群；客体要素是由学术虚拟社区平台提供信息、个体分享信息以及用户生成信息构成的信息资源；环境要素包括政策环境即由国家或地方政府制定的相关法律法规等，文化环境是平台及用户的价值取向和观念等，信息制度环境即平台对社区用户行为的管理和约束；技术要素是指社区网络稳定性、系统的安全性以及社区对信息资源管理与服务所需的一切技术手段。

（3）基于社会网络理论，阐述了学术虚拟社区用户社会化交互活动中社交关系网络和知识关系网络的形成；剖析了学术虚拟社区用户社会化交互网络的二方关系结构、三方关系结构、星状拓扑结构、环状拓扑结构、网状拓扑结构。

（4）基于 S-O-R 模型，揭示了学术虚拟社区用户社会化交互行为刺激识别阶段—信息加工阶段—行为反应阶段的形成过程。通过对各阶段形成要素与形成路径的分析，构建了学术虚拟社区用户社会化交互行为形成机制。

（5）构建了学术虚拟社区用户社会化交互行为机理模型，该模型为全文的理论框架，为本书探索社会化交互行为影响因素、网络结构与行为特征、交互效果评价研究提供理论支撑。

4 学术虚拟社区用户社会化交互行为影响因素分析

随着互联网信息技术的快速发展，学术虚拟社区作为非正式的学术交流平台受到越来越多专家学者们的青睐，而学术虚拟社区用户间的社会化交互活动是获取学术资源、进行学术交流与合作的有效途径。本章以 S-O-R 模型为理论框架，结合信息系统成功模型、技术接受模型以及先前相关的研究成果，提出了学术虚拟社区用户社会化交互行为影响因素模型，并采用结构方程模型方法进行实例验证，以期为学术虚拟社区平台提升知识服务水平提供理论依据。

4.1 学术虚拟社区用户社会化交互行为影响因素理论模型

信息系统成功模型最早在 *Information Systems Success：The Quest for the Dependent Variable* 一文中被提出，信息系统模型可以从六个维度展开分析，即系统质量、系统使用、信息质量、用户满意度、个人影响以及组织影响[①]。在该模型中，系统质量和信息质量的共同作用会导致用户满意度和用户使用发生变化，而二者又会进一步导致用户在个人层面和组织层面发生变化。初始的信息系统成功模型在提出后得到学界的广泛关注，但在实际应用过程中具有一定的局限性，因此 Delone 和 Mclean 于 2003 年修正和完善了该模型，如图 4.1 所示。

---

① DELONE W H, MCLEAN E R. Information systems success：the quest for dependent variable [J]. Journal of Management Information Systems，1992，3（4）：60-95.

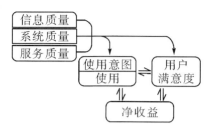

图 4.1　修正后的信息系统成功模型①

　　在信息质量、系统质量、服务质量的共同作用下，用户满意度和使用意图发生改变，并产生相互作用，最终导致净收益发生变化。新模型的出现进一步验证了信息系统成功模型是一个具有时间关联度的过程概念，并在后来的研究中得到充分应用②。在高校图书馆微服务研究方面，学者们证实了用户的持续使用行为受到用户满意度的影响，而用户满意度会随着高校图书馆微服务质量、微内容质量、微平台系统质量等发生改变③。在线健康社区研究方面，已有学者通过调查发现用户信任与用户知识分享的意愿呈正向相关关系，而用户对社区的信任程度主要来自信息质量和服务质量的影响④。在虚拟社区用户社会化交互研究方面，有学者提出信息质量、服务质量和感知易用性对感知有用性的显著影响：信息质量和服务质量正向影响感知易用性，感知有用性和感知易用性共同作用于用户的使用意愿⑤。因此，本书将系统质量、信息质量、服务质量作为外部变量，分析用户感知有用性和感知易用性如何受到外部变量的影响，进而剖析各变量对学术虚拟社区用户社会化交互态度及行为的作用路径。

　　技术接受模型（technology acceptance model，简称 TAM），是 Davis 根据理性行为理论和计划行为理论发展起来的，该模型主要从行为科学视角出发，能更好地诠释和预测人们对信息技术的接受程度与使用行为，如

　　①　DELONE W H, MCLEAN E R. The Delone and mclean model of information systems success: a ten-year update [J]. Journal of Management Information Systems, 2003, 19 (4): 9-30.

　　②　费欣意，施云，袁勤俭. D&M 信息系统成功模型的应用与展望 [J]. 现代情报，2018, 38 (11): 161-171, 177.

　　③　彭爱东，夏丽君. 用户感知视角下高校图书馆微服务效果影响因素研究 [J]. 图书情报工作，2018, 62 (17): 33-43.

　　④　周涛，王盈颖，邓胜利. 在线健康社区用户知识分享行为研究 [J]. 情报科学，2019, 37 (4): 72-78.

　　⑤　徐卓钰，兰国帅，徐梅丹，等. MOOCs 平台用户使用意愿的影响因素研究：基于技术接受模型和信息系统成功模型的视角 [J]. 数字教育，2017, 3 (4): 26-32.

图4.2所示。

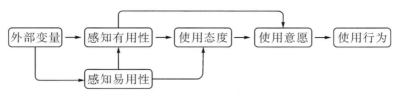

图4.2　技术接受模型①

　　因该模型具有很好的拓展性，因此成为目前多个学科领域应用最广泛的理论模型之一。Fayad R 等开发了应用于电子商务消费者信息行为的TAM 扩展模型，该模型添加了过程满意、结果满意和行为期望三个变量，以期为深入解析消费者电子商务使用行为提供理论框架②。Raman 分析了研究生对大学信息管理系统的接受程度，结构方程的验证结果表明，感知有用性、感知易用性、技术支持和计算机素养是研究生接受大学生信息系统的重要因素，技术支持与信息系统使用正向相关③。陈为东等融合了技术接受模型、社会认知理论、社会交互理论，构建学术虚拟社区社会性交互影响因素模型，实证研究结果表明：感知有用性、感知易用性、互惠、趋同性以及归属感正向影响社会性交互态度，而态度—意向—行为呈链式影响关系④。

　　新媒体环境下，学术虚拟社区作为知识服务平台，不仅为用户提供了海量的学术资源，同时也为用户的知识共享、交流与协作提供支持。用户不仅是知识的接收者，也是知识的创造者、组织者和传播者。用户通过文献互助、学术思想交互、科研经验分享，构建了一个集体参与、知识共享的社会化交互环境。本书以 S-O-R 模型为总体理论框架，结合信息系统成功模型、技术接受模型以及社会化交互的网络结构，构建学术虚拟社区用户社会化交互行为影响因素理论模型，如图 4.3 所示。学术虚拟社区用

　　① DAVIS F D. A Technology Acceptance Model for empirically testing new end-user information systems: theory and results ［D］. Cambridge: Massachusetts Institute of Technology, 1986.

　　② FAYAD R, PAPER D. The technology acceptance model e-commerce extension: a conceptual framework ［J］. Procedia Economics and Finance, 2015（26）: 1000-1006.

　　③ RAMAN A. University management information system（UMIS）acceptance among university student: applying the extended Technology Acceptance Model（ETAM）［J］. Journal of Studies in Education, 2012（18）: 16-18.

　　④ 陈为东，王萍，王美月. 学术虚拟社区用户社会性交互的影响因素模型与优化策略研究 ［J］. 情报理论与实践, 2018, 41（6）: 117-123.

户社会化交互行为影响因素理论模型分为三个因素：刺激因素（S），即信息质量、系统质量、服务质量、网络密度、网络中心性和联结强度；有机体（O），即用户感知，包括感知有用性、感知易用性、社会认同感、自我效能感，社会化交互态度；反应（R），即用户产生的社会化交互行为。

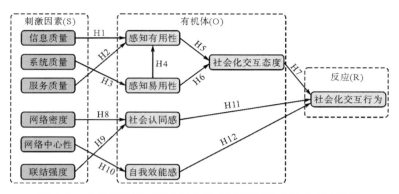

图 4.3　学术虚拟社区用户社会化交互行为影响因素理论模型

4.2　研究假设

4.2.1　信息质量、服务质量、系统质量与感知有用性和感知易用性

基于信息系统成功模型，将本书信息质量、服务质量和系统质量三个变量纳入学术虚拟社区用户社会化交互的网络平台环境。其中，信息质量通常是指信息的正确性、时效性以及全面性等，主要用来满足用户期望的信息特征①。信息质量作为影响用户在学术虚拟社区获取有效学术资源的关键因素，能够提升用户社区归属感和认同感，进一步推动学术资源共享的可能性。服务质量主要包括系统个性化服务、反馈服务、解决问题效率等方面，当学术虚拟社区具备优质的服务时，用户感知有用性在上升，在网络进行知识共享和资源互换的意愿更强烈，最终触发用户的社会化交互行为②。系统质量是指网络运行的稳定性、网络访问速度、网页设计等，

①　ARMSTRONG A，HAGEL J. The real value of online communities ［J］. Harvard Business Review，1996，74（3）：134-141.

②　刘虹，李煜. 学术社交网络用户知识共享意愿的影响因素研究 ［J］. 现代情报，2020，40（10）：73-83.

表征了知识服务的技术要素，用户知识搜寻和知识贡献行为易受到用户感知有用性的影响。此外，还有研究将系统质量、信息质量、服务质量作为外部变量引入技术接受模型，发现它们均正向影响用户感知有用性与感知易用性[①]。因此，本书提出如下假设：

H1：信息质量正向影响感知有用性；

H2：服务质量正向影响感知有用性；

H3：系统质量正向影响感知易用性。

4.2.2 感知有用性、感知易用性与社会化交互态度

当用户在学术虚拟社区进行交流和共享资源时，用户所感知到的可用信息对自身使用价值的程度即为感知有用性。而在这一信息获取和交流过程中，用户对所花费的时间成本、精力以及学术平台可操作性的感知程度，即为感知易用性[②]。贾明霞等结合 S-O-R 模型，发现感知有用性和感知易用性正向影响用户的知识交流和共享的态度[③]。此外，当学术虚拟社区平台的系统操作流程过于烦琐时，用户无法感受到平台带来的知识价值，就会降低平台的使用频率[④]，即用户感知易用性影响用户的感知有用性。理性行为理论认为，当个体的行为意愿对其行为具有预测作用时，行为意愿愈加强烈，其执行该行为的可能性就越大。如张敏等基于博弈视角，探索了用户在知识共享时，用户共享态度与用户共享行为之间的影响关系[⑤]。钟玲玲等则通过实证研究构建影响因素模型，证实了在虚拟学术社区中用户知识交流态度正向影响用户知识交流行为[⑥]。在学术虚拟社区用户社会化交互过程中，用户使用态度决定了用户的行为表现。因此，本

① 刘鲁川，孙凯. 移动出版服务受众采纳的行为模式：基于信息技术接受模型的实证研究 [J]. 出版印刷研究，2011（6）：104-111.

② DAVIS F D. Perceived usefulness, perceived ease of use, and user acceptance of information technology [J]. MIS Quarterly, 1989（13）：319-340.

③ 贾明霞，熊回香. 虚拟学术社区知识交流与知识共享探究：基于整合 S-O-R 模型与 MOA 理论 [J]. 图书馆学研究，2020（2）：43-54.

④ 张红兵，张乐. 学术虚拟社区知识贡献意愿影响因素的实证研究：KCM 和 TAM 视角 [J]. 软科学，2017，31（8）：19-24.

⑤ 张敏，郑伟伟，石光莲. 虚拟学术社区知识共享主体博弈分析：基于信任的视角 [J]. 情报科学，2016，34（2）：55-58.

⑥ 钟玲玲，王战平，谭春辉. 虚拟学术社区用户知识交流影响因素研究 [J]. 情报科学，2020，38（3）：137-144.

书提出如下假设：

  H4：感知易用性正向影响感知有用性；

  H5：感知有用性正向影响用户社会化交互态度；

  H6：感知易用性正向影响用户社会化交互态度；

  H7：社会化交互态度正向影响用户社会化交互行为。

4.2.3　网络密度、网络中心性、联结强度与社会认同感和自我效能感

  学术虚拟社区用户社会化交互关系是以社交网络与知识网络关系呈现的。整体网络的密度、用户的中心性以及成员间亲疏程度都会影响用户知识共享和协作，进而影响用户社会认同感与自我效能感①。①网络密度是学术虚拟社区社会化交互网络中用户之间联系的紧密程度。用户社会化交互频率越高，彼此之间越容易建立互惠和信任关系，用户会对社区产生一种依赖感和归属感②，认为自己是社区中的一员，乐于为他人提供帮助，并主动为社区贡献资源，由此用户会获得强烈的社会认同感。②网络中心性是学术虚拟社区用户社会化交互网络分析的关键指标之一，通过测量社区成员的中心性能够发现社会化交互网络中的核心节点和权力中心。核心用户通常具有较高的认知水平和沟通能力，在社区具有很高的关注度，影响社区用户的思想、价值、观点等③。由于他们具有专业的学科背景和权威性，其自身具有较高的自我效能感，而随着影响力的扩大和粉丝用户的高度认同，自我效能感也会随着提升。③联结强度通常用来反映社会网络两个节点之间联系的频度与深度。联结强度可分为强关系和弱关系。强关系用户通常是熟人社交圈，如朋友、同事、亲人、同学等，冯娇等认为，强关系能够提高用户接收信息的意愿，刺激用户购买意愿④。Liang 等指出，用户间关系的亲疏度会对信息的传播、分享、协作以及各种决策起到重要的作用。学术虚拟社区用户社会化交互活动中，强关系用户间拥有共

  ①　张雪燕. 社会网络视角下大学跨学科团队知识共享机制研究 ［D］. 哈尔滨：哈尔滨工业大学，2015.

  ②　巴志超，李纲，毛进，等. 微信群内部信息交流的网络结构、行为及其演化分析：基于会话分析视角 ［J］. 情报学报，2018，37（10）：1009-1021.

  ③　朱亚丽. 基于社会网络视角的企业间知识转移影响因素实证研究 ［D］. 杭州：浙江大学，2009.

  ④　冯娇，姚忠. 基于强弱关系理论的社会化商务购买意愿影响因素研究 ［J］. 管理评论，2015，27（12）：99-109.

同的信念和行动意向，更容易建立亲密和信任关系，基于信任关系的互动，使用户产生强烈的社会认同感；弱关系虽然没有强关系用户间的紧密联系，但弱关系可以有效扩大信息来源，同时还可以跨越固有的社交圈，扩大社交辐射范围，获得更多用户间关注和认同①。基于以上分析，本书提出如下假设：

H8：网络密度正向影响社会认同感；

H9：网络中心性正向影响自我效能感；

H10：联结强度正向影响社会认同感。

4.2.4 社会认同感、自我效能感与社会化交互行为

社会认同是用户对社区归属感的一种自我认知心理反应②。学术虚拟社区用户的社会认同感是指用户对社区文化、价值、观念等的认同，用户能够掌握社区中社会化交互功能，获取和识别有价值信息，并能与其他用户顺畅地进行知识与情感交流。用户社会化交互过程中，将自己视作社区的一名成员，此时用户与其他用户之间的关系会更加亲密，对社区的依赖程度会更高，在进行知识传播与共享时意愿更强③。在学术虚拟社区中，掌握丰富信息资源的用户如果与其他用户具有相同的兴趣和话题，则会更愿意展开知识分享活动，用户的交互行为也更为主动④。自我效能是指个体在学术虚拟社区平台中对于自己执行一系列行为（如提供有价值资源信息、为他人解决难题）的自我能力评价⑤。社会认知理论指出，自我效能感是当个体在面对挫折或者困境时，个体的成长精力以及社会经验均能够影响个体对自身能力的评价，进而影响用户行为的改变⑥。相关学者在以

① LIANG T P, HO Y T, LI Y W, et al. What drives social commerce: the role of social support and relationship quality [J]. International Journal of Electronic Commerce, 2011, 16 (2): 69-90.

② RIKETTA M. Organizational Identification: a meta - analysis [J]. Journal of Vocational Behavior, 2005, 66 (2): 358-384.

③ HALL D T, Schneider B, Nygren H T. Personal factors in organizational identification [J]. Administrative Science Quarterly, 1970: 176-190.

④ CHIU C M, HSU M H, WANG E T G. Understanding knowledge sharing in virtual communities: an integration of Social Capital and Social Cognitive Theories [J]. Decision Support Systems, 2006, 42 (3): 1872-1888.

⑤ DAVIS F D, VENKATESH V. A critical assessment of potential measurement biases in the Technology Acceptance Model [J]. International Journal of Human-computer Studies, 1996, 45 (1): 19-45.

⑥ BANDUR A A. Self - efficacy: toward a unifying theory of behav - ioral change [J]. Psychological Review, 1977, 84 (2): 191-215.

往的研究中发现，用户在进行信息搜寻时，自我效能影响用户的检索投入度，最终对用户信息检索数量产生积极影响[①]。Hsu 等对电子商务领域用户使用行为展开研究，并得出自我效能对消费者的电子商务使用行为存在显著影响[②]。王子喜等实证分析了用户在虚拟社区进行交流时，用户知识共享行为和社区参与水平更容易受人际信任和自我效能感的影响[③]。结合相关研究成果，本书提出如下假设：

H11：社会认同感正向影响用户社会化交互行为；

H12：自我效能感正向影响用户社会化交互行为。

4.3 问卷设计与数据收集

4.3.1 问卷设计

调查问卷主要包括三部分内容。第一部分是介绍收集调查问卷的目的；第二部分是被调查者的个人基本信息；第三部分是学术虚拟社区用户社会化交互行为潜变量的量表。本书采用 Likert-5 级量表，选项依次为完全符合、基本符合、一般符合、不太符合和完全不符合五个选项，选项的得分依次为 5、4、3、2、1。为了确保问卷的科学性和有效性，本书借鉴本领域成熟的理论模型和前人相关研究，设计部分指标问项，结合学术虚拟社区用户社会化交互内涵和特征，自行设计剩余指标项，最后形成符合本书研究内容的调查问卷。经过专家组的认真研讨，本书就问卷测量项中表述不清、模棱两可的测量项进行修正和删减，最终确定了 12 个变量，共40 个测量题项，详见附录 1。

4.3.2 数据收集

本次调查对象为高校教师、研究机构科研人员、政府和企业科研人

---

① 孙晓宁，姚青. 信息搜索用户学习行为投入影响研究：基于认知风格与自我效能 [J]. 情报理论与实践，2020，43 (10)：99-107.

② HSU M H, CHIU C M. Internet self-efficacy and electronic service acceptance [J]. Decision Support Systems, 2005, 38 (3)：369-381.

③ 王子喜，杜荣. 人际信任和自我效能对虚拟社区知识共享和参与水平的影响研究 [J]. 情报理论与实践，2011，34 (10)：71-74，92.

员、硕士博士研究生，调查范围涉及理、工、农、医、法、管理等多个学科门类；本次调查采用网络发放问卷的形式获取数据，共收集问卷 506 份，经过人工筛选，对漏填、重复填写或者答题随意、作答时间较短（时间不超过一分钟）等问卷予以剔除，最终获得有效问卷 467 份，问卷有效回收率为 92.3%。本次调查中男女比例分别为 51.61% 和 48.39%，男女比例相当；从年龄分布来看，21~40 岁的被调查对象占总调查对象的 67.66%，说明中青年学者更愿意利用学术虚拟社区进行学术交流。从学历分布来看，80% 以上的学术虚拟社区用户是研究生学历，表明研究生以上学历人群是使用学术虚拟社区的主力军，这与实际的科研群体相符。从职业数据来看，学术虚拟社区的主要使用人群是教师和高校学生。此外，被调查对象中使用 3~5 年的用户最多，达到了 45.40%，并且每周使用学术虚拟社区 11~15 次的用户占总人数的 50.11%，说明多数用户使用频率较高，详见表 4.1。

表 4.1　人口统计学信息统计表

属性	类别	样本数/个	百分比/%
性别	男	241	51.61
	女	226	48.39
年龄	21 岁以下	80	17.13
	21~30 岁	194	41.54
	31~40 岁	122	26.12
	41 岁以上	71	15.21
学历	专科及以下	13	2.78
	大学本科	67	14.35
	硕士研究生	149	31.91
	博士及以上	238	50.96
职业	教师	212	45.40
	学生	137	29.34
	科研人员	89	19.06
	行政人员	29	6.20
使用时间	0~1 年（含）	22	4.71
	1~3 年（含）	135	28.91
	3~5 年	212	45.40
	5 年以上	98	20.98

表4.1(续)

属性	类别	样本数/个	百分比/%
每周使用频率	1~3 次	63	13.49
	4~10 次	132	28.27
	11~15 次	234	50.11
	15 次以上	38	8.13

本书采用结构方程模型的方法,借助分析软件 AMOS22.0 进行数据统计与分析。由于 SEM 适用于大样本数据建模,运用结构方程模型分析时,变量的测量题项应与样本的数量保持在 1∶5 以上,最佳为 1∶10 以上[①],这样能充分保证结构方程模型的稳定性和参数估计结果的可靠性。本书通过试测和专家分析,最后确定自由参数有 40 项,获取有效样本 467 >400,符合 SEM 样本收集与分析的标准。

4.4　数据分析与模型验证

4.4.1　描述性统计分析

本书采用 Likert-5 级量表,选项设置 1 到 5,1 为最小值,5 为最大值,3 为中间值,通过对所收集的问卷进行描述性分析,可以有效判断数据是否存在错误值;根据计算各变量的最大值、最小值以及平均值,可以了解学术虚拟社区用户社会化交互现状。各变量的描述性统计分析结果,见表4.2。

表4.2　描述性统计分析结果

变量	编号	N	全距	最小值	最大值	平均值
信息质量 （quality of the information）	QI1	467	4	1	5	3.403
	QI2	467	4	1	5	3.525
	QI3	467	4	1	5	3.634
	QI4	467	4	1	5	3.672

---

① 吴明隆. 结构方程模型:Amos 实务进阶 [M]. 重庆:重庆大学出版社,2013:29.

表4.2(续)

变量	编号	N	全距	最小值	最大值	平均值
系统质量 （quality of the system）	QS1	467	4	1	5	3.704
	QS2	467	4	1	5	3.559
	QS3	467	4	1	5	3.587
	QS4	467	4	1	5	3.897
服务质量 （quality of the service）	QSe1	467	4	1	5	3.587
	QSe2	467	4	1	5	3.595
	QSe3	467	4	1	5	3.647
感知有用性 （perceived of usefulness）	PU1	467	4	1	5	3.666
	PU2	467	4	1	5	3.630
	PU3	467	4	1	5	3.698
	PU4	467	4	1	5	3.797
感知易用性 （perceived ease of use）	PEU1	467	4	1	5	3.679
	PEU2	467	4	1	5	3.574
	PEU3	467	4	1	5	3.660
网络密度 （network density）	ND1	467	4	1	5	3.497
	ND2	467	4	1	5	3.430
	ND3	467	4	1	5	3.445
网络中心性 （network centrality）	NC1	467	4	1	5	3.469
	NC2	467	4	1	5	3.373
	NC3	467	4	1	5	3.456
联结强度 （connection strength）	CS1	467	4	1	5	3.223
	CS2	467	4	1	5	3.396
	CS3	467	4	1	5	3.475
社会认同感 （social identity）	SI1	467	4	1	5	3.587
	SI2	467	4	1	5	3.529
	SI3	467	4	1	5	3.801

表4.2(续)

变量	编号	N	全距	最小值	最大值	平均值
自我效能感 （self-efficacy）	SE1	467	4	1	5	3.486
	SE2	467	4	1	5	3.435
	SE3	467	4	1	5	3.531
社会性交互态度 （social interaction attitude）	SIA1	467	4	1	5	3.625
	SIA2	467	4	1	5	3.550
	SIA3	467	4	1	5	3.572
	SIA4	467	4	1	5	3.752
社会性交互行为 （social interaction behavior）	SIB1	467	4	1	5	3.675
	SIB2	467	4	1	5	3.497
	SIB3	467	4	1	5	3.602

从表 4.2 可以看出，467 份问卷中不存在错误值，各个测量题项的平均值均大于 3，说明学术虚拟社区的整体平台环境和网络结构等处于良好状态，容易触发用户正面的交互态度，进而产生积极的社会化交互行为。

4.4.2　信度与效度检验

（1）信度检验。

信度是对问卷可靠性和可行性的检验，通常采用 Cronbach ′s Alpha 信度系数来测量，一般认为 α 系数值大于 0.70 时，说明模型具有较高的信度，各指标变量内部一致性较好[①]。相反，α 系数值小于 0.35 时，则信度较低。α 系数计算如式 4.1 所示。通过对数据进行处理，问卷的整体信度系数为 0.932，表明该问卷具有较高的信度。12 个测量变量 α 系数介于 0.795 与 0.875 之间，同样具有较高的信度水平，如表 4.3 所示。

$$\alpha = \frac{k}{k-1} \left(\frac{\sum \sigma_i^2}{\sigma^2} \right) \qquad (4.1)$$

---

① 吴明隆. 问卷统计分析实务：SPSS 操作与应用 [M]. 重庆：重庆大学出版社，2011：237.

表 4.3　各变量的 Cronbach 's Alpha 系数

测量变量	题项	α 值	测量变量	题项	α 值
信息质量	4	0.857	网络中心性	3	0.819
服务质量	4	0.837	联结强度	3	0.805
系统质量	3	0.864	社会认同感	3	0.822
感知有用性	4	0.875	自我效能感	3	0.814
感知易用性	3	0.823	社会化交互态度	4	0.861
网络密度	3	0.795	社会化交互行为	3	0.837

（2）效度检验。

效度（validity）即有效性，主要用来反映能否准确测量出所需的目标。一般情况下，效度主要分为三个维度。其中，内容效度（content validity）是通过对变量进行测量从而验证该变量是否具有代表性；校标关联效度（criterion-related validity）则是对变量与变量之间的关系进行验证和分析，判断变量间是否具有关联性；建构效度（constructive validity）通常用收敛效度和区分效度来表示，其是对基于某一建构理论提出研究假设的检验，结合数据分析进一步查核检验结果与心理学中理论观点的一致性。当收敛效度和区分效度同时通过效度检验标准时，才能认为所测量变量具有良好的建构效度。本书结合调查问卷的性质，采用建构效度中的收敛效度和区分效度进行效度检验。

①收敛效度。收敛效度通常是对所测量变量的各个隶属维度进行指标评价的界定，一般用标准化因子载荷量、误差方差值、组合信度（composite reliability，简称 CR）和平均方差抽取量（average variance extracted，简称 AVE）来测量①。其中，平均方差抽取量体现了每个测量指标能在多大程度上解释潜在变量。组合信度是判断模型质量的指标之一，衡量每个变量中的全部题目是否同等性地阐明该变量。通常情况下，收敛效度的因子载荷量大于 0.5，组合信度（CR）大于 0.7，平均抽取方差值（AVE）大于 0.5 时，则表明收敛效度好，此时问卷具有较高的效度。收敛效度各项指标如表 4.4 所示。

---

① SEGARS A H. Assessing the unidimensionality of measurement：a paradigm and illustration within the context of information systems research [J]. Omega，1997，25（1）：107-121.

表 4.4　收敛效度

变量	编号	标准化载荷量	误差方差	CR	AVE
信息质量（quality of the information）	QI1	0.828	0.355	0.862	0.610
	QI2	0.704	0.363		
	QI3	0.749	0.386		
	QI4	0.835	0.414		
系统质量（quality of the system）	QS1	0.764	0.288	0.845	0.579
	QS2	0.679	0.301		
	QS3	0.758	0.289		
	QS4	0.834	0.377		
服务质量（quality of the service）	QSe1	0.841	0.316	0.869	0.689
	QSe2	0.755	0.278		
	QSe3	0.888	0.354		
感知有用性（perceived of usefulness）	PU1	0.859	0.421	0.879	0.646
	PU2	0.741	0.335		
	PU3	0.803	0.294		
	PU4	0.807	0.368		
感知易用性（perceived ease of use）	PEU1	0.788	0.207	0.826	0.613
	PEU2	0.751	0.196		
	PEU3	0.809	0.351		
网络密度（network density）	ND1	0.802	0.378	0.800	0.872
	ND2	0.694	0.266		
	ND3	0.769	0.257		
网络中心性（network centrality）	NC1	0.811	0.198	0.821	0.605
	NC2	0.709	0.313		
	NC3	0.809	0.340		
联结强度（connection strength）	CS1	0.777	0.344	0.807	0.583
	CS2	0.735	0.318		
	CS3	0.778	0.279		

变量	编号	标准化载荷量	误差方差	CR	AVE
社会认同感 （social identity）	SI1	0.754	0.235	0.829	0.619
	SI2	0.751	0.362		
	SI3	0.851	0.353		
自我效能感 （self-efficacy）	SE1	0.794	0.322	0.819	0.603
	SE2	0.692	0.256		
	SE3	0.837	0.287		
社会性交互态度 （social interaction attitude）	SIA1	0.773	0.138	0.862	0.609
	SIA2	0.778	0.395		
	SIA3	0.790	0.316		
	SIA4	0.781	0.333		
社会性交互行为 （social interaction behavior）	SIB1	0.827	0.228	0.837	0.632
	SIB2	0.755	0.270		
	SIB3	0.801	0.187		

由表4.4可以看出，12个维度的标准化因子载荷量均大于0.5；各测量变量的误差方差值均大于0，各维度组合信度（CR）介于0.800与0.879之间，平均抽取方差值（AVE）均大于0.5，表明各个测量变量之间具有较好的一致性，可以确定该问卷收敛效度较好。

②区分效度。区分效度（discriminant validity）是通过测量变量的各个维度，以判断变量之间是否能够有效区分的指标。区分效度用来检验各维度间的测量指标是否存在交叉和重叠，以及测量值与其他不同维度间不相关的程度。通常情况下，区分效度由AVE的平方根与变量间的相关系数来评估，当测量变量的AVE的平方根大于模型中所有变量间的相关系数时，证明该测量变量模型有良好的区分效度①。区分效度各项指标如表4.5所示。

---

① 杨梦晴. 基于信息生态理论的移动图书馆社群化服务研究［D］. 长春：吉林大学，2018.

表 4.5　区分效度

变量	均值	标准偏差	QI	QS	QSe	PU	PEU	ND	NC	CS	SI	SE	SIA	SIB
QI	3.558	1.015	**0.781**											
QS	3.687	0.848	0.453	**0.761**										
QSe	3.610	0.983	0.376	0.412	**0.830**									
PU	3.697	0.962	0.357	0.468	0.587	**0.804**								
PEU	3.637	0.941	0.256	0.616	0.279	0.529	**0.783**							
ND	3.458	0.988	0.456	0.432	0.360	0.234	0.210	**0.934**						
NC	3.433	1.029	0.411	0.401	0.416	0.312	0.289	0.406	**0.778**					
CS	3.365	1.141	0.413	0.437	0.447	0.495	0.368	0.427	0.524	**0.764**				
SI	3.639	0.941	0.195	0.334	0.320	0.388	0.308	0.265	0.318	0.670	**0.787**			
SE	3.484	1.007	0.246	0.309	0.262	0.224	0.260	0.264	0.691	0.390	0.267	**0.777**		
SIA	3.625	1.008	0.223	0.407	0.358	0.662	0.633	0.141	0.270	0.303	0.289	0.196	**0.780**	
SIB	3.591	0.966	0.185	0.364	0.311	0.404	0.404	0.191	0.450	0.415	0.578	0.611	0.570	**0.795**

注：加黑数字为 AVE 的算数平方根

由表 4.5 可以看出，各维度数据的平均值在 3 左右，标准偏差在 1 左右，数据分布较为合理，各测量变量相关系数值均小于其 AVE 平方根，该问卷具有良好的区分效度，各个维度之间不存在共线性问题。

4.4.3　模型分析与检验

（1）模型拟合度指标。

①卡方自由度比。卡方自由度比值（X^2/df）愈小，表示假设模型的协方差与观察数据愈适配，一般而言，卡方自由度比值小于 1，表示模型过度适配[①]，其值介于 1~3 表示模型适配良好，较严格的适配准则是比值介于 1~2，若大于 3 则表示假设模型无法反映真实观察数据，模型需要进行修正[②]。

②残差均方和平方根（RMR）。RMR 是指数据样本所得的方差协方差矩阵与理论模型隐含的方差协方差矩阵的差异值，矩阵中的参数即是适配残差。通常情况下，模型的契合度可以接受的值在 0.08 以下。

③渐进残差均方和平方根（RMSEA）。一般而言，渐进残差均方和平方根的取值越小，即越接近于 0，表明该模型的拟合度越好，若 RMSEA 值小于 0.05 表明适配度较好，0.05~0.08 表明模型适配度尚可。

④适配度指数（GFI）。GFI 指标用来显示观察矩阵中的方差与协方差可被复制矩阵预测得到的量，其数值是指根据"样本数据的观察矩阵与理论建构复制矩阵之差的平方"和与"观察的方差"的比值。GFI 数值介于 0~1，其数值愈接近 1，表示模型的适配度愈佳，一般判别标准为 GFI 值大于 0.90。

⑤比较适配指数（CFI）。一般而言，当 CFI 的值越接近于 1，则表明该模型的适配度越好。

⑥Tucker-Lewis 指标（TLI）。TLI 通常在 0~1 取值。当 TLI >0.9，则证明该模型的拟合度较好。

⑦增值适配指数(IFI)。IFI 值大多介于 0~1，越接近 1，模型适配度越好。

本书主要采用上述 7 个指标检验学术虚拟社区用户社会化交互行为影响因素模型的适配度。

（2）结构方程模型构建。

基于前文相关理论的阐述，本书构建了学术虚拟社区用户社会化交互

---

① 吴明隆. 结构方程模型：Amos 实务进阶［M］. 重庆：重庆大学出版社，2013：42.

② LARCKER F D F. Structural Equation Models with unobservable variables and measurement error：algebra and statistics［J］. Journal of Marketing Research，1981，18（3）：382-388.

行为影响因素模型，模型共包含 12 个潜变量，依据各潜变量的关系提出假设，模型以 S-O-R 模型为理论框架，结合 D&M 模型、TAM 模型与网络结构要素共同形成了两个影响路径。其中，D&M 模型中提取的信息质量、系统质量、服务质量三个因素作为 TAM 的外部影响因素，分别作用于用户的感知有用性和易用性，感知有用性与易用性影响用户的态度，进而引发社会化交互行为；网络结构中的网络密度、联结强度影响社会认同感，网络中心性影响用户的自我效能感，社会认同感与自我效能感又进一步影响用户的社会化交互行为。依据理论假设，创建学术虚拟社区用户社会化交互行为影响因素结构方程初始模型，如图 4.4 所示。

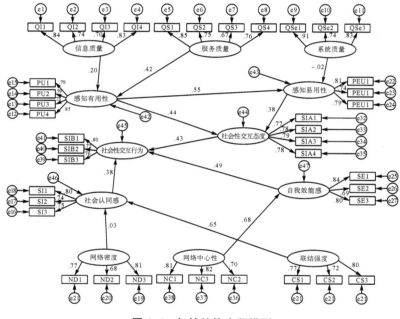

图 4.4　初始结构方程模型

（3）模型参数评价。

采用 AMOS 分析软件对理论模型进行假设检验，初始模型拟合优度结果显示，χ^2/df 为 2.271，RMR 的值为 0.074，RMSEA 值为 0.052，CFI 值为 0.904，TLI 的值为 0.897，IFI 值为 0.904，GFI 值为 0.826，均在标准的拟合范围内，但未达到最佳的拟合度。综合分析各项指标，本书的初始假设模型基本成立，但仍需对模型进一步修正完善。初始模型拟合度指数，如表 4.6 所示。

表 4.6　初始模型拟合度指数

拟合指标		χ²/df	RMR	RMSEA	CFI	TLI	IFI	GFI
拟合数值		2.271	0.074	0.052	0.904	0.897	0.904	0.826
拟合标准	优	<3.0	<0.08	<0.08	>0.90	>0.90	>0.90	>0.90
	标准值	3.0~5.0	0.08~0.10	0.08~0.10	0.70~0.90	0.70~0.90	0.70~0.90	0.70~0.90

（4）模型修正。

依据初始假设模型检验结果，测量指标 TLI = 0.897 以及 GFI = 0.826 拟合指数没有达到理想状态，参照 AMOS 输出的修正指数以渐进的方式依次建立 e1 与 e6，e7 与 e10、e9 和 e13、e46 和 e42 残差变量之间共变关系，修正后的拟合指数见表 4.7。经过建立 4 对残差值间的相关路径，各项指标均达到拟合最佳值范围，修正后的结构方程模型如图 4.5 所示。

表 4.7　修正模型拟合度指数

拟合指标		χ²/df	RMR	RMSEA	CFI	TLI	IFI	GFI
初始模型		2.271	0.074	0.052	0.904	0.897	0.904	0.826
修正模型		2.210	0.072	0.051	0.909	0.902	0.909	0.893
拟合标准	优	<3.0	<0.08	<0.08	>0.90	>0.90	>0.90	>0.90
	标准值	3.0~5.0	0.08~0.10	0.08~0.10	0.70~0.90	0.70~0.90	0.70~0.90	0.70~0.90

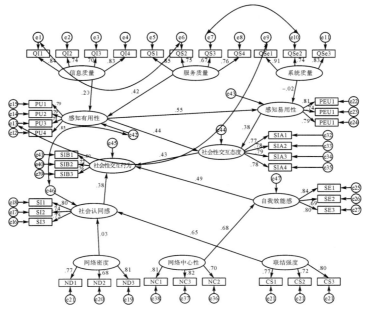

图 4.5　学术虚拟社区用户社会化交互行为影响因素结构方程修正模型

4.5 结果讨论与分析

本研究模型共有 12 个潜在变量，分别为信息质量、系统质量、服务质量、感知有用性、感知易用性、网络密度、网络中心性、联结强度、社会认同感、自我效能感、社会化交互态度和社会化交互行为，尽管模型修正时对 4 对残差变量值建立共变关系，但模型整体的变量之间的关系变化较小，模型假设检验结果，如表 4.8 所示。

表 4.8　模型假设检验结果

研究假设	标准化系数	未标准化系数	S. E.	C. R.	P	结论
H1：信息质量与感知有用性正向相关	0.214	0.185	0.042	4.423	＊＊＊	成立
H2：服务质量与感知有用性正向相关	0.409	0.423	0.053	8.04	＊＊＊	成立
H3：系统质量与感知易用性正向相关	−0.015	−0.012	0.04	−0.306	0.76	不成立
H4：感知有用性与感知易用性正向相关	0.544	0.546	0.054	10.183	＊＊＊	成立
H5：感知有用性与社会化交互态度正向相关	0.441	0.466	0.059	7.885	＊＊＊	成立
H6：感知易用性与社会化交互态度正向相关	0.381	0.402	0.06	6.679	＊＊＊	成立
H7：社会化交互态度与社会化交互行为正向相关	0.417	0.357	0.041	8.619	＊＊＊	成立
H8：网络密度与社会认同感正向相关	0.047	0.038	0.039	0.983	0.326	不成立
H9：网络中心性与自我效能感正向相关	0.680	0.84	0.074	11.383	＊＊＊	成立
H10：联结强度与社会认同感正向相关	0.622	0.407	0.039	10.386	＊＊＊	成立

表4.8(续)

研究假设	标准化系数	未标准化系数	S. E.	C. R.	P	结论
H11：社会认同感与社会化交互行为正向相关	0.373	0.393	0.051	7.715	＊＊＊	成立
H12：自我效能感与社会化交互行为正向相关	0.487	0.38	0.039	9.851	＊＊＊	成立

注：P<0.05 为影响显著

参照表4.8各潜在变量回归系数相关性结果，可以得出研究的整体验证效果比较理想，除假设3和假设8不成立，其余10个研究假设均达到了显著性水平。学术虚拟社区用户社会化交互行为影响因素模型路径系数，如图4.6所示。

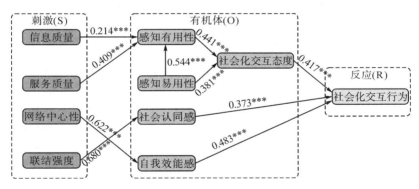

图4.6 学术虚拟社区用户社会化交互行为影响因素路径系数

（1）研究假设1：信息质量正向影响感知有用性。

结构方程模型验证性结果显示，信息质量对感知有用性的路径系数为0.214，临界比为4.423，P值<0.05，达到了显著影响水平，表明信息质量能够正向影响用户的感知有用性。学术虚拟社区的根本服务宗旨是满足用户的信息需求，从这一角度出发，学术虚拟社区在进行信息资源管理与服务过程中，要保证信息资源的可靠性、丰富性、相关性等，优质的信息资源可以在满足用户信息需求的同时，触发用户对于平台价值的有用性感知，反之，无序、繁杂的信息会导致用户搜索信息时耗费过多的时间和精力，降低其对社区信息资源有用性感知的程度，从而减少在学术虚拟社区进行社会化交互的频率。

（2）研究假设 2：服务质量正向影响感知有用性。

结构方程模型验证性结果显示，服务质量对感知有用性的路径系数为 0.409，临界比为 8.04，P 值<0.05，达到了显著影响水平，表明服务质量能够正向影响用户的感知有用性。服务质量是学术虚拟社区生存与发展的根本，是用户对学术虚拟社区使用过程的整体评价。学术虚拟社区用户对于平台服务质量的判断主要来源于服务反馈与个性化服务。当用户在学术虚拟社区进行知识提问并能够及时被解决时，用户在知识需求得以满足的前提下节约了时间成本，降低了用户的认知负荷。个性化的服务可以缩小用户对服务质量与实际感知的差距，调查中发现，平台为用户提供的更新提醒、推荐等个性化服务促进了用户知识获取效率，极大地提升了用户的使用体验，从而促进了用户感知有用性。

（3）研究假设 3：系统质量正向影响感知易用性不成立。

结构方程模型验证性结果显示，系统质量对感知有用性的路径系数为 -0.015，临界比为-0.306，P 值>0.05，即未达到显著影响水平，表明系统质量未能影响用户的感知易用性。学术虚拟社区的系统质量主要体现在系统的安全性、稳定性和流畅性。一方面，社区的主要用户群是科研院所的工作人员及高校教师和学生，当他们对某一学术领域具有强烈的求知欲，或者由于自身科研需求利用学术虚拟社区进行信息搜寻时，网络运行速度、网页界面设计、运行情况等系统原因可能会导致用户体验感缺失，但并不会导致他们直接放弃对学术虚拟社区的使用；另一方面，从消费价值理论的视角来分析，用户投入大量的时间和精力在社区平台建立了学术社交关系和学术影响力，不会因为系统暂时性的一些故障和问题，轻易放弃而转向其他的平台。因此，系统质量并不会对用户的感知易用性造成影响。

（4）研究假设 4：感知易用性正向影响感知有用性。

结构方程模型验证性结果显示，感知易用性对感知有用性的路径系数为 0.544，临界比为 10.183，P 值<0.05，即达到了显著影响水平，表明感知易用性能够正向影响用户的感知有用性。感知易用性主要包括用户对学术虚拟社区平台内容的可理解性以及用户使用平台时间的灵活性和操作系统的便捷性。首先，用户在学术虚拟社区进行社会性化交互时，平台操作越简洁方便，用户花费在搜寻、筛选以及共享资源方面的时间和精力就越少，此时用户进行信息共享和资源交换的意愿就越强。社会化交互过程中，用户从其他用户处获得有价值的资源越多，越容易促使用户的信息互

惠行为，用户的有用性感知也会随之提升，使用户对平台产生更强的依赖性和黏性。

（5）研究假设 5：感知有用性正向影响社会化交互态度。

结构方程模型验证性结果显示，感知有用性对社会化交互态度的路径系数为 0.441，临界比为 7.885，P 值<0.05，达到了显著影响水平，表明感知有用性能够正向影响用户的社会化交互态度，这与前人的研究结果完全一致。信息需求是驱动用户参与社区交互最重要的因素之一。研究发现，用户对平台有用性的感知主要体现在平台是否能为自己解决相关的学术问题，提供有价值的信息资源，从而提升用户的学习和工作效率。用户会随着感知有用性的不断提高，交互态度也会越来越积极主动，反之，用户的交互态度也会变得更加消极被动。

（6）研究假设 6：感知易用性正向影响社会化交互态度。

从结构方程模型验证性结果可以看出，感知易用性与社会化交互态度的路径系数为 0.381，临界比为 6.679，P 值<0.05，达到了显著影响水平，表明感知易用性能够正向影响用户的社会化交互态度。调查结果显示，多数学术虚拟社区用户通过手机客户端登录和使用平台，如果平台界面的设计简洁清晰，用户界面具有友好性，用户能够流畅获取信息并与他人进行交流，就会感知到平台的易用性，交互满意度的提升会触发更积极的交互态度。

（7）研究假设 7：社会化交互态度正向影响社会化交互行为。

结构方程模型验证结果显示，社会化交互态度对社会化交互行为的路径系数为 0.417，临界比为 8.619，P 值<0.05，达到了显著影响水平，表明社会化交互态度能够正向影响用户的社会化交互行为。与前人的研究结果相同，学术虚拟社区用户社会化交互行为的产生取决于用户在社区交互过程中的态度。平台良好的学术氛围、优质的学习资源，以及用户间和谐的人际交往都会使其产生积极的交互态度，此外，部分用户为他人解决学术问题，提供情感支持并得到他人正向反馈和认同，自我价值感和成就感得以满足，用户更愿意为社区分享和贡献，形成一个良性的生态学术交流圈，进一步推进用户社会化交互行为。

（8）研究假设 8：网络密度正向影响社会认同感不成立。

从结构方程模型验证性结果可以看出，网络密度与社会认同感的路径系数为 0.047，临界比为 0.983，P 值>0.05，未达到显著影响水平，表明网络密度不能够正向影响用户的社会认同感。研究结果与先前并不一致。造成这一结果的原因如下：一方面，网络密度代表一个社区用户间交互的紧密程度，通常情况下密度越大说明用户交往越频繁，而笔者在实际的调查中发现，学术虚拟社区社会化交互网络结构较松散，多数用户间并没有深度交互（三层交互或以上），反馈内容没有实质性意义，部分用户投入的时间与价值比失衡，致使用户无法获得社会认同感。另一方面，用户受限于网络条件、用户自身认知水平等因素，不能参与社区讨论，用户参与感较低，将自身处于社区网络的边缘节点，也会造成用户社会认同感缺失。

（9）研究假设 9：网络中心性正向影响自我效能感。

结构方程模型验证结果显示，网络中心性对自我效能感的路径系数为 0.680，临界比为 11.383，P 值<0.05，达到了显著影响水平，表明网络中心性能够正向影响用户的自我效能感。在学术虚拟社区中，用户网络中心性主要通过社会化交互网络的位置体现，处于网络中心节点的用户，其学术观点往往能够引起他人的回应和关注，会对其他节点用户的学术思想、价值、观念等产生一定程度的影响。同时，处于中心网络位置的用户通常具有专业的学科背景，能够为其他用户提供学术资源、科研经验以及情感支持等多方面的帮助，他们也是整个网络中信息流动的"桥"节点用户，可以掌握信息传播的方式和路径。此外，占据网络中心的用户能够引领和带动网络其他用户，具有很高的权威性，用户的社会价值得到多数社区用户的认同，其自我效能感也会随之提升。

（10）研究假设 10：联结强度正向影响社会认同感。

从结构方程模型验证性结果可以看出，联结强度对社会认同感的路径系数为 0.622，临界比为 10.386，P 值<0.05，达到了显著影响水平，表明联结强度能够正向影响用户的社会认同感。学术虚拟社区用户社会化交互的联结强度是用户间交互的频度与深度。其中，强联结关系用户之间存在相同的兴趣、价值、观念，在社会网络内部形成社群，通过频繁的信息与情感互动，彼此之间建立了信任关系，触发用户的社会认同感；与强联结关系相比，弱联结用户之间联系较少，亲密度低，但弱联结关系不需要太多的时间去维系情感，因此降低了用户的时间成本，同时弱联结关系可以扩大交互范围，信息来源更广泛，更利于社区知识的流转与创新。对于知识分享者和创造者来说，其受众群体范围更广，这就意味着个人影响力的

扩大，以及社区地位的提升，也会促进用户社会认同感。

（11）研究假设 11：社会认同感正向影响社会化交互行为。

结构方程模型验证结果显示，社会认同感对社会化交互行为的路径系数为 0.373，临界比为 7.715，P 值<0.05，达到了显著影响水平，表明社会认同感能够正向影响用户交互行为。学术虚拟社区用户通过社会化交互活动获取对自身有价值的信息，通过与其他成员之间的学术交流与合作提升学术能力，建立学术社交关系。与此同时，用户的利他行为，如资源共享、情感支持或问题解决也使其自我价值得以实现，用户的社区声望得到提升，社会认同感也会增强，进而更愿意为他人提供帮助并乐于为社区做贡献，由此促进用户积极的社会化交互行为。

（12）研究假设 12：自我效能感正向影响用户社会化交互行为。

从结构方程模型验证性结果可以看出，自我效能感对社会化交互行为路径系数为 0.487，临界比为 9.851，P 值<0.05，达到了显著影响水平，自我效能感能够正向影响用户交互行为。通过调查发现，自我效能感高的用户，一般在目标设定上也会比较高，他们为了实现更高的目标要求，就会频繁地发生社会化交互行为。如在学术虚拟区用户的社会化交互过程中，具有较高信息素养的用户，对精准获取、利用和识别信息更有自信，有更强的动机。此外，用户的自我效能还体现在人际交往能力方面，高自我效能感的用户一般具有较好的沟通与协作能力，更容易与他人建立良好的学术社交关系，进行持续的社会化交互行为。

4.6　本章小结

本章基于 S-O-R 模型、信息系统成功模型、技术接受模型，结合学术虚拟社区用户社会化交互网络结构特征，构建了学术虚拟社区用户社会化交互行为影响因素模型，通过网上问卷调查方法，采用结构方程模型进行验证分析。研究结果表明：信息质量、服务质量正向影响感知有用性；感知易用性正向影响感知有用性；感知有用性与感知易用性共同影响用户的社会化交互态度，进而影响用户的社会化交互行为；网络中心性正向影响自我效能感；联结强度正向影响社会认同感；社会认同感与自我效能感共同作用于用户的社会化交互行为。

本章的研究工作和结论主要包括以下方面：

（1）学术虚拟社区用户社会化交互影响因素模型构建。本章以 S-O-R 模型为理论框架，借鉴信息系统成功模型、技术接受模型中的相关变量，结合学术虚拟社区用户社会化交互网络结构和相关研究成果，构建了学术虚拟社区用户社会化交互行为影响因素的假设模型。

（2）研究假设的提出。本章基于理论假设模型，分析学术虚拟社区用户社会化交互行为影响因素各潜变量及其相互关系，提出本书的 12 个研究假设。

（3）问卷设计与数据收集。本章详细介绍了问卷的基本内容，基于前人的相关研究成果，结合本书的研究实际，设计了 12 个维度 40 个题项的测量量表，采用 Likert-5 等量表，选取国内学术虚拟社区用户为研究对象，利用问卷星进行线上问卷发放与数据收集。

（4）数据整理与模型分析。首先，通过统计问卷被调查者个人信息，描述性统计分析，确保问卷的正确性与可用性。其次，对问卷进行信效度检验，数据结果显示，问卷设计合理，具有很高的信度与效度水平。最后，建立学术虚拟社区用户社会化交互行为影响因素的结构方程模型，检验模型的 6 项重要拟合度指标，初次模型拟合度欠佳，经过模型修正后达到较好的拟合水平。

（5）结果讨论与分析。假设模型检验结果显示：H1（0.214）、H2（0.409）、H4（0.544）、H5（0.441）、H6（0.381）、H7（0.417）、H9（0.680）、H10（0.622）、H11（0.373）、H12（0.487）10 个假设的 P 值 <0.05，达到显著水平，而 H3（P 值为 0.76）与 H8（P 值为 0.326）未达到显著水平，并对所有假设验证结果进行了详细的解析。

5 学术虚拟社区用户社会化交互网络结构与行为特征分析

学术虚拟社区用户通过社会化交互活动实现知识获取、共享、交流与协作，形成了复杂的社会网络结构。深入解析社会化交互网络结构，有助于理解用户在网络空间里的聚集方式，以及特定网络结构下用户行为形成的路径和意义。本章结合社会网络相关理论，确定了学术虚拟社区用户社会化交互网络结构的分析框架。本书爬取小木虫社区用户交互的文本数据，利用 Ucinet 软件、Gephi 软件，分别对用户社会化交互的整体网络结构、内部子结构网络、个体网络结构以及各网络结构下用户的行为特征进行深入的剖析，以期为全面了解学术虚拟社区用户关系网络与行为特征，发掘用户价值提供指导。

5.1 学术虚拟社区用户社会化交互网络结构分析框架

社会网络分析中，研究者在确定研究单元、关系内容与形式的基础上，需要进一步聚焦社会网络结构具体的分析层次。根据范围的不同，社会网络可分为整体网络、内部子结构网络、个体网络，学术虚拟社区用户社会化交互网络结构分析框架如图 5.1 所示。

图 5.1 学术虚拟社区用户社会化交互网络结构分析框架

5.1.1 宏观层——整体网络

整体网络指特定研究范围内宏观层面的网络结构，与个体网络和内部子结构网络不同，整体网络存在 N 个行动者和 (N^2-N) 种对偶组合，通过研究所有行动者建立的每一种关系信息，阐释整体网络结构关系，特别需要关注的是网络中行动者的特定位置、角色以及行动者间相互联结的模式。整体网络研究主要包括网络节点与边界、网络属性与网络关联性三个方面[①]。

（1）网络节点与边界。

研究学术虚拟社区社会化交互的整体网络结构，首先需要确定哪些网络节点需要纳入研究中，根据前文对学术虚拟社区用户社会化交互概念的界定可知，社会化交互行为的发生要基于两个或两个以上的个体或群体，因此，学术虚拟社区社会化交互网络节点即参与社会化交互的个体或群体。而网络边界的界定是研究整体网络结构的关键环节，网络边界直接决定了整体的网络形态。网络边界将组织分为内部或外部，而本章重点关注组织范围内所有的节点以及节点之间的关系。

（2）网络属性。

从属性层面细化网络的描述方式有助于全面阐释整体网络的结构关系与宏观特征。整体网络结构主要包括以下属性维度：网络规模、网络密度、网络距离等。其中网络规模所衡量的是网络中包含的所有节点数量。一个网络中所包含的节点数越多，说明网络规模越大，网络关系结构也会越趋于复杂，而派系和子群的差异性也会越显著；网络密度是网络内部行动者之间彼此联系的紧密程度。如果某个网络的规模是固定的，它的网络密度取决于行动者间交往的频度[②]。如学术虚拟社区社会化交互网络中有U1、U2 和 U3 三名用户，U1 与 U2 相连，U2 与 U3 相连，而他们两组之间的距离都为 1；而 U1 与 U3 不直接连接，则距离为 2，如果两个节点间存在多个连接，说明两位用户间关系更亲密。

（3）网络关联性。

网络关联性是指特定网络范围内，行动者之间相互联结的程度。学术

[①] 徐峰. 基于社会网络的大学生学习网络结构研究 [D]. 南昌：江西财经大学，2014.

[②] 陆天珺. 基于复杂网络理论的学术虚拟社区小团体研究：以丁香园医药学术网站为例 [D]. 南京：南京农业大学，2012.

虚拟社区用户社会化交互网络中的关联性表现在两个方面：第一，用户之间的关系具有连通性；第二，用户之间具有可达性，可达性意味着网络中的任何两个用户之间都存在一条以上的关联路径。两点之间到达彼此的途径越多，说明其关联度越大，也就意味着整体网络具有越大的凝聚力。在规模和密度相同的两个网络中，如果节点具有不同的连接途径，网络的关联度也会不同，如图 5.2 所示。

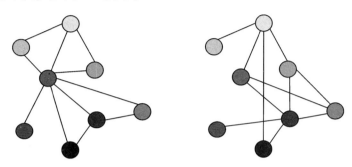

图 5.2　密度相同关联度不同的网络①

如果网络中一个节点有多条线通过，说明这一节点具有较高的集中性，那么该网络的关联度就会较低，反之关联度就会很高。低关联度网络表现为权力和信息集中，行动者不平等，当关键节点发生变化时整体网络易受到影响。而具有较高关联度的网络，其权力和信息都处于比较分散的状态，网络中各个行动者的地位也相对平等，个别节点的变动不会对整个网络带来较大的影响，不同关联度网络的性质对比，如表 5.1 所示。

表 5.1　高低关联度网络的性质对比

低关联度网络	高关联度网络
交互"权利"集中	交互"权利"分散
知识资源集中	知识资源分散
用户间不平等	用户间平等
易受个别用户的影响	不易受个别用户的影响
分派结构	均匀结构

---

① 徐峰. 基于社会网络的大学生学习网络结构研究［D］. 南昌：江西财经大学，2014.

5.1.2 中观层——内部子结构网络

现实生活中人们倾向与"志同道合"的人交往，而这种关系同样可以映射到社会网络结构中，网络中有一部分兴趣、观点、价值、态度等相同或者相似的用户会聚集在一起。本书主要在中观层面探讨社会网络中的二方关系、三方关系、凝聚子群、核心—边缘分析。①二方关系是社会网络中最基本的元素，学术虚拟社区的二方关系即两个用户之间建立的直接关系，由于学术虚拟社区用户社会化交互是一个有向关系网，因此存在三种同构类：虚无对（两个用户间无交互关系）、不对称对（两个用户间单向交互关系）、互惠对（两个用户间双向交互关系）。在二方关系中，互惠性是影响用户关系的关键因素，在实际交互过程中，如果 U1 分享给 U2，而 U2 反过来也给 U1 提供了帮助，则两人之间就建立了互惠关系。互惠关系的形成对于用户个体能力的提升、社区知识创新等方面起到了积极的作用。②三方关系相对复杂很多，存在 16 种同构类，三方关系更加关注情感性连接，节点用户间结构的平衡与传递。三方关系内部结构通常可以描述为一对加一个的形态，即两个用户关系相对亲密，而第三个用户关系较疏远。三方关系的规律解释了学术虚拟社区用户社会化交互网络中的三人小组关系。③凝聚子群是学术虚拟社区用户社会化交互网络用户子集合。子群中的内部成员具有直接的、亲密的互动关系，并在既定目标和任务的约束下彼此进行交流与协作。④核心—边缘分析主要通过测量行动者的核心度判断用户所处的网络位置，同时结合不同区域的密度值确定网络中的核心区与边缘区。

5.1.3 微观层——个体网络

"学术性"与"专业性"是学术虚拟社区的典型特征，学术虚拟社区成员多由科研工作者、领域专家、硕博研究生等组成。在社区各类活动中，领域专家的专业学科背景与多年的科研经验，使其具有很高的威望，受到社区多数成员的认同。这些专家用户在网络结构中占据关键位置，因而可以掌控资源的配置与流向。而网络的"中心性"能很好地诠释这种网络关系结构。

中心性是从微观视角研究社会网络结构的一个重要维度。衡量某个个体或组织在特定网络中处于何种位置，一直以来都是社会网络分析着力探讨的核心问题。中心性是一个基本的网络结构属性，它具有丰富的含义，在实际量化过程中一般采用中心度和中心势两种测量指标。①中心度。对个体或组织网络中心度的分析主要从"整体中心度"与"局部中心度"的视角进行，其中，整体中心度代表了某个节点用户在总体网络中所占有的重要战略作用；相对而言，局部中心度则是用于衡量局部某节点相对其邻点的重要程度①。学术虚拟社区用户社会化交互网络结构的中心度代表了用户在网络中的地位，处于中心节点的用户有机会接触更多的用户节点，可以获得更广泛的资源和社交关系。②中心势。中心势的作用在于描述作为整体的图的中心度，它与中心度的不同之处在于中心势用于衡量图的总体整合度与一致性水平。测量中心度与中心势的指标主要包括：点度中心度、接近中心度、中间中心度、特征向量中心度等②。除此之外，在研究个体网络的过程中还需结合结构洞分析。

5.2　研究设计

5.2.1　研究样本选取

"小木虫"始建于2001年，是国内典型的学术虚拟社区，注册用户群体主要是国内各大高校、科研院所的硕士、博士研究生以及相关领域的科研人员。长久以来，小木虫内形成了良好的学术交流氛围并积累了丰富的学习资源。网站设有论文投稿、基金申请、材料综合、学术会议、文献互助、考研考博等多个版块，能够满足不同需求的用户。目前，社区注册会员已超过2 500万人，且用户活跃度较高。小木虫丰富的交互文本信息切合本书数据的要求。本书数据爬取小木虫网站材料区"材料综合"版块，具体网址为：http://muchong.com/f-378-1。抓取内容为该版块每个主题帖下各楼层的文本内容，包括用户名、用户编号和回复内容，如图5.3所示。由于系统对爬取数量的限制，本书最终将前200页的数据作为研究样本。

① 刘军. 社会网络分析导论［M］. 北京：社会科学文献出版社，2004：115.

② 刘军. 社会网络分析导论［M］. 北京：社会科学文献出版社，2004：116.

图 5.3　小木虫"材料综合"版块网页

5.2.2　数据采集与处理

本书样本数据采用 Python 软件爬取的网页小木虫文本数据，时间截止到 2021 年 1 月 10 日。经过实际观察，笔者发现每一主题下用户回复数较少的文本对本书的研究意义不大，因此设置只爬取回复数（楼层数）大于 10 的帖子。本书将回复帖子数小于 10 的主题帖全部过滤掉，同时过滤系统自动回复的帖子，将每页爬取的帖子保存在一个 dict 文件中，再把所有 dict 文件放入一个 list 文件中，获取全部初始数据。本书通过 anaconda 数据清洗功能包再剔除掉无意义和重复的帖子，将获取的有效分析数据存储于 Excel 文件中每一个 sheet 为一个帖子，包含 title（用户名）、uid（用户编号）、comment（交互内容），如图 5.4 所示。

图 5.4　数据存储

5.3 社会化交互整体网络结构与用户行为特征分析

5.3.1 网络社群图

首先使用 Gephi 软件对学术虚拟社区用户的社会化交互数据进行可视化分析，得出如图 5.5 所示的小木虫"材料综合"整体网络社群图。图 5.5 中的圆点表示网络中的用户；边表示用户之间的连接，说明用户之间存在交互关系，连线越多表示用户之间的交互越频繁；箭头表示交互的方向，如 A→B 表示 A 回复 B 发表的帖子。深浅度表示用户在网络中交互的投入度。从图 5.5 中可以看到大部分用户与中间位置的用户相连，部分节点游离在网络结构的边缘，形成了规模不等的网络亚社群。

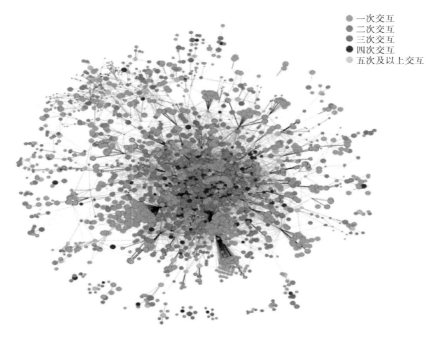

图 5.5　小木虫"材料综合"整体网络社群图

5.3.2 网络基本属性

图 5.5 整体呈现学术虚拟社区版块中用户交互产生的网络连接情况，

但还需要数据指标来辅助了解用户的具体交互情况。研究人员分别测量了这一版块的网络规模、密度、聚类系数、网络直径、平均距离等多个指标，综合考察整体网络结构与用户关系特征，具体指标见表5.2。

表 5.2　社会网络结构基本属性特征值

名称	网络规模			网络密度	聚类系数	网络直径	平均距离
	节点数	连接数	交互平均值				
值	7 910	10 937	1.383	0.000 19	0.01	16	5.287

本章根据表5.2测量结果对社会网络结构各属性指标进一步说明。

（1）网络规模。

网络规模是网络中所有节点数以及节点间的连线数的集合，网络规模越大则网络节点越多，节点间的关系越复杂，网络结构与节点位置差异性越显著。样本数据结果显示，网络节点数为 7 910，共建立连接数为 10 937，用户的交互平均值为 1.383，说明用户整体参与交互频率较低，绝大多数用户不参与或者只参与一次交互。

（2）网络密度。

网络密度用来表示网络中各节点之间联系的紧密程度。本书中用户之间的交互是有向的，所以网络密度的计算公式为

$$\Delta = \frac{g}{d\,(d-1)} \tag{5.1}$$

式中，$0 \leqslant \Delta \leqslant 1$，$g$ 代表节点实际连接数，d 代表网络中所包含的节点总数。本书中用户交互形成的网络密度仅为 0.000 19，表明用户整体活跃度不高。

（3）聚类系数。

聚类系数是图形中节点聚集程度的系数。如果网络中用户 A 只收到用户 B 的回复，则无法计算用户 A 的聚类系数；如果与用户 A 直接相连的用户 B、C、D 之间也直接相连，则用户 A 的聚类系数为 1；相反，用户 B、C 和 D 之间没有产生交互关系，则用户 A 的聚类系数为 0[①]。本书中聚类系数是 0.01（取值范围为 0~1），证明网络用户交流较稀疏，交互深度不

---

① 王陆. 虚拟学习社区的社会网络分析 [J]. 中国电化教育，2009（2）：5-11.

足，不利于社会化交互网络中知识的传播和扩散。

（4）网络直径。

网络直径是指将网络中最远的两个节点相连需要的边数（直接连接的两个节点之间的距离为1）。网络直径的值越小，表示用户之间更容易建立起连接，知识传递效率更高。该网络直径为16，说明社区网络最远的两个节点用户需要通过16个节点才能实现连通，信息传递过程中要经过多位"中介者"，可能会造成知识流动滞缓现象。

（5）平均距离。

平均距离是指连接网络中任意两个节点所需的最少边数，一般情况下，如果网络平均距离小于10，就可以判定该社会网络具有显著的小世界效应。该网络的平均距离为5.287，即通过至少5个用户才可以将任何两个用户节点联系起来，说明学术虚拟社区社会化交互网络中用户形成了多个规模不同的社群，信息交流与互动在社群内部传播并扩散①。

5.3.3　网络的关联性

整体网络的关联性分析主要从网络连通性和网络可达性两个方面展开。

（1）网络连通性。

分析网络连通性的主要目的是发现网络中的"桥"和"切点"。在一个网络结构图中，如果移除一条边或孤线，整个网络结构图便分离成两个互不相连的子图，这条边或孤线称为"桥"。同样的，在一个网络结构图中，如果移除一个节点，整个网络结构也会被分离成两个完全不相关的子图，那么这个节点就称作"切点"。网络中桥和切点越多，连通性越高，用户间的关系越稳固。以一个派系的关系结构为例，节点yaohm在网络中承担着"桥"和"切点"的角色，如图5.6所示。yaohm将节点"化研舟舟"和节点"fatewu"的两人交互连接成三人交互的网络，并且将分散的节点yeyu4417、zqclyyq和zhokeying连接起来。但样本版块的网络连通性值为0.0013，即只有0.13%的用户之间形成连接，其余用户是比较边缘的独立个体，表明该网络中用户之间形成的网络结构非常脆弱。

---

① 赖文华，叶新东. 虚拟学习社区中知识共享的社会网络分析 [J]. 现代教育技术，2010，20（10）：97–101.

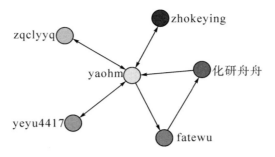

图 5.6　"材料综合"版块桥及切点

（2）网络可达性。

学术虚拟社区用户社会化交互网络的可达性能够直观地反映用户的交互效率与网络结构的关系，可达性邻接矩阵如图 5.7 所示。社会化交互网络的可达性平均值为 0.003，标准差为 0.057，说明整体网络中交互效率较低。可达性矩阵中多数用户行上的可达值均为 0，表明了这些用户从未与任何用户发生过社会化交互行为，或发布的帖子未能得到任何用户的回复。

	A	B	C	D	E	F	G	H	I	J	K	L	M	N	O	P
1	id	6102107	0yxj	48512	107288	19891225	67080117	159360zl	199thd753	晴天雨天	55236	3114250	3442121	20062993	81300361	91820053
2	6102107	0	0	0	0	0	0	0	0	0	0	0	0	0	0	0
3	0yxj	0	0	0	0	0	0	0	0	0	0	0	0	0	0	0
4	48512	0	0	0	0	0	0	0	0	0	0	0	0	0	0	0
5	107288	0	0	0	0	0	0	0	0.224	0	0	0	0	0	0	0
6	19891225	0.353	0	0	0	0	0	0	0	0	0	0	0	0	0	0
7	67080117	0	0	0	0	0	0	0	0	0	0	0	0	0	0	0
8	159360zl	0	0	0	0	0	0	0	0	0	0	0	0	0	0	0
9	199thd753	0	0	0	0	0	0	0	0	0	0	0	0	0	0	0
10	晴天雨天	0	0	0	0	0	0	0	0.418	0	0	0	0	0	0	0
11	55236	0	0	0	0.169	0	0	0	0	0	0	0	0	0	0	0
12	3114250	0	0	0	0	0	0	0	0	0	0	0	0	0	0	0
13	3442121	0	0	0	0	0	0	0	0	0	0	0	0	0	0	0
14	20062993	0	0	0	0	0.381	0	0	0	0	0	0	0	0	0	0
15	81300361	0	0	0	0	0	0	0	0	0	0	0	0.026	0	0	0
16	91820053	0	0	0	0	0	0	0	0	0	0	0	0	0	0.034	0
17	291854719	0	0.095	0	0	0	0	0	0	0	0	0	0	0	0	0
18	445101273	0	0	0	0	0	0	0	0	0	0	0	0.112	0	0	0
19	543726692	0	0	0	0.245	0	0	0	0	0	0	0	0	0	0	0
20	545754995	0	0	0	0	0	0	0	0	0	0	0	0	0	0	0
21	623326545	0	0	0	0	0	0	0	0	0	0	0	0	0	0	0
22	68-67-93	0	0	0	0	0	0	0	0	0	0	0	0	0	0	0
23	706778053	0	0	0	0	0	0	0	0	0	0	0	0	0	0	0
24	709232897	0	0	0	0	0	0	0.048	0	0	0	0	0	0	0	0
25	790602637	0	0	0	0	0	0	0	0	0	0	0	0	0	0	0

图 5.7　可达性邻接矩阵（部分截图）

5.3.4　整体网络结构下用户社会化交互行为特征

图 5.5 与表 5.2 清晰地呈现了学术虚拟社区用户社会化交互整体网络规模、密度、交互距离以及用户间交互的关联性等情况。基于上述数据结果，本书结合学术虚拟社区用户社会化交互的实际情况，得出用户在整体网络结构下的社会化交互行为具有以下特征。

（1）社会化交互的低密度与低层次特征。

图 5.5 清晰地呈现了样本数据整体的网络结构，其中，网络由 7 910 个用户节点构成，但仅形成 10 397 条用户交互关系路径，整体的网络密度仅为 0.000 19，用户之间的实际交互频次只占网络中可能形成的最大交互频率的 0.019%，数据充分说明学术虚拟社区用户社会化交互频率整体较低，网络中仅少数的用户之间有紧密的交互关系，多数节点用户都处于一种松散游离的状态。从整体网络社群图的深浅度可以看出，只有 11.2% 的用户进行了深度交互（三层以上交互），而 77.3% 的用户处于浅层交互，这也从某种程度上反映出社区的主题不能触发用户的参与动机，用户没有强烈的共享和交互意愿。

（2）社会化交互的中心化与分散化并存特征。

从图 5.5 可以直观地观测到，整个网络是由无数个分散的节点和子群包围的几个密集的中心化节点构成的网络结构，越趋于中心的节点之间，用户的交互密度越大；相反，处于边缘的节点用户之间联系相对稀疏，密度较低，甚至还包括一部分没有任何交互的孤立节点用户。此外，网络直径为 16，平均距离为 5.287，说明整个网络中存在小世界效应，用户之间通过交互形成了规模不等的子群，交互网络密集型的子群主要由几个核心节点连接，趋于高度的中心化。而处于网络边缘的用户节点距离较远，使他们很难通过多个"中介者"连接到网络中心群。中心化与分散化并存的交互特征，严重阻碍用户进行社会化交互活动，降低知识获取与流动的效率。

（3）社会化交互关系网络结构脆弱特征。

从整体网络的聚类系数可以判断出该网络中用户邻节点之间的实际交互频率数与最大可能交互频率之间的平均比值为 1%，说明网络中存在大量的隐形用户和边缘用户，没有形成较为密集的交互社群。另外，在整体网络中某些个体节点或社群之间的连接，要依赖"桥"节点用户，这些用户通常具有独到的见解、思想，并且他们不受网络中任何个体或群体的影响和控制，反之，他们却决定了某些个体或社群关系的断和连。从连通性的指标结果可以了解到网络中由 0.13% 的用户形成连接，即网络中表现出权力和信息集中，用户处于不平等网络位置，当关键节点用户一旦发生变动，整个网络结构就有可能出现断裂，某些用户个体或社群就会失去连接的路径。

5.4 社会化交互网络内部子结构与用户行为特征分析

5.4.1 二方关系分析

本书前文针对有向二方关系 3 种拓扑结构的 4 种状态进行了深入的分析，本章主要通过实例验证社会化交互网络中可能存在的二方关系类型以及用户行为特征。社会化交互网络中二方关系类型的占比，能够充分说明用户社会化交互的参与情况，如双向互动关系占比越高，说明用户社会化交互越积极，社区处于活跃状态；反之，如果无互动关系越多，则说明社区处于沉默状态，知识在社区中无法得到有效的流转。

（1）二方关系结构测量。

二方关系结构测量主要是找到学术虚拟社区社会化交互网络中用户的对称关系、非对称关系以及虚无关系的数量，本书通过 Ucinet 软件获得学术虚拟社区社会化交互网络二方关系统计结果，如表 5.3 所示。

表 5.3　学术虚拟社区社会化交互网络二方关系统计结果

二方关系类型	对称二方关系	非对称二方关系	虚无关系
数量/对	360	10 174	360

（2）互惠性测量。

互惠性是学术虚拟社区用户之间的关系是否产生相互选择的关系，两个或多个用户之间互相回复或评论形成"互惠"。本书重点探讨两方个体之间的互惠关系。互惠性取值范围介于 0~1，值越接近于 1 说明社会化网络中互惠关系越多。本书中样本数据的互惠指数为 0.034，说明学术虚拟社区社会化交互网络的整体互惠性不理想，具体指标测量结果如图 5.8 所示。

```
Run matrix procedure:
Number of actors: 7910
Number of arcs:10894
Number of mutual dyads: 360          (互惠对360)
Number of asymmetric dyads:10174     (非对称对10174)
Number of null dyads:360             (虚无对360)
Mutuality index: .034175             (互惠指数0.034)
```

图5.8 学术虚拟社区社会化交互网络的整体互惠性指数

5.4.2 三方关系分析

依据学术虚拟社区社会化交互网络关于有向图三方关系存在的 16 种同构类，分析社会化交互网络中用户三方关系结构，以期发现用户在社会化交互过程中形成的三方关系网络结构和行为特征。该网络中 001、013 和 016 三种关系结构存在孤立节点，没有形成稳定的社会化交互关系，因此在实际测量中，本书只关注其余 13 种关系结构，由于本书样本数据较大，在测量时抽取部分随机网络，采用 Ucinet 软件进行测量，分析结果如表 5.4 所示。

表5.4 学术虚拟社区用户社会化交互网络三方关系分布表

关系类型	011	004	008	007	006	012	015	014	010	009	003	002	005
数量/对	231	134	101	89	54	45	36	27	22	19	12	8	3

数据分析结果显示，随机网络中共发现 781 对三方关系组，包含了除存在孤立节点关系结构外的所有三方关系结构，但各类型关系结构的数量存在显著的差异。为了便于理解，本章再次引入三方关系图谱，如图 5.9 所示。表 5.4 中 011 关系结构数量最多，达到 231 个，占比 29.6%；其次是 004、008 两种类型，分别为 134 和 101，另外是 007、010、014；上述六种类型均为星状拓扑结构，占总数量的 77.34%；而环状拓扑结构分别为 002、003、005、006、009、012 共计 141 个，占比 18.05%；网状拓扑结构的 015 类型共 36 个，占比 4.61%。

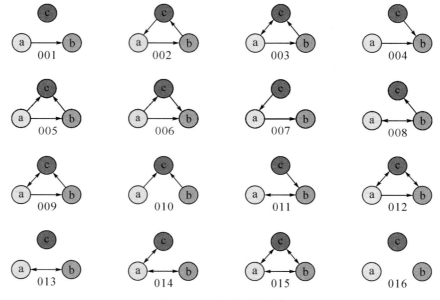

图 5.9　三方关系图谱①

5.4.3　凝聚子群分析

分析社会化交互网络中是否存在独立社群，每个社群的网络结构如何分布，社群内部成员的网络位置与交互路径等问题，能够更深入地了解学术虚拟社区社会化交互网络子群内外部关联关系与用户行为特征。这一小节主要通过成分分析、K-核分析和派系分析探索内部子结构网络的凝聚子群。

（1）成分分析。

在社会网络中如果一个点集中的任何两个节点都可以通过一定的途径实现互联，就可以把这种点集称为成分（component）。社会网络的成分分析是一种以子群内外部成员之间的关系密度为依据进行凝聚子群分析的方法，它的目的是找出网络中的小团体。由于本书的数据量较大，网络结构比较稀疏，规模特别小的社群不足以全面反映社群内部结构和外部关联关系，因此在成分分析时，设定社群最小成员数为6，整个网络被切割成13个成分，即有13个子群，如图5.10所示。

---

① 刘军. 社会网络分析导论［M］. 北京：社会科学文献出版社，2004：90.

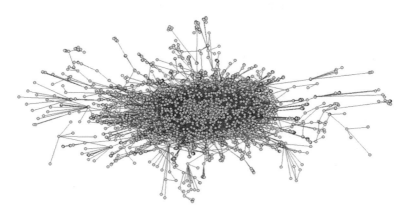

图 5.10 成分分析

表 5.5 对各成分的指标值进行了统计，其中，Freq 表示每个集群中的节点个数，社群 1 中的节点个数是 7 718，用户参与度占总体节点的97.57%，社群 3 的节点个数是 108，占网络中用户的 1.36%，其余集群节点和规模就相对较小。

表 5.5 成分分析结果

Cluster	Freq	Freq 占比/%	CumFreq	CumFreq 占比/%
1	7 718	97.57	7 718	97.57
2	6	0.08	7 724	97.65
3	108	1.36	7 832	99.01
4	7	0.09	7 839	99.10
5	14	0.18	7 853	99.28
6	6	0.08	7 859	99.36
7	10	0.12	7 869	99.48
8	6	0.08	7 875	99.56
9	6	0.07	7 881	99.63
10	8	0.10	7 889	99.73
11	8	0.11	7 897	99.84
12	7	0.08	7 904	99.92
13	6	0.08	7 910	100.00

（2）K-核分析。

社会网络的 K-核（K-core）是一种基于点度概念的凝聚子群，它的概念可以表述为：如果一个子图中的点都至少与该子图中的 K 个其他点连接，那么这个节点子集就是 K-核。在实践应用中，通过改变 K 值，可以选择较大的稀疏网络或选择较小的高密度网络。本书涉及的样本 K-核分析结果如表 5.6 所示。

表 5.6　K-核分析结果

Cluster	Freq	Freq 占比/%	CumFreq	CumFreq 占比/%
1	5 816	73.53	5 816	73.53
2	1 196	15.12	7 012	88.65
3	426	5.38	7 438	94.03
4	161	2.04	7 599	96.07
5	94	1.19	7 693	97.26
6	54	0.68	7 747	97.94
7	34	0.43	7 781	98.37
8	41	0.52	7 822	98.89
9	20	0.25	7 842	99.14
10	13	0.16	7 855	99.30
11	20	0.26	7 875	99.56
12	26	0.33	7 901	99.89
13	9	0.11	7 910	100.00

根据表 5.6，第一组（$K=1$）的结构中，节点数是 5 816，表示该社群中的 5 816 名用户与一个邻近节点相连，说明 $K=1$ 处于松散的状态。而 $K=13$ 网络中虽然只有 9 个节点，但它们均与 13 邻接用户产生交互关系，形成了紧密且稳定的网络结构，如图 5.11 所示。

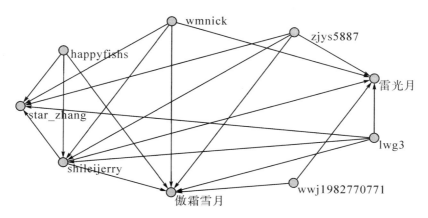

图 5.11　K-13 用户社会化交互网络结构

（3）派系分析。

作为一种基于群体互惠性关系凝聚子群的分析方法，社会网络的派系分析比成分分析具有更加严格的条件，它要求派系中的节点之间必须具有邻接关系。因此，借助派系分析可以实现对被研究样本网络的深层次划分。对于一个二元有向关系网络而言，"派系"代表了子群的成员之间存在着的互惠关系，在这种情况下如果有其他任何成员加入，则必然会改变子群的结构性质①。

数据分析结果发现：社会化交互网络中共形成 19 个派系，详见表5.7。网络中包含 7 910 个节点，其中派系 1 由 5 797 个节点相连，占比73.29%；派系 4 由 2 050 个节点相连，占比 25.92%，派系内的节点之间相互交流，形成了较大范围的网络结构。派系 2 和 3 分别包含 10 和 19 个节点，其他派系成员较少，分别包括 2~3 个节点，这些用户形成规模较小的派系。由于上文已经对用户二方和三方关系结构进行了深入的剖析，派系分析重点关注规模较大的凝聚子群。

表 5.7　派系分析结果

Cluster	Freq	Freq 占比/%	CumFreq	CumFreq 占比/%
1	5 797	73.29	5 797	73.29

① 魏顺平，傅骞，路秋丽. 教育技术研究领域研究者派系分析与可视化研究［J］. 开放教育研究，2018，14（1）：79-85.

表5.7(续)

Cluster	Freq	Freq 占比/%	CumFreq	CumFreq 占比/%
2	10	0.12	5 807	73.41
3	19	0.24	5 826	73.65
4	2 050	25.92	7 876	99.57
5	2	0.03	7 878	99.60
6	3	0.03	7 881	99.63
7	2	0.02	7 883	99.66
8	2	0.03	7 885	99.68
9	2	0.02	7 887	99.71
10	2	0.04	7 889	99.73
11	3	0.03	7 892	99.77
12	2	0.04	7 894	99.80
13	2	0.03	7 897	99.84
14	3	0.03	7 900	99.87
15	3	0.03	7 902	99.90
16	2	0.02	7 904	99.92
17	2	0.03	7 906	99.95
18	2	0.02	7 908	99.97
19	2	0.03	7 910	100.00

5.4.4 核心—边缘分析

社会网络核心—边缘分析的作用是从建立核心—边缘模型的视角出发，实现社会网络结构的描述与呈现。这一过程的核心思想是以一种简明关系视图的方式描绘出现实存在的社会网络结构[1]，同时也可以利用"核心度（coreness）"这一量化指标来确定每个行动者在社会网络中所处的相对位置，从而有效区分社会网络的核心集合和边缘集合。

---

① YOUMIN X I, TANG F. Multiplex multi-core pattern of network organizations: an exploratory study [J]. Computational & Mathematical Organization Theory, 2004, 10 (2): 179-195.

经过核心—边缘分析，本书发现理想矩阵与初始矩阵之间的相关系数为 0.184，而经过重排后的矩阵与理想矩阵之间的相关系数为 0.551。网络中用户的核心度数值如图 5.12 所示。

```
Concentration scores for different sizes of core

                1         2         3         4
              Diff      nDiff     Corr      Ident
           --------  --------  --------  --------
       1     1.000     1.000     1.000     1.000
       2     0.250     0.354     0.705     0.667
       3     0.167     0.289     0.574     0.500
       4     0.125     0.250     0.495     0.400
       5     0.100     0.224     0.442     0.333
       6     0.083     0.204     0.402     0.286
       7     0.071     0.189     0.371     0.250
       8     0.063     0.177     0.346     0.222
       9     0.056     0.167     0.325     0.200
      10     0.050     0.158     0.307     0.182
      11     0.045     0.151     0.292     0.167
      12     0.042     0.144     0.279     0.154
      13     0.038     0.139     0.267     0.143
      14     0.036     0.134     0.256     0.133
      15     0.033     0.129     0.247     0.125
      16     0.031     0.125     0.238     0.118
      17     0.029     0.121     0.230     0.111
      18     0.028     0.118     0.223     0.105
      19     0.026     0.115     0.216     0.100
      20     0.025     0.112     0.210     0.095
      21     0.024     0.109     0.204     0.091
      22     0.023     0.107     0.199     0.087
      23     0.022     0.104     0.194     0.083
      24     0.021     0.102     0.189     0.080
      25     0.020     0.100     0.184     0.077
      26     0.019     0.098     0.180     0.074
      27     0.019     0.096     0.176     0.071
      28     0.018     0.094     0.172     0.069
      29     0.017     0.093     0.169     0.067
      30     0.017     0.091     0.165     0.065
      31     0.016     0.090     0.162     0.063
      32     0.016     0.088     0.159     0.061
      33     0.015     0.087     0.156     0.059
      34     0.015     0.086     0.153     0.057
```

图 5.12　核心度数值（部分截图）

图 5.12 展示了网络中部分用户的核心度数值，核心度最高的用户值为 1，是该网络中最核心的成员。依次为核心度为 0.705、0.574、0.495……的用户，从整体数据来看，核心度较高的前 10 位用户均是网络中的核心成员，在网络中具有一定的影响力，能够引导和控制信息传递的方向，吸引

边缘用户向核心位置聚集。

根据核心度向量计算结果，本书对数据进行重排，建立核心—边缘矩阵，共分为四个密度矩阵，但由于数据量较大，本书只截取密度最大的部分核心—边缘矩阵图，如图 5.13 所示。

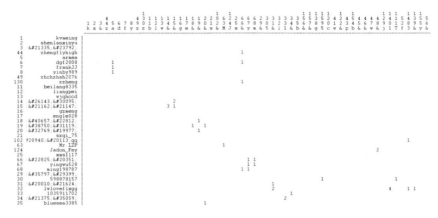

图 5.13   用户共线网络核心—边缘矩阵（部分截图）

在整个矩阵中，左上方子矩阵密度最大（0.109），是网络核心区，而右下方子矩阵密度最稀疏（0.009），是网络边缘区。由图 5.13 可以看出，部分用户共线关系比较紧密，说明处于核心区的用户具有很强的控制能力，占据网络中的主导地位。而边缘区用户，与核心区成员缺乏沟通与交流，连通性和控制力都较弱。本书所研究的样本网络由多个相互连接的凝聚子群构成，在这一复杂网络中各个凝聚子群分别处于不同的网络位置，并各自具有不同的特性和多元的关系模式。

5.4.5   内部子结构网络下用户社会化交互行为特征

（1）二方关系结构用户交互行为特征分析。

二方关系结构分析结果显示，学术虚拟社区用户社会化交互网络中互惠指数为 0.034，网络的整体互惠性不高，分别存在 360 个互惠对，10 174 个非对称对和 360 个虚无对，说明用户之间双向交互较少。社会交换理论认为，个体为他人提供帮助或服务时，也希望获得同样的回报。社会心理学①也认为，社会成员的利他行为更倾向于互惠和共赢，即利他的同时渴

---

① 孙时进. 社会心理学导论［M］. 上海：复旦大学出版社，2011：173.

望收获某种外在的奖励或内在的心理满足，这就诠释了用户互惠性的交互行为。网络中的非对称交互行为占据了整体网络的93.4%，充分说明了多数用户之间没有形成深度交流和互动。由于用户的个体性格、认知水平、专业背景等存在差异，他们仅对自己感兴趣的话题发表评论，在实际文本分析过程中也发现，用户的非对称交互内容主要是感谢类的词语，不具有实质性的价值和意义。此外，网络中存在少量的虚无对，这部分用户是网络中的孤立节点，他们只是基于某种信息需求检索或浏览信息，没有与任何用户发生交互行为。

（2）三方关系结构用户交互行为特征分析。

通过三方关系结构分析发现，学术虚拟社区社会化交互网络中用户三方关系主要涉及星状拓扑结构、环状拓扑结构和网状拓扑结构三种模式，如图 5.14 所示。其中，星状拓扑结构占比超过 75%，这与本书上述理论分析的结果和网络实际情况完全一致。

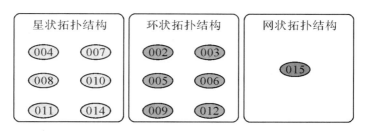

图 5.14　学术虚拟社区用户社会化交互网络三方关系类型

三方关系不同的网络拓扑结构表现出不同的行为特征：①星状拓扑结构中存在一个核心节点用户，能够引领和控制社群成员间交互的方式和信息的流向，具有较高的网络地位和权威性，社群内部就一个问题的决策很容易达成共识。但非核心用户之间没有直接的联系，得不到充分的交流，用户的归属感和认同感会降低，导致交互关系的稳定性较差。②环状拓扑结构中不存在核心节点，用户的网络地位完全平等，用户与邻近节点用户之间交互相对充分，有利于知识的获取和情感的传递，成员间交互关系比较稳固，但与距离较远的用户要通过多个中介用户的传导作用才能实现连通，因此很难建立联系，知识流动的速度也低于星状拓扑结构。③网状拓扑结构是最牢固的网络结构，社群内部成员存在着双向的互惠关系，不会由于网络位置不同而出现地位的不平等。这种结构下成员间存在紧密的交互关系，使信息在小团体内部迅速传播，极大提高了用户的满意度。从样本数据的三方关系结构分析结果来看，学术虚拟社区社会化交互网络中绝大多数用户之间建立的交互关系属于星状结构，这种结构下的用户更愿意向核心用户靠拢，从中获取或输出知识，而与非核心用户间不存在直接的交互关系，这就导致资源越来越向核心节点集中，信息通道单一，不利于知识的更新迭代。

（3）凝聚子群用户交互行为特征分析。

通过凝聚子群相关分析发现，学术虚拟社区用户社会化交互网络呈现出低密度与低关联度的特征。从成分分析、K-核分析以及派系分析结果可以看出，网络中存在 13 个子群，子群内部用户的交互密度存在显著的差异，最稀疏的网络是子群 1，有 5 816 个节点，所有用户都只存在 1 个邻接节点。子群 13 虽然只有 9 名用户，但却与 13 个邻接点紧密相连，形成了一个高密度的社会化交互网络子群。多数用户间的交互活动仅限于子群内部扩散，子群间的交互相对稀疏，甚至出现多个孤立子群。核心—边缘分析中，网络核心区核心度数值最大为 0.109，而边缘区核心度数值仅为 0.009，充分说明了社会化交互网络核心区用户间交互频繁，形成了亲密且稳固的交互关系，他们在网络中具有很强的控制力和凝聚力。边缘区用户与核心区用户不存在交互关系，交互意愿较弱，分散和关系断裂的子群内部易导致信息的同质化和闭塞，不利于知识的传播和社交关系的建立。

5.5 社会化交互个体网络结构与用户行为特征分析

5.5.1 中心性分析

网络中心性指标主要用于衡量某个行动者处于网络中心位置的程度，一般而言，网络都是围绕关键行动者形成与组织起来的（Wolfe，1995）[①]。在社会网络中拥有最多连接线的节点代表了网络的中心行动者，用于描述网络中心性的指标主要包括网络中心度（centrality）和中心势（centralization）两种。其中，网络中心度指标的作用是表示单个行动者在某一特定网络中处于核心位置的情况，这一指标涉及行动者在给定社会网络中所拥

---

① WOLFE A W. Social Network Analysis：methods and applications［J］. Contemporary Sociology，1995，91（435）：219-220.

有的连接数量。网络中存在多个高中心度用户则整个网络结构会相对稳定，容易使周围用户向网络中心聚集。在学术虚拟社区社会网络的研究中，中心度意味着一位用户在社会网络中投入的程度（Baldwin 等，1997）①。中心势则用以刻画网络所具有的中心趋势。

（1）特征向量中心性。

特征向量中心性是测量行动者中心度以及网络中心势的一种标准化测度，测量的目的是发现在网络整体结构意义上哪些行动者是网络最核心的成员。如图 5.15 所示，在特征向量中心度分布图中，节点的形状越大，表示其特征向量中心度值越大，说明该节点所代表的用户是网络中的核心参与者。网络中核心参与者越多，形成的网络越牢固，用户之间的联系越紧密。反之，网络就会比较脆弱，很难实现节点间的连通和交互。

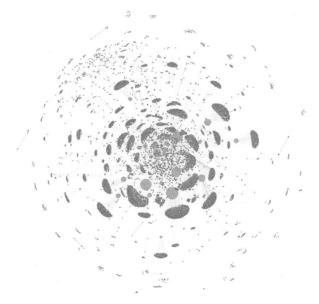

图 5.15　特征向量中心度分布图

图 5.16 的统计结果表明，该网络的特征向量中心度平均值为 0.023 6（取值范围 0~1）。用户 guojjun 的特征向量中心度值最高，为 1，该用户在社区中处于核心位置。其次是 letia，0.912；傲霜雪月，0.813；On The

① BALDWIN T T, BEDELL M D, JOHNSON J L. The Social fabric of a team-based M. B. A. program: network effects on student satisfaction and performance [J]. Academy of Management Journal, 1997, 40（6）: 1369-1397.

Run，0.780。本书中有92.13%的用户特征向量中心度值小于0.1，处于网络的边缘位置，他们很少参与到社区的各种交互活动中来，交互的意愿和关注度都较低。

Label	Eigenvector Centrality
guojjun	1.0
letia...	0.912794
傲霜雪月	0.812566
OnTheRun	0.780462
star_...	0.566752
shecf	0.55639
29677...	0.510228
wenke...	0.459446
雷光月	0.424041
Jeveels	0.379945
drun_x	0.32985
tyfoo...	0.329564
狮子...	0.308668
江南的竹	0.280198
不大山人	0.273928
shile...	0.270041
akalus01	0.262997
ZHY86...	0.260573
37959...	0.259941
wth2036	0.256641
leisu...	0.236041
longy...	0.211083
morni...	0.180239

图5.16 特征向量中心度统计结果（部分截图）

（2）点度中心度。

点度中心度是用来测量网络关系中各节点之间直接相连的数目，是判断网络中用户中心位置的重要参数，在有向图中每个节点都有出度和入度。学术虚拟社区用户社会化交互网络中，点入度是指用户收到来自其他用户的回复数量，而点出度是该用户主动发送给其他用户的帖子数量。

用户的点度中心度值越大，表示该用户参与度越高，该节点越处于网络的中心位置，是该论坛的积极参与者①。图 5.17 分别为该网络中节点的入度分布图和出度分布图。纵轴表示节点百分占比，横轴代表节点数。由图 5.17 可以看出，入度值为 0 的节点分别占总节点数的 77%，说明这部分用户会发布主题帖，但是没有收到任何的回复；出度值为 0 的节点分别占总节点数的 92%，表示有 92% 的用户没有发过帖子，但会对自己感兴趣或有意义的主题帖进行回复。出入度值均为 1 的用户分别占 12.6 和 3.7，这两组数值表明该论坛中多数用户参与度很低，用户交流形成的网络很稀疏，随着交互出度和入度值的增长，用户占比也越来越少，样本数据中用户出度和入度值大于 30 的分别只有 4 位和 30 位。

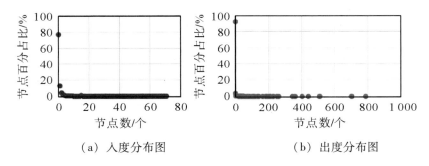

（a）入度分布图　　　　　　（b）出度分布图

图 5.17　点度中心度

图 5.18 显示，用户 zjys5007 的点出度值最高，为 31，表明该用户会积极对其他成员的观点和意见给予回复与评论。但用户 zjys5007 的点入度值为 0，表明该用户不愿意创建主题和发表观点，不能吸引其他用户回复，影响力较弱。该网络中入度值最高的用户 guojjun 的点入度值为 704，而出度值为 0，表明该用户的观点或提问能吸引其他用户参与到交流中，具有较强的影响力，是社区中的积极参与者。用户 13813921817、dkfasdlkf 的点出度值为 21 和 18，点入度值为 13 和 14，说明这两名用户具有较强的交互和组织能力，乐于对别人的提问或感兴趣的话题给出自己的想法和建议，同时他们发布帖子也能收到其他用户的反馈，他们在社区中发挥着一定程度的主导作用。由图 5.19 可以看出，社区整体网络中用户的点入度值大于点出度值，说明在小木虫学术虚拟社区的该话题下大部分用户的社会化交

①　BALDWIN T T, BEDELL M D, JOHNSON J L. The social fabric of a team-based M. B. A. program: network effects on student satisfaction and performance [J]. Academy of Management Journal, 1997, 40 (6): 1369-1397.

互过程仅停留在对他人的发言内容进行评论和回复，只有一小部分用户会主动提出问题或者引领对某一话题的深入讨论，研究结果从侧面反映出社区中的话题讨论和社会化交互仅围绕着少部分用户及其发言内容展开，新话题发起的范围受限。

		1 OutDegree	2 InDegree	3 NrmOutDeg	4 NrmInDeg
282	zjys5887	31.000	0.000	0.049	0.000
725	lwg3	25.000	0.000	0.040	0.000
454	13813921817	21.000	13.000	0.033	0.021
156	dkfasdlkf	18.000	14.000	0.028	0.022
726	wwj1982770771	18.000	0.000	0.028	0.000
277	wmnick	18.000	0.000	0.028	0.000
169	匿名	18.000	4.000	0.028	0.006
703	jtkdpangzi	17.000	0.000	0.027	0.000
334	njgreencard	17.000	0.000	0.027	0.000
297	迷失的羊羔	15.000	0.000	0.024	0.000
48	Quan.	15.000	0.000	0.024	0.000
680	lwloveflxgg	15.000	11.000	0.024	0.017
1218	zjniu	14.000	0.000	0.022	0.000
1366	jinpengfei	14.000	0.000	0.022	0.000
1191	zym1003	14.000	0.000	0.022	0.000
1972	zhoujun65	13.000	0.000	0.021	0.000
1193	nuxinjin	13.000	0.000	0.021	0.000
1734	Andydu77	13.000	1.000	0.021	0.002
271	peterflyer	13.000	5.000	0.021	0.008
2711	njrlfu	13.000	0.000	0.021	0.000
293	xqnliu	13.000	0.000	0.021	0.000
2266	janehuiminli	13.000	8.000	0.021	0.013
348	山狸猫	13.000	0.000	0.021	0.000
656	gxytju2008	12.000	8.000	0.019	0.013
442	wbcui	12.000	3.000	0.019	0.005
1308	wl20098836	12.000	0.000	0.019	0.000
664	lzjj	12.000	8.000	0.019	0.013
1173	雷智锋石芸竹	12.000	0.000	0.019	0.000
64	于石11	12.000	0.000	0.019	0.000
798	一棵小草yang	0.000	102.000	0.000	0.161
3363	longchenkun	0.000	50.000	0.000	0.079
5619	weislhitmse	0.000	24.000	0.000	0.038
5867	mao751526881	0.000	3.000	0.000	0.005
4132	wxd127624	0.000	18.000	0.000	0.028
2808	guojjun	0.000	704.000	0.000	1.113
165	penpen1223	0.000	12.000	0.000	0.019
1422	lengyd_2010	0.000	6.000	0.000	0.009
2509	tyfoon1973	0.000	241.000	0.000	0.381
4638	296772184	0.000	380.000	0.000	0.601

图 5.18　相对点对中心度（部分截图）

		1 OutDegree	2 InDegree	3 NrmOutDeg	4 NrmInDeg
1	Mean	1.432	1.432	0.002	0.002
2	Std Dev	1.424	18.656	0.002	0.029
3	Sum	11329.000	11329.000	17.905	17.905
4	Variance	2.028	348.028	0.000	0.001
5	SSQ	32265.000	2769129.000	0.081	6.917
6	MCSSQ	16039.180	2752903.250	0.040	6.877
7	Euc Norm	179.625	1664.070	0.284	2.630
8	Minimum	0.000	0.000	0.000	0.000
9	Maximum	31.000	704.000	0.049	1.113

Network Centralization (Outdegree) = 0.047%
Network Centralization (Indegree) = 1.111%

图 5.19　点度中心度描述性统计

（3）接近中心度。

接近中心度指标所描述的是点度中心度的一种局部中心性，用于衡量社会网络中某个行动者与其他行动者进行交互的能力。Freeman 等学者最早提出捷径距离函数（function of geodesic distance），并将其应用于接近中心性的计算过程，即如果一个节点与多个节点直接相连或者通过较少节点能建立联系，则该节点具有较高的接近中心度①。本书借助 Gephi 软件对网络结构的接近中心度进行可视化分析，结果如图 5.20 所示。由图 5.20可知，网络中心性越低，节点与其他节点之间的距离越远。

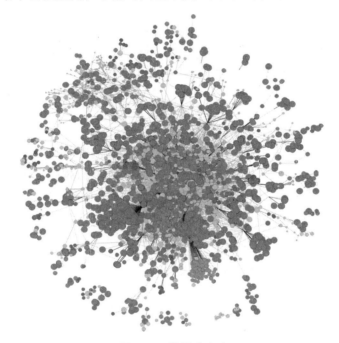

图 5.20　接近中心度

由于网络节点较多，为了更清晰地展示结果，本书截取部分用户接近中心度值，如图 5.21 所示。在有向图中，接近中心度可以进一步细分为内接近中心度和外接近中心度两种。在本书中，内外接近中心度最高的是guojjun、傲雪霜月、On The Run、star-zhang、sighthill 五名用户，网络中其他节点到这五个节点的距离之和最小。

---

①　FREEMAN L C. Centrality in social networks conceptual clarification [J]. Social Networks, 1978, 1（3）：215-239.

		1 inFarness	2 outFarness	3 inCloseness	4 outCloseness
2808	guojjun	51572124.000	62567520.000	0.015	0.013
1432	傲霜寒月	53060764.000	62567520.000	0.015	0.013
6882	OnTheRun	53993488.000	62567520.000	0.015	0.013
261	star_zhang	54271252.000	62559608.000	0.015	0.013
281	sighthill	54272268.000	62559608.000	0.015	0.013
700	雷光月	55426124.000	62559608.000	0.014	0.013
5668	yangboa007	55427084.000	62559608.000	0.014	0.013
4962	letianyao	55755632.000	62567520.000	0.014	0.013
2807	wenke1526	56840916.000	62559608.000	0.014	0.013
4638	296772184	57157620.000	62567520.000	0.014	0.013
485	狮子座的伽马	57552280.000	62559608.000	0.014	0.013
486	0605102034	57553296.000	62559608.000	0.014	0.013
5883	江南的竹	57704760.000	62567520.000	0.014	0.013
2181	shileijerry	57743300.000	62527968.000	0.014	0.013
2509	tyfoon1973	57988508.000	62567520.000	0.014	0.013
2294	morningbear	58612600.000	62567520.000	0.013	0.013
5954	yj108127	58763636.000	62567520.000	0.013	0.013
3878	drun_x	59064036.000	62567520.000	0.013	0.013
2362	1462961518	59160672.000	62567520.000	0.013	0.013
1637	leisure112	59269680.000	62567520.000	0.013	0.013
4508	iceberg-cai	59279016.000	62567520.000	0.013	0.013
895	shecf	59284488.000	62535880.000	0.013	0.013
1917	minboy	59284904.000	62535880.000	0.013	0.013
896	xuanzhang	59284904.000	62535880.000	0.013	0.013
894	flyingsnow4	59284904.000	62535880.000	0.013	0.013
1278	benovence	59284904.000	62535880.000	0.013	0.013
3810	ZHY864684843	59309144.000	62512144.000	0.013	0.013
5489	kmzhaoywi	59609952.000	62567520.000	0.013	0.013
4562	特工007	59848640.000	62567520.000	0.013	0.013
2222	houjngli	59864488.000	62551696.000	0.013	0.013
3724	emliujia	59871364.000	62567520.000	0.013	0.013
6670	Jeveels	59885528.000	62559608.000	0.013	0.013
6669	monodrama	59885800.000	62559608.000	0.013	0.013
7881	f090201102	59975216.000	62567520.000	0.013	0.013

图 5.21　接近中心度统计结果（部分截图）

（4）中间中心度。

中间中心度指某一节点在多大程度上处于其他节点的中间，连接起两个节点最短距离的"桥"节点的次数。中间中心度值越高，这一节点承担桥节点的次数就越多[1]。中间中心度分布如图 5.22 所示。

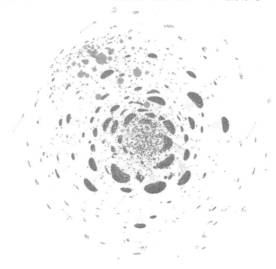

图 5.22　中间中心度分布

---

① 刘军. 社会网络分析导论［M］. 北京：社会科学文献出版社，2004：122.

由图 5.23 可知，节点 13813921817 的相对中间中心度为 0.034，说明该节点在学术虚拟社区信息交流网络中处于关键的桥梁位置，对整个网络的信息交流活动具有较强的控制能力，该节点所代表的用户本身已经掌握了非常丰富的信息资源，同时又能对社区中其他用户的互动交流起到很强的促进作用，是网络中重要的"参与者"。节点 gxytju2008 的中间中心度为 0.025，说明该节点也会在较大程度上影响网络中其他节点之间的交流活动。同时，节点 dkfasdlkf、ekeyan、匿名、liceystals 等节点在该社会网络中也都处于连接其他用户的关键位置，因此可以推断该社会网络中的大多数节点在信息交流时都会对他们有较大程度的依赖。此外，网络中部分节点的相对中间中心度结果为 0，表示网络中其他节点之间的交互没有经过这些节点。进一步从宏观视角来看，整个社会网络中节点的中间中心度值普遍偏小，说明该网络中信息和资源的流通范围较小，用户之间的依赖程度不高。

		1 Betweenness	2 nBetweenness
454	13813921817	20961.234	0.034
656	gxytju2008	15560.971	0.025
156	dkfasdlkf	11459.442	0.018
1152	ekeyan	11433.878	0.018
169	匿名	11323.650	0.018
6451	licrystals	11234.374	0.018
680	lwloveflxgg	10715.786	0.017
3444	Tonia0	9693.458	0.015
5749	niu?niu?niu	8948.698	0.014
7257	乐橙1212	7726.292	0.012
5670	fendoufirst	7494.490	0.012
1734	Andydu77	7080.838	0.011
1467	arthurKA	6781.685	0.011
416	白天不懂黑夜	6495.420	0.010
6340	348110850	5757.500	0.009
1899	942594723	5573.420	0.009
4150	QQ2668174903	5478.404	0.009
4149	Jadon_Fey	5426.729	0.009
1521	小青龙汤	5172.420	0.008
657	safetyJ	5113.355	0.008
1519	a670580021	5024.420	0.008
1518	phlox123	4830.420	0.008
5678	白天流星	4670.053	0.007
271	peterflyer	4228.212	0.007
1164	草稿箱	3762.426	0.006
1442	耗子饿了	3634.131	0.006
1162	朱益宁	3615.658	0.006
6447	异形杀手	3508.000	0.006
1755	Esdevil	3086.607	0.005
1469	ceshi100	3014.188	0.005
664	lzjj	2991.646	0.005
1902	shegansi11	2893.224	0.005
5587	xbd8125	2780.000	0.004
1445	紫然若依	2549.913	0.004
1853	damning	2523.442	0.004

图 5.23 中间中心度统计结果（部分截图）

5.5.2　结构洞分析

进行结构洞分析的主要目的是从复杂关系的视角出发，在社会网络"结构"层面上分析网络成员在复杂关系中的地位和角色，从而实现对整个社会网络关系架构与内部规律的深刻揭示。结构洞实际上代表了两个关系人之间存在的非重复关系，那些扮演结构洞角色的人可以把另外两个实际上没有互相联系的人关联起来，从而起到"桥"的连接作用。本节将从网络限制指标和网络的有效大小两个指标出发，测量学术虚拟社区社会化交互网络的结构洞。Burt 最早提出网络限制指标（constraint），来衡量结构洞存在的可能性，网络限制指标的数值的值越大，表示结构洞存在的可能性就越小[①]。例如，在一个社会网络中如果存在某位限制指标为 0 的行动者，则说明代表该行动者的节点与社会网络中的其他众多节点存在连接关系，但同时这些被连接的节点之间彼此不存在关联，由此便会导致较多的结构洞的产生。一般情况下，决定社会网络大小的是网络中存在的连线总数，常用 N 表示。社会网络的有效大小（effect size）值越高，则重复程度越低，网络中存在结构洞的可能性也就越大。因此，社会网络的限制指标往往会和网络的有效大小值成反比关系，但当用户连接的节点间存在重叠时，这个规律就会发生改变。两项指标的测量结果如图 5.24 所示。

---

① BURT R S. Structural Holes：The social structure of competition ［M］. Cambridge，MA：Harvard University Press，1992：42.

```
Structural Hole Measures

                 Degree EffSize Efficie Constra Hierarc Ego Bet

          也是     7.000   7.000   1.000   0.143   0.000    6.000
          nee     3.000   3.000   1.000   0.333   0.000    0.000
    woniugegeg     1.000   1.000   1.000   1.000   1.000    0.000
     zhang0823     1.000   1.000   1.000   1.000   1.000    0.000
         钢铁萌−     1.000   1.000   1.000   1.000   1.000    0.000
    2132508317     1.000   1.000   1.000   1.000   1.000    0.000
           小虹     1.000   1.000   1.000   1.000   1.000    0.000
        CNBULE     1.000   1.000   1.000   1.000   1.000    0.000
     2019北化考研     1.000   1.000   1.000   1.000   1.000    0.000
        Q张艳芳     1.000   1.000   1.000   1.000   1.000    0.000
       enjoyst     1.000   1.000   1.000   1.000   1.000    0.000
          伍菜包    28.000  28.000   1.000   0.042   0.100  135.000
      Evelynsu     1.000   1.000   1.000   1.000   1.000    0.000
        Z时光机     1.000   1.000   1.000   1.000   1.000    0.000
          bigC     1.000   1.000   1.000   1.000   1.000    0.000
     lhl119525     1.000   1.000   1.000   1.000   1.000    0.000
         我的D盘     1.000   1.000   1.000   1.000   1.000    0.000
   chenzhishan     2.000   2.000   1.000   0.556   0.278    1.000
       Aileen、     1.000   1.000   1.000   1.000   1.000    0.000
     mapleyeah     1.000   1.000   1.000   1.000   1.000    0.000
         踏马问天     1.000   1.000   1.000   1.000   1.000    0.000
       迷失的小渣渣     1.000   1.000   1.000   1.000   1.000    0.000
    1169271200     1.000   1.000   1.000   1.000   1.000    0.000
      jackzhou5     6.000   6.000   1.000   0.167   0.000    0.000
         娟姐快跑     1.000   1.000   1.000   1.000   1.000    0.000
    1414470184     1.000   1.000   1.000   1.000   1.000    0.000
      walbertc     1.000   1.000   1.000   1.000   1.000    0.000
       banana陶     1.000   1.000   1.000   1.000   1.000    0.000
      无名指在等待     1.000   1.000   1.000   1.000   1.000    0.000
    juwairen487     1.000   1.000   1.000   1.000   1.000    0.000
    zheng_LLing     1.000   1.000   1.000   1.000   1.000    0.000
    1064976461     1.000   1.000   1.000   1.000   1.000    0.000
        小小飞喵     1.000   1.000   1.000   1.000   1.000    0.000
      专打社会狗比     1.000   1.000   1.000   1.000   1.000    0.000
    hemingmail     1.000   1.000   1.000   1.000   1.000    0.000
    flyingsnow4     1.000   1.000   1.000   1.000   1.000    0.000
          shecf   401.000 400.995   1.000   0.003   0.098 1600.000
       tyli_09     1.000   1.000   1.000   1.000   1.000    0.000
        notzxc     1.000   1.000   1.000   1.000   1.000    0.000
    lishuhuisk     2.000   1.000   0.500   1.340   0.035    0.000
```

图 5.24　结构洞分析结果（部分截图）

由图 5.24 可知，用户 lishuhuisk 的网络限制指标值最大，为 1.34，用户 Shecf 的网络限制指标值最小，为 0.003。社会化交互网络中共有 1 357 位行动者的网络限制指标小于 0.5，说明这些用户掌握了较多的结构洞。其中，36 位用户的网络限制指标都小于 0.2，充分证实了 36 位用户占据了社会化交互网络中绝大部分结构洞，是网络中潜在的领袖用户。从网络的有效大小指数来看，共有 1 356 名用户指标数值大于 2，用户 Shecf 网络有效大小值达到 401，个体网络中介性数值为 416，这与网络限制指标测评结果相同，说明该用户是拥有结构洞数量最多的用户。

5.5.3 个体网络结构下用户社会化交互行为特征

（1）社会化交互行为不对称特征。

整体网络结构分析中，学术虚拟社区社会化交互网络是一个具有中心化和分散化共存的网络结构，个体网络中心性分析的相关指标测量结果显示了用户社会化交互行为的不对称，主要体现在三个方面：①出度与入度的不对称。从中心度交互指标来看，用户最高出度值为31，但入度值为0，而另一位入度值为704的用户，出度值却为0，二者形成了出入度明显的反差，这与整体入度与出度百分比（1.111%，0.047%）结果一致，充分说明个体网络中，用户更愿意去帮助他人解决问题，参与自己感兴趣的话题，而不愿意发起主题或提出问题。②交互关系的不对称。由个体网络中心性四个测量指标结合结构洞的结果对比发现，少数用户占据了网络核心节点，他们与其他节点用户间有着直接的联系，而普通用户需要通过核心节点建立关系，这一节点占据了网络中的结构洞，是两端节点交互的唯一通道。此外，核心节点的位置优势，他们拥有更多的社会资本，会接收到来自不同用户的多元思想。③信息流动的不对称。如前所述，社会化交互关系模式直接影响网络中信息流动的形态。少数核心节点用户掌握着主要的信息资源，也进一步反映出社区资源与交互的高度集中。占据结构洞的用户具有优先获取异质性资源的优势，同时他们掌握交互和资源分配的主动权，能够极大地提升核心用户的协调与创新能力。相反，其他节点用户由于交互距离较远，信息获取渠道和内容都比较单一，严重制约了信息的传递速率。

（2）"点对点""点对面"相结合的交互特征。

学术虚拟社区社会化交互网络中的每个节点都是一个独立的交互主体，核心节点与边缘节点用户之间的交互形成复杂的社会网络结构，不同网络位置的用户呈现出不同的交互行为特征。①点对点交互。学术虚拟社区信息的流动依赖于用户间的交流与互动，通过实证分析，普通节点用户间具有平等的网络地位，信息通过一个节点用户传播到另一个节点用户，点对点的交互模式与社会网络结构中的环状网络结构相契合，一方面反映了用户对信息的处理方式，另一方面体现了用户在多大程度上想与交互对象建立关系。②点对面交互。点对面的交互更多发生于核心用户与普通用户间，这种模式与社会网络结构中的星状网络结构相吻合。学术虚拟社区社会化交互核心用户一般是某个领域的专家，在社区具有很高的声望，受到大数成员的关注和认同。在实际交互过程中，专家用户会回复多个来自不同网络位置用户提出的问题，也接受多位用户的反馈，因此他们之间的交互具有点对面的特征。

5.6　本章小结

本章基于社会网络相关理论和分析框架，采用数据挖掘技术，爬取学术虚拟社区用户社会化交互真实文本数据，结合社会网络分析工具 Ucinet 软件和 Gephi 软件深入剖析用户社会化交互网络结构与行为特征。

本章的研究工作和结论主要包括以下方面：

（1）学术虚拟社区用户社会化交互网络结构分析框架。基于社会网络理论，结合本书研究对象与范围，确定学术虚拟社区用户社会化交互网络结构分析框架，包括宏观层—整体网络、中观层—内部子结构网以及微观层—个体网络，并阐述了三个层次网络结构的研究内容与范围。

（2）社会化交互整体网络结构与用户行为特征分析。首先，从宏观的角度出发，以社群图的方式呈现社会化交互整体网络结构。其次，测算了整体网络基本属性值，网络规模（节点数 7 910、连接数 10 937、平均度 1.383）、密度（0.000 19）、聚类系数（0.01）、网络距离（直径 16、平均距离 5.287）。然后，通过连通性和可达性指标测量了网络关联性。最后，分析了整体网络结构下用户社会化交互呈现出低密度与低层次特征、中心化与分散化并存特征、关系网络结构脆弱特征。

（3）社会化交互内部子结构网络与用户行为特征分析。首先，通过互惠指数测量二方关系中对称关系、非对称关系与虚无关系类型的数量以及整体的网络互惠指数。其次，介绍了 16 种类型的三方关系类型，并采用 Ucinet 软件计算出样本数据各类型三方关系的数量和比例，以及三方关系类型归属的网络拓扑结构。然后，通过成分分析、K-核分析、派系分析三个指标阐明内部子结构网络的凝聚子群情况。并对网络进行了核心—边缘分析，结果显示，核心区最大密度为 0.109，边缘区最小密度为 0.009。最后，深入剖析了二方关系结构、三方关系结构以及凝聚子群用户的行为特征。

（4）社会化交互个体网络结构与用户行为特征分析。结合特征向量中心性、点度中心度、中介中心度、接近中心度四个指标析出学术虚拟社区社会化交互个体网络的中心性。研究结果表明，社会化交互网络核心节点用户较少，有 92.13% 用户处于网络的边缘位置，与中心节点距离较远，用户间的相互依赖程度不高，网络整体连通性不佳。从结构洞分析来看，36 位用户占据了网络中绝大部分结构洞，是网络的潜在领袖人物。中心性与结构洞的实测结果显示，个体网络结构下用户的社会化交互行为具有不对称以及"点对点""点对面"相结合的特征。

6 学术虚拟社区用户社会化交互效果评价

学术虚拟社区持续创新与发展的核心推动力是用户的积极参与和互动，通过评价反映用户在社会化交互过程中对于平台、信息、情感、认知等方面的真实体验，有助于学术虚拟社区明确知识管理与服务方向，提升知识流转效率。本章在综合社会化交互机理、影响因素、网络结构与行为特征等方面因素的基础上，引入远程交互层次塔模型，从用户社会化交互全过程视角出发，构建学术虚拟社区用户社会化交互效果评价指标体系。本章采用定性与定量相结合、客观反映评价指标之间多级关联的物元可拓法，建立学术虚拟社区用户社会化交互效果的物元模型并进行可拓评价。本章研究对于学术虚拟社区全方位评判用户满意度，发现平台漏洞与服务缺陷，优化自身学术知识服务能力具有重要意义。

6.1 学术虚拟社区用户社会化交互效果评价的原则

评价是从特定的目标出发，通过观察、访谈、计算等质性与量化的方法对某一事物进行测量、判断、分析，得出综合性结论的过程①。评价的目的在于依据特定的评价标准找出差距和发现不足，从而明确方向，促进发展，学术虚拟社区用户社会化交互效果评价以该目的为出发点。为了确保评价结果的客观性与科学性，本书参考刘虹、孙建军等关于网站评价体系指标设计原则，结合学术虚拟社区用户社会化交互过程与行为特征，认

---

① 洪闯. 开放式创新社区用户知识贡献的采纳研究［D］. 长春：吉林大学，2019.

为学术虚拟社区用户社会化交互效果评价应遵循以下原则[①]。

（1）科学规范性原则。任何评价过程都应遵循科学规范性这一原则。学术虚拟社区用户社会化交互效果评价需要建立在科学依据的基础上。首先，评价指标的确定应基于现有的研究成果，结合学术虚拟社区社会化交互的特征，利用本领域成熟的理论框架作为支撑。其次，在指标设计上应明确指标的定义和范围，避免因界定模糊而导致评价过程中的理解偏差。最后，在指标计算方法上，选用定性与定量相结合的方法，在数据获取、处理、分析、计算时严格按照流程规范操作，确保评价结果的科学合理性，能够真实地反映用户的交互体验，为社区管理者精准化服务提供指导。

（2）系统全面性原则。学术虚拟社区用户社会化交互指标设计要充分考虑社区的内外部特征，不仅要关注平台的系统服务能力，更要以用户为中心，深入了解用户在社会化交互过程中涉及的全部要素，评价指标要全面涵盖评价对象的多个方面。为了提高评价的准确性，应构建多层次评价指标体系，每个评价指标既要有清晰的内涵和相对独立性，在指标体系内部也要相互联系，形成有机的整体。只有建立全方位多层次的综合评价指标体系，才能达到全面反映学术虚拟社区用户社会化交互水平的目的。

（3）目标导向性原则。学术虚拟社区用户社会化交互评价指标设计的根本出发点和立足点是实现评价目标，评价的结果能够真实有效地映射出评价的内容。首先，指标的设计上应符合当前社区的总体水平，要给出社会化交互水平的具体标准。其次，指标要有良好的区分度，能够反映出评价对象之间的差异性。最后，在评估工作进行时要在充分调查的前提下确定评估对象。社会化交互的主要目的是促进用户间的知识交流与情感支持，所以要把握评估的主方向，使评价指标更好地反映社会化交互中存在的问题，以便更好地为社区知识服务提供指导。

（4）指标可测性原则。指标体系的设计应该切合实际，指标选取的前提条件是数据易于采集和获取，如果设计的指标不具备数据采集条件，就会影响评估的工作效率或无法完成评估任务，如涉及用户各种感知、态度、意愿等主观指标时，应尽量在采用定性分析的基础上对指标进行量

---

① 刘虹，孙建军，郑彦宁，等. 网站评价指标体系设计原则评述［J］. 情报科学，2013，31（3）：156-160.

化。在指标的表达方面应做到简洁清晰，避免指标体系规模过于庞大而无法达到评价的目标。此外，在实施评价过程中应尽量简化程序，以免评价对象失去耐心，敷衍了事，影响最终的评价效果。

6.2　学术虚拟社区用户社会化交互效果评价指标体系构建

6.2.1　评价指标体系选取

交互效果是一个抽象的定性概念，也是社会化交互研究的重要部分。交互效果主要研究评价对象交互后对于操作、信息、情感、认知四个递进阶段的真实感受。交互效果是一个由低层到高层的交互体验，特别是在虚拟环境中更应重点关注用户高阶的心理需求。学术虚拟社区社会化交互效果是指用户通过与平台与其他用户（个体或群体）进行信息、情感等交流过程中对交互体验的整体判断。社会化交互效果评估涉及平台运行、技术支持、信息资源、用户情感等多个复杂因素，在构建指标体系时应引入相关领域成熟的理论框架支撑[①]。本书引入远程交互层次塔模型，该模型涵盖远程交互的多个维度，是信息交互行为研究领域经典的理论模型[②]。

Laurillard 提出了远程学习的会话交互模型，他认为远程交互过程中学习者会发生两个层面的交互，即适应性交互（学习者与环境之间的交互）和会话性交互（学习者认知冲突所引发的概念转变）[③]。我国学者陈丽在全面分析了学习者在不同阶段交互需求的基础上进一步发展了该理论，构建了由操作交互、信息交互和概念交互组成的远程交互层次塔模型[④]。其中，操作交互是用户与平台界面的交互；信息交互即用户与用户之间关于信息资源的交互；概念交互是指用户通过交互活动引发认知概念的转变。关于远程交互层次塔模型的具体内容，本书前文进行了详细的解析，本章不再赘述。

---

① 洪闯，李贺，彭丽徽，等. 在线健康咨询平台信息服务质量的物元模型及可拓评价研究[J]. 数据分析与知识发现，2019，32（8）：41-52.
② 陈丽. 远程学习的教学交互模型和教学交互层次塔［J］. 中国远程教育，2004（5）：24-28.
③ LAURILLARD D. Rethinking university teaching：a conversational framework for the effective use of learning technologies［M］. London：Routledge，2002：38.
④ 陈丽. 远程学习的教学交互模型和教学交互层次塔［J］. 中国远程教育，2004（5）：24-28.

远程交互层次塔模型提出以来，受到国内远程教育、信息科学、计算机等领域学者们一致认同，并广泛应用于交互质量评价研究，丁兴富等探讨国内外经典的交互理论与模型，以远程交互层次塔为基础，融合Holmbergs的教学会谈和非连续双向交互通信理论，构建了远程教学交互与校园教学交互的双塔模型，该模型是远程与现实交互活动中，评估学习者交互水平重要的理论模型①。王志军等在远程交互层次塔模型的基础上，结合联通主义学习理论，构建了操作交互、寻径交互、意会交互和创生交互四层递进交互层次模型②。研究者发现，学习者会随着交互层次的提高，交互频率逐渐减少，大部分学习者只停留在寻径交互和意会交互层，此外，学习者的信息素养有待提升，部分学习者很难顺利完成最基本的操作交互。陈娟菲等基于远程交互层次塔模型，从操作交互层、信息交互层、概念交互层 3 个层面的 5 种交互（学习者与平台界面交互、学习者与教师交互、学习者与信息资源交互、学习者与学习者交互、学习者新旧概念的交互）出发，评估国内三个典型的 MOOC 平台交互功能和用户交互质量③。此外，相关学者以远程交互层次塔模型为理论基础，结合远程交互环境评价与交互性相关研究，构建了由界面交互、信息交互和概念交互 3 个一级指标和 17 个二级指标构成的远程学习环境交互性评价指标体系④，为远程学习者交互效果评价提供了理论指导。

综上所述，相关研究充分说明了远程交互层次塔模型作为虚拟环境下用户交互效果的评价理论框架的适用性，学术虚拟社区用户社会化交互具有典型的社会性，不仅关注用户操作交互、信息交互以及概念交互层面的体验，用户交互过程中产生的情感体验也是评价的重要指标维度。因此，本书引入情感交互这一维度，构建了由操作交互层、信息交互层、情感交互层、概念交互层组成的学术虚拟社区用户社会化交互评价模型，如图 6.1 所示。

---

① 丁兴富，李新宇. 远程教学交互作用理论的发展演化 [J]. 现代远程教育研究，2009（3）：8-12.

② 王志军，陈丽. 联通主义学习的教学交互理论模型建构研究 [J]. 开放教育研究，2015，21（5）：25-34.

③ 陈娟菲，郑玲，高楠. 国内主流 MOOC 平台交互功能对比研究 [J]. 中国教育信息化，2019（1）：26-29.

④ 王志军，陈丽，韩世梅. 远程学习中学习环境的交互性分析框架研究. [J]. 中国远程教育，2016（12）：37-42，80.

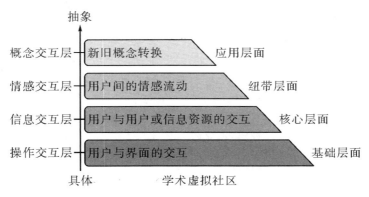

图 6.1　学术虚拟社区用户社会化交互效果评价模型

6.2.2　评价指标体系构建

本书在总结各类网站与虚拟社区交互质量相关研究的基础上，借鉴远程交互层次塔模型，从用户社会化交互过程体验着手，构建了由 4 个一级指标和 18 个二级指标构成的学术虚拟社区用户社会化交互效果评价指标体系，如图 6.2 所示。

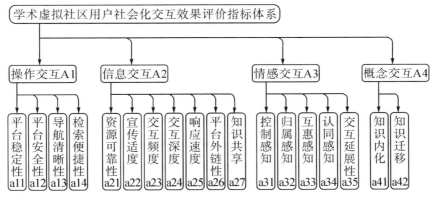

图 6.2　学术虚拟社区用户社会化交互效果的评价指标体系

（1）操作交互。操作交互是远程交互层次塔模型的基础层面。操作交互主要是用来衡量用户对网络状况、平台功能与设计等方面的感观体验。系统是承载信息交互与传播的媒介，也是其他交互持续进行的基础保障，直接影响用户对平台使用过程的感知。Dolone 和 Mclean 的信息系统成功模型指出，信息质量、系统质量与服务质量是信息系统成功的三个要素①。系统质量是平台所表现的技术水平，度量指标包括可靠性、灵活性、反应性、易用性等②。Sepahvand 和 Arefnezhad 的研究也表明，系统相关的软硬件质量可以通过系统平台的稳定性、友好性、安全性以及灵活性来衡量③。Veeramootoo 等研究发现，平台的系统质量对于用户生成的信息质量起着积极的作用④。稳定、安全且流畅的平台环境可以减少用户操作时的焦虑感，提升交互体验，促进用户交互行为的发生与进行，只有用户积极地参与交互才会产生更多有价值的信息⑤。如前所述，学术虚拟社区用户的操作交互是指用户与平台界面的交互，涉及平台稳定性、平台安全性，导航清晰度三个指标：①平台稳定性是指用户在交互过程中信息发送与接收流畅，没有卡顿、中断和延迟现象，不会因为系统负载过高或内存不足导致系统瘫痪；②平台安全性主要体现在系统能够有效抵御安全风险的能力，当有外部风险侵入时，系统能维持现在的平衡状态，不会造成数据的丢失和损坏；③导航清晰度是用户使用平台过程中最直观的视觉感受，清晰的导航可以引发用户的易用性感知，使用户精准定位需求信息，大大提高信息获取的准确性，增进社区与用户的黏性。此外，Iwaarden J V 等指出，平台为用户提供集成与分类检索将极大提高用户的信息检索效率⑥。因此，本书将检索便捷性这一指标纳入操作交互维度，其中集成检索在减少用户检索流程的同时更直观地展示了检索结果，包括本地检索、云端检索、数据库检索等；分类检索则将不同学科门类、专业性质以及时间进行系统的排列，便于用户扩检或者缩检，确定检索范围。

① DELONE W H，MCLEAN R. Information systems success：the quest for dependent variable ［J］. Journal of Management Information Systems，1992，3（4）：60-95.

② DELONE W H，MCLEAN R. The Delone and Mclean Model of Information Systems Success：a ten-year Update ［J］. Journal of Management Information Systems，2003，19（4）：9-30.

③ SEPAHVAND R，AREFNEZHAD M. Prioritization of factors affecting the success of information systems with AHP（A case study of industries and mines organization of Isfahan province）［J］. International al Journal of Applied Operational Research，2013，3（3）：67-77.

④ VEERAMOOTOO N，NUNKOO R，DWIVEDI Y K. What determines success of an e-government service? validation of an integrative model of e-filing continuance usage ［J］. Government Information Quarterly. 2018，35（2）：161-174.

⑤ 王美月. MOOC 学习者社会性交互影响因素研究 ［D］. 长春：吉林大学，2017.

⑥ IWAARDEN J V，WIELE T V D，BALL L，et al. Applying SERVQUAL to web sites：an exploratory study ［J］. International Journal of Quality & Reliability Management，2003，20（8）：919-935.

（2）信息交互。信息交互是远程交互层次塔模型的核心层面，是用户与平台资源以及用户间信息交流与知识共享行为，也是情感与概念交互发生的前提条件。学术虚拟社区的信息交互层建立在平台信息和用户交互信息两方面基础上，信息资源质量直接影响用户交互频度、深度与广度。Leea Y W 等认为，信息质量的评价应包括有用性、完整性、可靠性、及时性[①]。查先进等从信息资源内容、表达形式、信息资源系统、信息资源效用几方面构建了信息资源质量评估指标体系，系统全面地概括了信息资源质量的多维指标[②]。因此，基于该指标体系并结合于俊辉等的交互评价研究[③]，本书确定了学术虚拟社区信息交互维度的 7 个指标：①资源可靠性。资源可靠性是指平台为用户提供的信息、用户间共享与交互生成的信息资源等真实可靠。学术虚拟社区的主要目的是为用户提供学术资源，满足用户学术需求，资源可靠性是用户与社区建立信任的关键。②宣传适度。宣传适度是指平台广告投放数量适中，内容真实，过多的广告会干扰用户交互情绪，增加用户的认知负荷，分散注意力，降低检索效率。③交互频度。交互频度是指用户活跃程度与交互频次，高频度的交互能促进用户间更深入的了解，并随着情感的不断深化逐步建立起学术社交关系。④交互深度。交互深度是指用户互动交流话题的深入度，通常情况下用户间一般要经过三层交互循环才能达到深度交互。⑤响应速度。响应速度是指平台及时处理用户问题，提供信息和知识服务的能力。平台为用户提供具有时效性的知识服务，能够实现信息资源价值最大化。⑥知识共享。知识共享是指用户愿意主动向平台或他人分享信息资源和相关的学术经验。知识共享能够提升用户的自我效能感和归属感，同时也会扩大个体在社区的学术影响力。⑦平台的外链性。平台外链性是指学术虚拟社区以界面悬挂的方式配置相关公众号、微博、博客等应用程序，以保证用户交互活动的延续，建立线上与线下交互的联结。

（3）情感交互。情感交互是远程交互层次塔模型的纽带层面，是用户交流情感与维系社会关系的桥梁。用户在远程交互情境下对平台环境和自

---

① LEEA Y W，STRONG D M，KAHN B K，et al. AIMQ：a methodology for information quality assessment［J］. Information&Management，2002（40）：133-146.

② 查先进，陈明红. 信息资源质量评估研究［J］. 中国图书馆学报，2010（2）：46-54.

③ 于俊辉，郑兰琴. 在线协作学习交互效果评价方法的实证研究：基于信息流的分析视角［J］. 现代教育技术，2015，25（12）：90-95.

我行为操控水平的感知，以及来自他人的情感支持与认同，能够极大提升用户间的亲密度与归属感①②。社会交换理论认为，互惠行为在个体交互过程中起着和谐发展的作用，社会交换活动得以持续的准则是个体间的互惠互利③。学术虚拟社区用户社会化交互情感交互层主要包括 5 个指标：①控制感知。控制感知是学术虚拟社区用户对于外部约束是否在其控制范围内的一种心理预判，通常情况下用户会在自身感知控制力强的情况下实施某项行为④。用户在社会化交互过程中控制感知主要体现在两方面，一是内控能力，即对个体自身能力的自信心，如认知水平、沟通能力等。二是外控制能力，即对外部环境的掌控程度。用户的内控和外控是相互作用的，如果用户主动发起会话，并能够引领和掌控话题讨论的方向，其中主动发起对话说明用户自身认知能力的自信，而引领和掌控话题则是外部环境控制能力的体现。②互惠感知。互惠感知是指用户在分享信息或帮助他人解决问题后，希望获得同样的回复和帮助的心理预期。学术虚拟社区用户社会化交互遵循自愿原则，用户间的互惠是一种双赢的交互模式，互惠程度越高，用户的知识交流意愿与知识贡献度就会越高。③归属感知。归属感知是指学术虚拟社区用户完成社会化交互活动后，通过社区获得的自我表达、心理关注、社会认同等所带来的情感价值的提升，从而使用户将自身融入社区环境，与学术虚拟社区建立更紧密的情感联系，其本质是用户希望被社区群体接纳，体现自我存在的价值⑤。归属感较高的用户更愿意维持社交关系，对社区的依赖程度也更高⑥。④认同感知。认同感知是对用户与他人关系的一种动态评估和判定，是指用户间具有的共性或相似性而引发的共鸣。认同感知使用户间在心理上肯定并认同对方，表现出更

① KOUFARIS M. Applying the technology acceptance model and Flow Theory to online consumer behavior [J]. Information Systems Research，2002，13 (2)：205-223.

② NG C S-P. Intention to purchase on social commerce websites across cultures：a cross-regional study [J]. Information & Management，2013，50 (8)：609-620.

③ 张思. 社会交换理论视角下网络学习空间知识共享行为研究 [J]. 中国远程教育，2017 (7)：26-33，47，80.

④ MATHIESON K. Predicting user intentions：comparing the technology acceptance model with the Theory of Planned Behavior [J]. Information Systems Research，1991，2 (3)：173-191.

⑤ HSU C L，LIN J C C. Effect of perceived value and social influences on mobile App stickiness and in-app purchase intention [J]. Technological Forecasting and Social Change，2016，108 (7)：42-53.

⑥ LEE H，PARK H，KIM J. Why do people share their context information on social network social network？A qualitative study and experimental study on users'behavior of balancing perceived benefit and risk [J]. International Journal of Human-Computer Studies，2013，71 (9)：862-872.

亲密和友好的行为。学术虚拟社区的认同感是用户与用户主体间社会化交互的感应，也可以是基于客体的对于某个观点、价值、情感等达成的共识。认同感不仅是对客体价值的评判，也是对主体自身价值的回应①，如社区内某位用户提出的观点得到另一位用户的认同，那么这位用户不仅认同该观点，更会在心理上认同提出观点的人。⑤交互延展性。交互延展性是学术虚拟社区用户通过其他社交媒体软件，将知识交流或人际交往活动延续到社区以外，这种交互形式是用户社区情感交互的一种延续，直接影响着用户交互的深度与亲密度。

（4）概念交互。概念交互是远程交互层次塔模型的应用层面。Laurillard 指出，用户远程的交互活动是有意图的、动态的、意义建构的过程，通过新旧知识的相互作用产生认知冲突，从而实现新旧概念的交替②。个体发生概念的交互与转变是有意义学习的内在机制，个体交互过程中原认知与新认知之间产生冲突，触发了自身对观点概念框架的理解发生变化，即产生了概念的转变③。概念交互虽无法被直接观察，但却作用于信息交互的内容与形式④。本书将概念交互维分为知识内化与知识迁移：①知识内化。知识内化是指当用户在浏览信息资源或者与他人进行社会化交互过程中，新知识、新观点或者概念与自己的原认知结构发生作用，这时候用户会表现出两种状态，一种是直接吸收新知识，另一种是用户会在原有认知的基础上对新知识做出评价，选择性接收新知识，无论是哪种形式的接收，用户都会引发概念上的转变，将新知识与原有知识结构进行重组完成知识内化。②知识迁移。知识迁移是指学术虚拟社区用户在社会化交互活动中所学的知识、原理、技能、情感、价值等应用到新的情境活动中，其根本目的是用户能够在新的环境中熟练地运用所学的方法和理论解决问题。用户知识迁移的能力取决于用户认知水平和概括能力的高低⑤。

---

① 操慧. 论新闻传播对社会认同感的建构 [J]. 郑州大学学报，2011，44（2）：126-130.

② LAURILLARD D. Rethinking university teaching：a conversational framework for the effective use of learning technologies [M]. London：Routledge，2002：39.

③ JONSASSEN D H. Modeling with technology：mindtools for conceptual change [M]. Phoenix：Pearson Education Inc，2006：213.

④ 陈丽. 远程学习的教学交互模型和教学交互层次塔 [J]. 中国远程教育，2004（5）：24-28.

⑤ COOK H，AUSUBEL D P. Educational psychology：a cognitive view [J]. The American Journal of Psychology，1970，83（2）：303-304.

6.3　学术虚拟社区用户社会化交互的物元模型与可拓评价过程

物元可拓法是物元分析与可拓学的耦合，源于我国学者蔡文关于如何开拓适合的新方法解决不相容（或矛盾）问题[1]。与经典数学解决问题时非黑即白的思想不同，物元可拓法基于物元理论与可拓集合理论，通过将不相容问题转换为形式化、逻辑化的问题模型并用数学形式表达，以此揭示物元变化规律[2]。物元是物元可拓模型的基本逻辑细胞，以三元有序组 $R = (M, C, V) = $（事物，事物特征，特征量值）来描述事物的基本元。由于物元可拓法能够降低个体主观因素形成的偏差，提升评价的客观性和准确性，因此被广泛应用于多个学科领域[3]。学术虚拟社区依托互联网技术，实现学术个体与群体实时交流，在一定程度上体现了交互主体的多样性与非线性特征。本书基于远程交互层次塔模型，构建了学术虚拟社区用户社会化交互效果的评价指标体系，涵盖操作交互、信息交互、情感交互以及概念交互 4 个维度 18 个评价指标，其中定性的指标不能直接以数据形式表示，需要进行数据转化。此外，指标间存在关联性与矛盾性并存现象，以上问题与物元可拓评价法解决不相容事物的思想恰好吻合。因此本书在构建物元模型的基础上对学术虚拟社区用户社会化交互效果进行可拓评价，具体评价步骤如下。

6.3.1　经典域、节域与待评价物元

物元以 $R = (M, C, V)$ 有序三元组形式来表征，M 代表事物名称，C 代表事物特征，V 代表特征量值。经典域即评价对象在不同评价等级下指标量值的取值区间。假定学术虚拟社区用户社会化交互效果被评定为 m 个等级，c_1，c_2，c_3，…，c_n 是 M_e 的 n 个评价指标，则经典域物元模型表达式为

---

①　蔡文. 物元模型及其应用 [M]. 北京：科学技术文献出版社，1994：114.

②　韩燕. 基于改进物元可拓的 PPP 项目绩效评价研究 [D]. 青岛：青岛理工大学，2018.

③　赵蓉英，王嵩. 基于熵权物元可拓模型的图书馆联盟绩效评价 [J]. 图书情报工作，2015，59（12）：12-18.

$$R_e = (M_e, \ C, \ V_e) = \begin{bmatrix} M_e & c_1 & v_{e1} \\ & c_2 & v_{e2} \\ & \vdots & \vdots \\ & c_i & v_{ei} \\ & \vdots & \vdots \\ & c_n & v_{en} \end{bmatrix} = \begin{bmatrix} M_e & c_1 & [p_{e1}, \ q_{e1}] \\ & c_2 & [p_{e2}, \ q_{e2}] \\ & \vdots & \vdots \\ & c_i & [p_{ei}, \ q_{ei}] \\ & \vdots & \vdots \\ & c_n & [p_{en}, \ q_{en}] \end{bmatrix} \tag{6.1}$$

R_e 为第 e 个同征物元，M_e 为学术虚拟社区用户社会化交互效果的评价等级，c_i 是社会化交互效果的第 i 个具体的评价指标，$v_{ei} = [p_{ei}, \ q_{ei}]$ 为评价指标 c_i 的取值范围，p_{ei}，q_{ei} ($e = 1, \ 2, \ \cdots, \ m$; $i = 1, \ 2, \ \cdots, \ n$) 分别代表学术虚拟社区社会化交互效果第 i 个指标取值范围的上下限值。

节域的物元模型表达式为

$$R_k = (M_k, \ C, \ V_k) = \begin{bmatrix} M_k & c_1 & v_{k1} \\ & c_2 & v_{k2} \\ & \vdots & \vdots \\ & c_i & v_{ki} \\ & \vdots & \vdots \\ & c_n & v_{kn} \end{bmatrix} = \begin{bmatrix} M_k & c_1 & [p_{k1}, \ q_{k1}] \\ & c_2 & [p_{k2}, \ q_{k2}] \\ & \vdots & \vdots \\ & c_i & [p_{ki}, \ q_{ki}] \\ & \vdots & \vdots \\ & c_n & [p_{kn}, \ q_{kn}] \end{bmatrix} \tag{6.2}$$

R_k 表示学术虚拟社区用户社会化交互效果的所有评定等级，v_{ki} 代表交互效果的第 i 个指标下所有评价等级的取值并集，记为 $[p_{ki}, \ q_{ki}]$，其中，p_{ki} 和 q_{ki} 为取值范围上下限值，即节域的区间范围。经典域中取值范围包含于对应节域的取值范围，即 $v_{ei} \subset v_{ki}$，其中 $i = 1, \ 2, \ \cdots, \ n$; $e = 1, \ 2, \ \cdots,$ m，k 是评价质量的第 k 个量值。

假定学术虚拟社区用户社会化交互效果等级为 M_a，则待评价物元的表达式如下：

$$R_a = (M_a, \ C, \ V_a) = \begin{bmatrix} M_a & c_1 & v_{a1} \\ & c_2 & v_{a2} \\ & \vdots & \vdots \\ & c_i & v_{ai} \\ & \vdots & \vdots \\ & c_n & v_{an} \end{bmatrix} \tag{6.3}$$

R_a 表示第 a 个分特征物元矩阵，c_i 代表学术虚拟社区用户社会化交互效果的特定指标，v_{ai} 则是对应特定指标的实际评测值。

6.3.2　计算待评价物元的可拓关联函数

学术虚拟社区用户社会化交互效果的等级可通过测量特征量值与经典域、节域的接近度来判断，特征量值是实轴上的点。根据可拓集合的关联函数推理待评价交互效果物元与设定交互效果等级的接近程度，即关联度。关联度表示交互效果的指标与设定的所有评价等级的隶属程度。

物元与经典域、节域的距离程度表达式如 6.4 和 6.5 所示：

$$d(v_i,\ v_{ei}) = \left| v_i - \frac{p_{ei}+q_{ei}}{2} \right| - \frac{p_{ei}+q_{ei}}{2} \tag{6.4}$$

$$d(v_i,\ v_{ki}) = \left| v_i - \frac{p_{ki}+q_{ki}}{2} \right| - \frac{p_{ki}+q_{ki}}{2} \tag{6.5}$$

式中，$d(v_i,\ v_{ei})$、$d(v_i,\ v_{ki})$ 分别为学术虚拟社区用户社会化交互效果的第 i 个指标量值与经典域、节域的距离，关联函数表达式为

$$W_j(v_i) = \begin{cases} \dfrac{-d(v_i,\ v_{ei})}{|v_{ei}|} v_i \in v_{ei} \\[3mm] \dfrac{d(v_i,\ v_{ei})}{d(v_i,\ v_{ki}) - d(v_i,\ v_{ei})} v_i \notin v_{ei} \end{cases} \tag{6.6}$$

式中，$|v_{ei}| = |q_{ei}-p_{ei}|$，$W_j(v_i)$ 表示学术虚拟社区用户社会化交互效果的 i 个度量指标与第 j 个评价等级的关联接近程度。

6.3.3　确定指标权重

物元可拓法能够降低学术虚拟社区用户社会化交互效果在主观赋权时导致的偏差，根据交互效果实际测量值计算二级指标的权重，同一个一级指标下的二级指标总权重为 1，二级指标计算公式为

$$f_{ei} = \frac{r_{ei}}{\sum_{i=1}^{m} r_{ei}} (\sum_{i=1}^{m}) f_{ei} = 1 \tag{6.7}$$

式中，f_{ei} 表示交互效果的第 e 类一级指标下的第 i 个二级指标的权重，公式 6.7 中 e（$e=1, 2, \cdots, n$）和 i（$i=1, 2, \cdots, m$）分别为交互效果的一级指标数和对应的二级指标数。学术虚拟社区社会化交互效果的一级指标总权重为 1，一级指标权重表达式为

$$f_e = \frac{r_e}{\sum_{e=1}^{n} r_e} \left(\sum_{e=1}^{n} f_e = 1, \ r_e = \sum_{i=1}^{m} r_{ei} \right) \tag{6.8}$$

依据可拓权重法得到指标权重系数表达式为

$$r_{ei}(v_i, v_{ei}) = \begin{cases} \dfrac{2(v_i - p_{ei})}{q_{ei} - p_{ei}} & v_i \leqslant \dfrac{p_{ei} + q_{ei}}{2} \\[3mm] \dfrac{2(q_{ei} - v_i)}{q_{ei} - p_{ei}} & v_i \geqslant \dfrac{p_{ei} + q_{ei}}{2} \end{cases} \tag{6.9}$$

如果 $v_i \in v_{ei}$，则存在 $r'_{ei}(v_i, v_{ei}) = \max\{r'_{ei}(v_i, v_{ei})\}$，学术虚拟社区用户社会化交互效果指标的实际测量值所在等级越大，则指标的权重越大，r_{ei} 取值表达式为

$$r_{ei} = \begin{cases} j_{\max} * (1 + r'_e i(v_i, v_{ei\max})) & r'_{ei}(v_i, v_{ei\max}) \geqslant -0.5 \\[2mm] j_{\max} * 0.5 & r'_{ei}(v_i, v_{ei\max}) \leqslant -0.5 \end{cases} \tag{6.10}$$

6.3.4 评价等级判定

评价物元 R 的一级指标与评价等级 j 的关联度，表达式为

$$W_j(R_e) = \sum_{i=1}^{m} f_{ei} W_j(v_e i) \tag{6.11}$$

式中，m 是指某个特定一级指标所对应的二级指标总数，则可推理出待评价物元 R 与评价等级 j 的关联度表达式为

$$W_j(R) = \sum_{e=1}^{n} f_e W_j(R_e) \tag{6.12}$$

式中，n 表示评价物元的一级指标数量。根据关联度最大识别原则，待评价物元所隶属等级 j'，表达式为

$$W_{j'}(R) = \max W_j(R) \tag{6.13}$$

待评价物元所属等级的特征量值，表达式为：

$$j^* = \frac{\sum_{j=1}^{n} j \cdot \overline{w_j}}{\sum_{j=1}^{n} \overline{w_J}} \quad (\overline{W_J}) = \frac{w_j(R) - \min w_j(R)}{\max w_j(R) - \min w_j(R)} \tag{6.14}$$

上式可基于待评价物元的评价等级判断偏向相邻等级倾斜的趋势。

6.4 实例分析

6.4.1 评价对象的选取

学术虚拟社区为高校、科研机构的教师、硕士博士研究生及企业研发人员等提供了良好的学术交流与科研协作平台。本书选取小木虫学术科研互动社区（以下简称小木虫）为研究对象。小木虫始创于 2001 年，截止到 2021 年 1 月底社区注册会员已突破 2 500 余万，累计主题 530 余万篇，并有超过 1.4 亿条回帖。小木虫作为科研学术站点承载了多个学科领域的学术资源，并设置了多版块服务功能，如科研生活、学术交流、出国留学、文献求助、资源共享等，帮助用户解答基金申请、论文投稿、考博考研、学术前沿等问题，促进学术知识和经验的交流互动。综上，小木虫社区学科领域覆盖全面，信息来源广泛多样，用户数量庞大且交互相对活跃，因此，本书以该科研平台为例，结合定性调查与定量分析的方法，验证物元可拓法在学术虚拟社区用户社会化交互评估中的应用效果。

6.4.2 数据收集与物元模型的构建

本次调查组织了 11 位专家（信息系统领域 2 位、情报学 3 位、新媒体领域 3 位、资深的小木虫用户 3 位）评价学术虚拟社区用户社会化交互效果的等级。首先，明确了社区用户社会化交互效果等级为 N_1（差）、N_2（一般）、N_3（良好）、N_4（优秀）4 个等级。依据学术虚拟社区用户社会化交互效果评价指标体系设计问卷，对题项执行 0~10 分打分制，0 分表示完全不符合，10 分表示完全符合，取整数共 11 个等级，符合程度逐级递增。之后，采用问卷形式，选取每周至少有一次访问经历的小木虫用户，共回收有效问卷 86 份。通过计算实测结果的均值并进行归一化处理，得出小木虫社区用户社会化交互效果物元模型的取值区间，如表 6.1 所示。

表 6.1　小木虫用户社会化交互效果物元模型的取值区间

评测指标		评测等级				节域	实际值
一级指标	二级指标	N_1	N_2	N_3	N_4	V_k	V_a
A_1	(a_{11})	<0.1,0.3>	<0.3,0.5>	<0.5,0.8>	<0.8,1>	<0.1,1>	0.71
	(a_{12})	<0,0.3>	<0.3,0.5>	<0.5,0.8>	<0.8,1>	<0,1>	0.72
	(a_{13})	<0.2,0.4>	<0.4,0.6>	<0.6,0.8>	<0.8,1>	<0.2,1>	0.69
	(a_{14})	<0,0.3>	<0.3,0.5>	<0.5,0.8>	<0.8,1>	<0,1>	0.67
A_2	(a_{21})	<0,0.35>	<0.35,0.7>	<0.7,0.9>	<0.9,1>	<0,1>	0.68
	(a_{22})	<0,0.4>	<0.4,0.6>	<0.6,0.8>	<0.8,1>	<0,1>	0.46
	(a_{23})	<0,0.3>	<0.3,0.5>	<0.5,0.8>	<0.8,1>	<0,1>	0.51
	(a_{24})	<0,0.4>	<0.4,0.7>	<0.7,0.9>	<0.9,1>	<0,1>	0.52
	(a_{25})	<0,0.25>	<0.25,0.5>	<0.5,0.75>	<0.75,1>	<0,1>	0.43
	(a_{26})	<0.1,0.3>	<0.3,0.5>	<0.5,0.8>	<0.8,1>	<0.1,1>	0.38
	(a_{27})	<0.2,0.4>	<0.4,0.6>	<0.6,0.8>	<0.8,1>	<0.2,1>	0.49
A_3	(a_{31})	<0,0.3>	<0.3,0.5>	<0.5,0.8>	<0.8,1>	<0,1>	0.46
	(a_{32})	<0,0.4>	<0.4,0.7>	<0.7,0.9>	<0.9,1>	<0,1>	0.62
	(a_{33})	<0,0.25>	<0.25,0.5>	<0.5,0.75>	<0.75,1>	<0,1>	0.55
	(a_{34})	<0,0.3>	<0.3,0.5>	<0.5,0.8>	<0.8,1>	<0,1>	0.46
	(a_{35})	<0,0.3>	<0.3,0.5>	<0.5,0.8>	<0.8,1>	<0,1>	0.35
A_4	(a_{41})	<0,0.3>	<0.3,0.6>	<0.6,0.8>	<0.8,1>	<0,1>	0.70
	(a_{42})	<0,0.4>	<0.4,0.6>	<0.6,0.8>	<0.8,1>	<0,1>	0.69

6.4.3　物元可拓评价过程

（1）确定小木虫用户交互效果指标权重系数。根据公式 6.9 比较实际值 v_i 与 $(p_{ei}+q_{ei})/2$ 大小，采取不同计算方式，以小木虫社会化交互效果（A_1）下的二级指标 a_{11} 为例，其实际测量值为 0.71，属于 N_3 等级且大于 $(p_{ei}+q_{ei})/2 = (0.5+0.8)/2 = 0.65$，则 $r'_{11} = (0.71,(0.5,0.8)) = 2 \times (0.8-0.71)/(0.8-0.5) = 0.6$，则可计算出 $r'_{12} = 0.88$，$r'_{13} = 0.5$，再根据公式 6.10 可得 $r_{11} = 3 \times (1+0.6) = 4.8$，同理得出 $r_{12} = 4.6$，$r_{13} = 5.7$，$r_{14} = 5.6$。根据公式 6.8 中 r_e 是

r_{ei} 之和，则 $r_1 = r_{11}+r_{12}+r_{13}+r_{14} = 20.70$，那么小木虫指标 a_{11} 的权重为 $f_{11}=r_{11}/r_1$ $=4.8/20.7=0.232$，同理计算出其他二级指标权重。再根据公式 6.8 得到小木虫的 4 个一级指标权重，计算结果如表 6.2 和表 6.3 所示。

表 6.2　小木虫用户社会化交互效果二级指标权重

二级指标	权重系数	二级指标	权重系数
a_{11}	0.232	a_{26}	0.158
a_{12}	0.222	a_{27}	0.171
a_{13}	0.275	a_{31}	0.176
a_{14}	0.271	a_{32}	0.194
a_{21}	0.098	a_{33}	0.265
a_{22}	0.140	a_{34}	0.176
a_{23}	0.140	a_{35}	0.189
a_{24}	0.158	a_{41}	0.095
a_{25}	0.137	a_{42}	0.905

表 6.3　小木虫用户社会化交互效果一级指标权重

一级指标	权重系数	一级指标	权重系数
A_1	0.315	A_3	0.241
A_2	0.348	A_4	0.096

（2）计算小木虫社会化交互效果关于各评价等级的关联度。根据公式 6.4 和公式 6.5 可以计算指标实际值与经典域、节域的接近度，计算二级指标 a_{21} 关于 N_1 等级的关联度为 $d(v_{21},v_{l21}) = d(0.68,(0,0.35)) = |0.68-(0+0.35)/2|-(0.35-0)/2 = 0.33$ 与节域距离为 $d(v_{21},v_{k21}) = d(0.68,(0,1)) = |0.68-(0+1)/2|-(1-0)/2 = -0.32$，由 $0.68 \notin (0,0.35)$，根据公式 6.6 得到，$W_1(v_{21}) = 0.33/(-0.32-0.33) = -0.508$，同理可得小木虫用户社会化交互效果二级指标与各评价等级的关联度，如表 6.4 所示。

表6.4　小木虫用户社会化交互效果二级指标与各评价等级的关联度

二级指标	$W_1(v_i)$	$W_2(v_i)$	$W_3(v_i)$	$W_4(v_i)$
$a11$	-0.586	-0.420	0.300	-0.237
$a12$	-0.600	-0.440	0.267	-0.222
$a13$	-0.483	-0.225	0.450	-0.262
$a14$	-0.529	-0.340	0.433	-0.283
$a21$	-0.508	0.057	-0.059	-0.407
$a22$	-0.115	0.300	-0.233	-0.425
$a23$	-0.300	-0.020	0.033	-0.372
$a24$	-0.200	0.400	-0.273	-0.442
$a25$	-0.295	0.280	-0.140	-0.427
$a26$	-0.222	0.400	-0.300	-0.600
$a27$	-0.237	0.450	-0.275	-0.517
$a31$	-0.258	0.200	-0.080	-0.425
$a32$	-0.367	0.267	-0.174	-0.424
$a33$	-0.400	-0.100	0.200	-0.308
$a34$	-0.258	0.200	-0.080	-0.425
$a35$	-0.125	0.250	-0.300	-0.563
$a41$	-0.571	-0.250	0.500	-0.250
$a42$	-0.483	-0.225	0.450	-0.262

　　基于以上计算,运用公式6.11得出一级指标与评价等级的关联度,以 A_1 与等级 N_1 的关联度为例,得到 $W_1(R_1) = (-0.586) * 0.232 + (-0.600) * 0.222 + (-0.483) * 0.275 + (-0.529) * 0.271 = -0.545$,同理可得 A_2、A_3、A_4 与4个等级的关联度,根据关联度最大识别原则公式6.13和公式6.14得出小木虫用户社会化交互效果一级指标与各评价等级的关联度,如表6.5 所示。

表6.5　小木虫用户社会化交互效果一级指标与各评价等级的关联度

一级指标	$W_1(Q_i)$	$W_2(Q_i)$	$W_3(Q_i)$	$W_4(Q_i)$	j'	j^*
A_1	-0.545	-0.349	0.370	-0.253	3	3.07

表6.5(续)

一级指标	$W_1(Q_i)$	$W_2(Q_i)$	$W_3(Q_i)$	$W_4(Q_i)$	j'	j^*
A_2	−0.255	0.286	−0.190	−0.462	2	2.05
A_3	−0.291	0.143	−0.066	−0.420	2	2.22
A_4	−0.492	−0.227	0.455	−0.261	3	2.98

最后通过公式6.12得出小木虫用户社会化交互效果与各评价等级的关联度，如表6.6所示。

表6.6　小木虫用户社会化交互效果与各评价等级的关联度

总目标	$W_1(Q)$	$W_2(Q)$	$W_3(Q)$	$W_4(Q)$	j'	j^*
A	−0.378	0.002	0.078	−0.367	3	2.56

6.4.4　评价方法的有效性验证分析

社会化交互效果评价依据专家评定等级，不可避免存在人为主观因素，如知识和经验等对评价可信度的影响。本书采用敏感性分析的方法，通过提取敏感性指标，采用客观赋权法对比指标权重值的变化，验证物元可拓评价方法的科学性与有效性，再通过改变相关变量数据分析关键指标受影响的程度[1]。学术虚拟社区用户对社区的高认可度主要体现在使用时长上，因此，本书选取使用时长作为因变量，各评价指标作为自变量，采用 Archer 和 Williams 提出的 LASSO(least absolute shrinkage and seletion operator)回归模型筛选社会化交互效果敏感性指标[2]。LASSO 回归是一种 L1 正则化的方法，是对回归模型的复杂度增加惩罚项，使得越复杂的模型损失函数越大[3]，原理如表达式6.15所示。

$$\mathrm{in}L(x,\theta) = C(x,\beta) + \theta \sum_i |\beta_i| \tag{6.15}$$
$$s.t.\theta \geqslant 0$$

---

① CHEN Y, YU J, SHAHBAZ K, et al. A GIS-based sensitivity analysis of multi-criteria weights[C]. 18th World IMACS/MODSIM Congress, Cairns, Australia, 2009:3137−3143.

② ARCHER K J, WILLAMS A A A.L1 penalized continuation ratio models for ordinal response prediction using high-dimensional datasets[J]. Statistics in Medicine, 2012, 31(14):1464−1474.

③ 胡宗义, 杨振寰, 吴晶. "一带一路"沿线城市高质量发展变量选择及时空协同[J]. 统计与信息论坛, 2020, 35(5):35−43.

式中，$C(x, \beta)$ 是不进行正则化时模型的损失函数，对于连续比例模型一般为交叉信息熵函数，如表达式 6.16。

$$C(y) = -\sum_i \sum_n y_i^{(n)} * \hat{y}_i^{(n)} \tag{6.16}$$

当 θ 趋近于无穷大时，模型中所有参数均强制赋值为 0，当 θ 等于 0 时，LASSO 回归等价于普通回归。由于式 6.15 的目标函数往往没有解析解，故利用牛顿迭代法或梯度下降法求得数值解。图 6.3 和图 6.4 列示了随着惩罚项的增加，指标系数与损失函数变化情况，根据损失函数最小化的原则选中 $a_{13}, a_{14}, a_{31}, a_{41}$ 共 4 个敏感性指标。

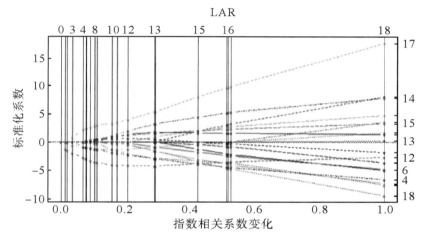

图 6.3　变量回归系数变化情况图

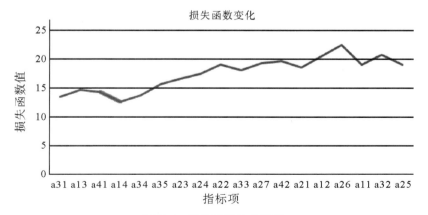

图 6.4　损失函数变化情况

结合上述指标筛选结果,重新采用物元可拓赋权后检测指标权重的变化,为避免模糊数学中可能存在的主观因素对赋权的影响,本书选取两种常用的客观赋权法,纵向拉开档次法和变异系数法与原方法进行权重值对比分析,同时计算单指标实测值分别变化±10%~±40%时,其指标权重的变化情况,如图6.5和图6.6所示。纵向拉开档次法的原理是权重的选取应该使得评价结果的方差最大权重,即评价指标数据矩阵与转置矩阵相乘 X^TX 这个实对称矩阵的最大特征值对应的特征向量;变异系数法的思想是变异度越大指标越重要,即按照变异系数归一化处理后的值进行赋权。

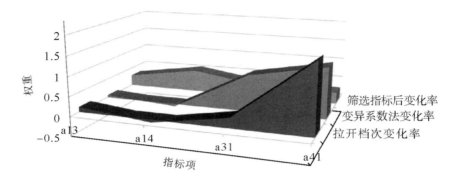

■拉开档次变化率 ■变异系数法变化率 ■筛选指标后变化率

图 6.5　敏感性分析—指标数量及权重变化

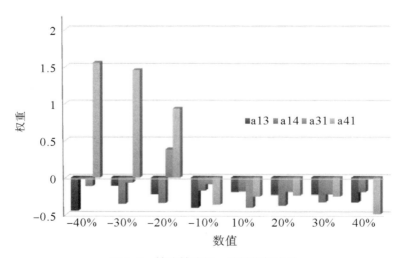

图 6.6　敏感性分析—关键指标变动

由上述敏感性分析可以看出,基于物元可拓的赋权法与两种客观赋权法相比,权重并无显著的变化,该评价方法具有可行性;导航清晰度 a13,检索便捷性 a14,控制感知 a31 在变换指标或其自身增减变化时,其权重的变化并不明显,说明这三个指标对自身因素导致的变动不大,是相对较稳定的指标。知识内化 a41 指标随自身的变化幅度较大,其增减幅度超过 150%,这表明该指标对变化的反应较为敏感。

6.4.5 结果分析与讨论

综上所述,小木虫社区整体交互水平处于"一般"倾向于"良好"等级(特征值为 2.56),说明社区仍有进一步提升的空间。这与社区的实际情况相契合,小木虫经过多年的发展,已成为国内较成熟的科研互动社区,用户群以硕士博士研究生和科研人员为主,整体教育水平较高,素质较好,保证了信息来源的专业性与可信度。从社区操作交互指标来看,社区平台运行稳定,交互过程流畅且安全可靠。小木虫科研平台整体设计风格简洁,在导航功能中设置不同服务分类,如出国留学、注册执照、文献求助,专业学科、医药科学、化学化工、人文经济等,有助于用户快速理解服务功能,准确定位信息。从社区信息交互指标来看,平台严格把控信息质量与广告投放数量,有效避免了信息污染,营造了良好的交互环境。从互惠性的角度出发,用户在为他人答疑解惑的同时自身影响力与权威也得到提升,形成了一种良性循环。不过单从外链性指标来看,社区界面悬挂的 App、公众号、学术微博等二维码未能引起用户充分的认识,可能原因在于用户担心通过二维码扫描泄露个人隐私,带来安全隐患,同时用户信息反馈存在延迟、响应速度滞后,交互信息存在简单的复制,缺乏原创性,从而导致用户交互深度不足。从社区情感交互指标来看,社区用户具有显著的社会属性,用户个体或群体能够通过信息共享与情感交流建立良好的社交关系,获得归属感,但用户对发起主题的控制力不足,不能有效掌控主题发展趋势,致使主题出现偏移现象。此外,用户交互过程中认同感的缺失,也给用户情感体验带来负面影响。社区线上与线下的互联性较差,这也是受到平台外链性的影响,具体表现为用户可能不愿将交互活动迁移到其他社交媒体或线下交流,影响交互的深度与广度。从概念交互指标来看,平台丰富的学术资源与权威的领域专家满足了用户的多种信息需求,用户在获得新知的同时能够将习得的知识应用于学习和工作实践场景中。

6.5　本章小结

本章以远程交互层次塔模型为理论基础,结合相关研究成果,从操作交互、信息交互、情感交互、概念交互四个维度,构建学术虚拟社区用户社会化交互效果评价指标体系,采用物元可拓评价方法实证检验了小木虫学术虚拟社区的社会化交互水平。采用 LASSO 回归模型分析了指标的敏感性,并验证了物元可拓评价方法的科学性与有效性。

本章的研究工作和结论主要包括以下方面:

(1)学术虚拟社区用户社会化交互效果评价指标体系构建。本章以远程交互层次塔模型为理论基础,结合学术虚拟社区用户社会化交互行为特征与相关研究成果,构建了学术虚拟社区用户社会化交互效果评价指标体系,该体系包括:操作交互、信息交互、情感交互、概念交互。其中,操作交互层维度由平台稳定性、平台安全性、导航清晰度、检索便捷性 4 个二级指标构成;信息交互维度由 7 个二级指标构成,包括资源可靠性、宣传适度、交互频度、交互深度、响应速度、平台外链性、知识共享;情感交互维度的测量指标涉及控制感知、归属感知、互惠感知、认同感知以及交互延展性 5 个指标;概念交互维度由知识内化与知识迁移 2 个测量指标构成。

(2)学术虚拟社区用户社会化交互的物元模型与可拓评价过程。首先,确定学术虚拟社区用户社会化交互的经典域、节域以及待评价物元;其次,给出了计算待评价物元的可拓关联函数的公式;再次,根据物元可拓评价的准则确定一级指标和二级指标的权重;最后,判定学术虚拟社区用户社会化交互效果的等级。

(3)实例分析与评价方法有效性验证。本章选取小木虫学术虚拟社区用户为研究对象,组织 11 名相关领域专家和资深的小木虫用户对指标的取值范围和评价等级进行打分,通过网上问卷的形式测评小木虫用户的实际使用情况。采用物元可拓评价模型,计算不同指标与相关等级间的关联度,得出学术虚拟社区用户社会化交互效果特征值与所属等级。为了避免传统评价方法由于主观因素导致的偏差,本书通过提取敏感性指标,利用客观赋权的方法验证了物元可拓评价方法的有效性,同时分析了指标权重随实际值变化的影响程度。评价指标体系的构建与实施对学术虚拟社区发现服务缺陷,提升服务质量具有重要的指导意义。

7 学术虚拟社区用户社会化交互行为引导策略

本书在全面、深入地探究学术虚拟社区社会化交互相关概念与内涵的基础上,通过分析学术虚拟社区用户社会化交互行为的内在机理、影响因素、网络结构、行为特征以及交互效果,搭建起学术虚拟社区用户社会化交互行为研究的整体框架。本章总结归纳了出学术虚拟社区知识服务的困境,以及用户社会化交互过程中存在的问题,并提出有针对性的引导策略,旨在优化学术虚拟社区内外部平台环境,引导用户建立稳固的学术社交网络关系,提升用户感知与认知体验,推动学术虚拟社区长期、有序的运营与发展。

7.1 平台环境层面引导策略

7.1.1 建立用户访问风险管控机制

本书在前文提到,学术虚拟社区的平台外链性和交互延展性两项指标的评估水平都很低,主要原因是用户出于对个人信息隐私安全性的考虑,因此有必要建立隐私保护机制,为用户打造安全可靠的交互氛围。个人信息隐私安全性问题一直是学术虚拟社区用户社会化交互过程中多方关注的焦点,对用户而言,泄露个人隐私会给工作、学习、生活带来风险,甚至带来经济和精神上的双重困扰。对于服务主体的社区而言,用户个人信息安全如得不到保障,用户会失去对社区平台的信任,直接放弃或者转向其他平台,造成用户的严重流失,影响社区的发展。相关的研究表明,网络环境下对个人信息的访问控制是合理管控风险的必要手段。而访问控制风险的过程主要涉及三个实体,即信息请求者、用户与服务器①。网络环境下平台管理者在明确用户隐私保护特征和三个实体之间关系的基础上,从技术的视角出发,以用户为中心,设计合理可行且高效的控制访问管理机制和控制模型,遵从"信息请求者—服务器—用户"的访问请求与访问决策关系,引导用户在合理的数据空间内有针对性地开放部分个人数据的可获取性。服务器作为请求解析中介,主要针对用户信息请求者进行访问决策制定,负责传递请求者及用户间的交互信息。与此同时,用户可以通过客户端设置信息开放优先级,针对敏感性个人信息进行优先级设置,如位置信息具体到哪一个层级,个人职业信息开放优先级高于个人联系方式等。隐私安全的保障主要源于技术优势,通过服务器的不断升级和优化,有效保护用户隐私数据。学术虚拟社区主体间的交互关系,如图 7.1 所示。

图 7.1　学术虚拟社区主体间的交互关系

7.1.2　开发平台层次化检索功能

通过交互效果评价研究发现,平台检索便捷性是评价用户交互质量的重要指标,是否可以精准定位需求信息,是用户持续使用平台的关键因素。学术虚拟社区平台提供分层检索和集成检索功能,能够极大地提高用户检索匹配度、使用体验与服务效率。学术虚拟社区用户需求具有层次性和阶段性特征,处于不同阶段的用户具有不同的学术信息需求,层次化的学术信息检索服务需要兼具差异化与定制化,这也是提升用户体验的重要渠道。

---

① 　徐菲,何泾沙,徐晶,等.保护用户隐私的访问控制模型[J].北京工业大学学报,2012,38(3):406-409.

基于本体的构件分层检索设计是解决用户分层检索、精准定位信息的有效方法。学术虚拟社区应从本体库构建着手,利用本体软件 Protégé 构建本体模型,采用 OWL 语言描述构件,结合用户检索过程中的语义信息,通过 FCA功能本体算法发现构件功能方面的层次关系,计算出构件的匹配度,以构件功能本体为依据向用户提供层次化检索结果。此外,学术虚拟社区平台还可以采用卷积神经网络的算法构建用户分层检索框架,为用户提供充分的内容推荐,提高检索效率。具体来说,首先,采集大量学术信息资源以及用户生成信息集,构建基于卷积神经网络的学术信息资源数据集;其次,设计适合用户学术资源的网络模型,提升卷积神经网络对异质信息资源的特征提取效果;最后,构建高效的分层索引机制,解决信息检索耗时过长的问题,并设计、开发学术资源检索算法,保证检索精度的同时提高检索效率[①]。学术虚拟社区对于用户体验的提升具有不可替代的责任,而选取适宜的技术实现方式更为重要,层次化检索机制作为提升学术虚拟社区用户知识获取效率的优化手段,能有效降低用户因信息繁杂而造成的认知焦虑,提升系统的吞吐量及吞吐率,实现学术知识价值最大化。

7.1.3 完善用户生成内容监管机制

通过前文的研究可知,知识动机是用户使用平台的重要驱动力,而用户生成内容是满足用户知识需求的重要来源,也是支撑平台持续运营与发展的动力。但学术虚拟社区开放性与自由交互的特点,给交互内容的甄选、评估以及组织等工作带来了巨大的挑战。本书的相关研究表明,信息的有效性、丰富性、可靠性以及多元化是用户持续进行社会化交互活动的关键影响因素,也是交互效果评价的关键指标。因此,有效识别学术虚拟社区用户社会化交互生成内容具有重要的意义。学术虚拟社区平台应从信息分类、信息甄别、信息监控[②]三个方面设计用户社会化交互生成内容监管机制。①信息分类。首先按照社会化交互信息涉及的领域(如管理类、经济类、文学类、法学类)和信息呈现不同形式(如图片、文字、音视频等)进行分类,将分类信息资源与知识库的内容按照标题、关键词、字段等进行识别和匹配。②信息甄别。采用聚类算法、支持向量模型、相似度计算以及语音与图像识别技术等方法,提取知识库中的文本和图像信息,依据权重排序建立不同学科领域

① 王志红.基于卷积神经网络的古籍汉字图像分层检索模型[D].保定:河北大学,2020.
② 李爱霞.网络生态环境非理性信息的过滤机制[J].情报资料工作,2015(4):18-22.

的知识池。用户社会化交互过程中,系统自动将信息与领域知识池的信息进行对比,识别有效的信息内容。③信息监控。根据信息的分类结果,检测信息的多样性、丰裕度、可靠性及冗余度等,采用关键词匹配和层次分析法,自动净化与分解无用信息和冗余信息,删除和屏蔽恶意信息。用户个体对社会化交互生成内容有用性的满意程度,直接影响用户持续分享和交互的意愿。学术虚拟社区用户社会化交互内容监管机制,如图7.2所示。

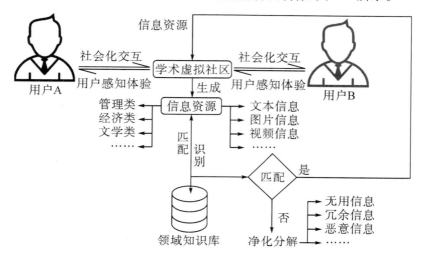

图7.2 学术虚拟社区用户社会化交互内容监管机制

7.1.4 引导社区用户线上线下互联

根据学术虚拟社区用户社会化交互评价结果,用户的线上线下互联性较差,严重影响了用户学术交流的范围。线上网络关系的强化促进了不同用户间的知识与情感交流,而通过线上结识并发展为线下的学术合作,则扩大了用户的学术社交圈。学术虚拟社区是提供用户相互交流的功能平台,用户与自己兴趣、观点、价值、研究方向一致的用户,通过持续的线上交互,建立起社交关系。线下的交流与合作是线上互动的进一步深化和延续,在用户间相互信任的前提下,采用线上线下互联的方式解决了用户线上无法处理的学术交流困境。用户通过线上沟通确定、线下定期会晤、构建项目小组、专题会议讨论、实验指导、专家讲座等机制。线上与线下的高效互联能够推动不同领域的科研合作与情感支持,提升学术虚拟社区的学术口碑。学术虚拟社区应在平台上设置建群功能,用户可根据需求自由组建科研互动小组,同时提供线上视频会议和文档同步功能,方便用户进行学术讨论和交流。需要指出的是,线上与线下的互联需要构建信任度和共享度较高的学术虚拟社区文化,由于用户自身隐性知识对用户个体的依赖性极强,使得学术虚拟社区交互网络中的学术知识转移难度较大,而开放共享的社区文化是用户形成信任关系的基础,为用户进行线下学术活动创造了可能性。

7.2 网络结构层面引导策略

7.2.1 激活核心节点用户价值

笔者研究发现,社区的关系网络是由众多具有复杂网络结构的子群构成。子群具有众多的派系且具有较高的重叠度,较强的联系往往存在于派系成员中,这一部分成员占据了社会化交互网络的核心位置,而大部分用户关系则处于网络边缘,合群程度较低,这就造成了社群凝聚力低,严重阻碍了知识在社会化网络中的传播效率。因而挖掘影响力较强的核心用户,由核心带动边缘,是增强网络密度与社区凝聚力的有效途径。①发现核心用户。首先,可以采用数据挖掘的方法,以学术虚拟社区学科版块为单位,爬取用户的网络交互数据,利用社会网络分析方法,通过分析社区用户交互数据的中心性、中心势、结构洞等指标,确定网络中处于核心位置的用户节点。其次,由于用户网络位置在动态变化,需要对各领域用户数据进行实时动态的监测,不断更新核心用户群。②激发核心用户价值。学术社区的核心用户通常为领域专家,他们专业的学科背景,使其在领域内具有较高的威望。学术虚拟社区可以通过邀请领域专家用户组织一系列线上学术讲座、科研经验分享和学术答疑等学术活动,吸纳和聚集领域内或跨学科的普通用户,扩大学术虚拟社区社会化交互网络规模。社会化交互网络核心节点用户识别,如图7.3所示。

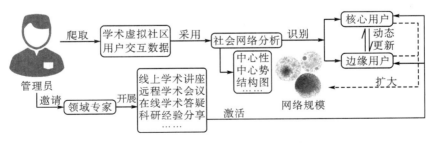

图7.3 社会化交互网络核心节点用户识别

高影响力核心用户的正面鼓励与情感支持会为社区营造良好的学术氛围,提升学术虚拟社区用户社会化交互层次,强化用户连结强度,触发用户进行主动性、积极性、辨识性与批判性等学术交流意识,吸纳更多的用户不断向核心用户聚拢,稳固社会化交互关系网络结构。

7.2.2 强化用户社会网络关系

马斯洛的需求层次理论指出,人们在满足生理需求后会有更高层次的情感层面的需求,如安全需求、社交需求、尊重需求以及最高层次的自我实现需求,由此可见,情感层面需求的满足才能使个体真正获得精神上的愉悦。学术虚拟社区用户通过开展社会化交互活动进行情感交流,而用户间的亲疏度取决于网络关系的联结强度。一般来说,强关系用户通常是熟人(如同事、朋友、亲人等),他们之间关系更亲密也更加稳固,用户更愿意与自己关系亲密的人进行交流和分享,而本书重点要关注的是网络中的弱关系用户,弱关系与强关系不同,在网络中他们处于不同的社群,关系距离较远,但他们能提供更多的异质性资源,能够有效避免信息冗余,丰富用户的知识需求,同时弱关系可以扩大用户的学术社交圈,满足用户的情感需求。学术虚拟社区可以通过采集影响用户行为的多种变量特征,根据历史行为数据对用户的行为倾向和时间规律建模,建立关系推荐的模型。而对于冷启动用户,可以从用户整体数据或社交网络图谱出发,识别关键用户社交行为偏好,提升冷启动用户关系推荐的精准度①。关系模型推荐的方法能够有效强化网络用户关系,优化社会化交互网络结构。

7.2.3 拓展网络兴趣社群

通过学术虚拟社区社会化交互网络结构与用户行为特征分析,可以看出社区网络处于两极状态,同时具有中心化和分散化的特征,即社会网络中存在少数的网络中心节点,交互比较密集,而大多数分散在网络边缘的节点和群体离中心较远,比较稀疏。学术虚拟社区平台可通过拓展网络兴趣社群的方法,将学科背景、研究领域、兴趣、观点、思想、价值观等相同或相似的用户紧密联系起来。具体来说,学术虚拟社区可能通过开放公共主页(包括领域专家用户、某个期刊、学术论坛、学术团体等),允许用户依据个人偏好

---

① 余秋宏.基于因子分解的社交网络关系推荐研究[D].北京:北京邮电大学,2013.

关注某一版块或成为某位公共主页用户的好友,这样用户就会获取实时动态更新的内容。同时,社区应具备动态发布提醒功能,以及沉默用户的激活功能,触发用户积极参与到兴趣社群中,增加交互频率,促使用户间形成基于兴趣的交流共同体,建立稳定的社交关系。高密度的网络兴趣社群,增加了整体网络规模与网络密度,提升了社会化交互网络的连通性。

7.3 用户感知—认知层面引导策略

7.3.1 发挥群体智慧,优化知识获取

本书前文研究表明,用户对于外部刺激的多种感知,如易用性感知、有用性感知、自我效能感知、社会认同感知等都会直接或间接地影响用户的社会化交互行为。而有效发挥社区的群体智慧,可以有效提升用户的知识获取效率,提升用户感知与认知的满意度。群体智慧理论认为,个体知识、技能和经验通过个体间相互协同、互动和启发汇集成的群体智慧要优于个体智慧①。学术虚拟社区用户社会化交互活动正是集体智慧的典型代表,社区成员通过社会化交互活动建立知识与社交网络,个体的智慧在群体环境下得以传递、转化和升华。充分发挥群体智慧的力量,对于优化用户知识获取与应用具有重要的意义。基于群体智慧理论的社会化交互知识凝聚要经历初始、发展、终极三个阶段,每个阶段分别对应群体社会化交互内容从发散、收敛到凝聚三个环节②。初始阶段,用户基于某种知识动机在学术虚拟社区平台发起会话主题,此时知识处于发散环节,随着不断有用户加入主题讨论中,交互生成内容也会逐渐增多,内容呈现出杂乱无章的状态;伴随用户数量和交互生成内容的激增,社会化交互行为由初始阶段转向发展阶段,其主要表现为,有少数观点获得部分社区成员的认同,用户会出现分享、转发或点赞的行为,推动了社会化交互知识收敛环节的标准化运行;随着用户数量的进一步增长,特别是新用户的加入,社会化交互行为由发展阶段进入终极阶段,也就是社会化交互知识凝聚环节,其主要表现为没有新观点的出现,

---

① 黄晓斌,周珍妮.Web 2.0 环境下群体智慧的实现问题[J].图书情报知识,2011(6):113-119.

② 易明,冯翠翠,莫富传,等.基于群体智慧理论的协同标注信息行为机理研究:以豆瓣电影标签数据为例[J].情报学报,2021,40(1):101-114.

用户对某一问题基本达成共识,尽管这一阶段也会有新用户发布自己的看法,但由于初始阶段和发展阶段大量数据的积累,重复帖子会增加,产生新观点的可能性开始降低。学术虚拟社区用户知识凝聚形成过程,如图7.4所示。学术虚拟社区的知识凝聚过程在不同阶段应该给予适当的干预和鼓励,激活更多的用户参与并贡献知识。基于群体智慧的学术虚拟社区社会化交互知识凝聚,能够提升用户的认同感和归属感,同时用户认知水平也会显著提高,进而触发用户持续贡献与分享等社会化交互行为。

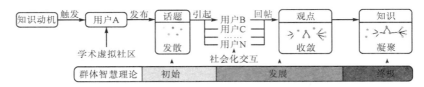

图7.4　学术虚拟社区用户知识凝聚形成过程

7.3.2　鼓励知识创生,加速知识内化

前文的研究表明,知识获取是学术虚拟社区用户展开社会化交互活动最主要的目的之一。如何满足用户的知识需求,实现知识的内化与迁移,是学术服务平台持续发展的关键所在。戴圣在《社记·学记》中提出了"教学相长"的思想,当代教育学的相关研究也表明了这一观点:个体在教授他人知识的同时,自身也会得到提升。学术虚拟社区用户为他人提供帮助,解决科研中遇到的问题是社会化交互的主要内容之一。在此环节中,用户会将个人的隐性知识以显性化的方式传递给他人,而接收者的反馈又进一步深化了用户对问题的理解,促进了知识的内化。激励理论认为,激励由内生激励和外生激励构成①,外生激励是对行为本身的一种回报,学术虚拟社区的外生激励包括:金币奖励、用户级别、用户权限等物质和非物质的奖赏;内生激励指交互过程中用户产生的归属感、成就感、价值感等对交互过程本身满意的多种感知。学术虚拟社区中存在一部分领域专家和活跃的普通用户,他们乐于将原创的思想和观点在社区成员间分享和交流,不仅扩大自身的学术影响力,并且学术思想也得到了升华。学术虚拟社区可以通过设置精细化的激励机制,依据分类分层激励的原则,对于普通用户依据贡献度和话题关注度给予不同的金币和积分奖励。对于领域专家用户,由于他们在社

---

① 连秋菊.在线学习论坛知识生成过程及策略研究[D].金华:浙江师范大学,2016.

区享有很高的威望,其共享行为更多来源于内生激励,因此可以通过给予专家用户更高的权限来提升其成就感和社区认同感,从外部和内部两方面鼓励专家用户积极参与交互,生成更多有价值的学术资源。用户积极地分享与交流,为知识创新与生成提供了可能,同时也加速用户自身知识的内化,激发用户持续社会化交互行为的意愿。

7.3.3　建立高阶思维,实现知识迁移

根据交互效果评价研究,实现用户知识的迁移,是学术虚拟社区用户社会化交互的终极目标,也是评价用户社会化交互效果的关键指标。培养和引导用户建立高阶思维是实现这一目标的有效方法。布鲁姆认知目标分类①将个体的认知水平从低到高依次分为识记、理解、运用、分析、综合和评价。其中识记、理解与运用为低阶思维,分析、综合与评价为个体高阶思维。学术虚拟社区用户社会化交互过程中的高阶思维表现为能够分解复杂的知识,理解各部分知识之间的关联,也可以将分散的知识与自身的认知结构重组,形成新的知识体系。此外,高阶思维用户会对自身的认知结构和整个交互过程进行批判性审视,对于学术观点、材料或者经验等做出价值判断,弃其糟粕,取其精华。用户选择交互的初始动机是知识需求,用户高阶思维的形成使用户能够将交互过程中获得的新知识和技能应用到其他情境的学习、生活或工作中,完成知识的迁移。学术虚拟社区应强化信息管理机制,自动过滤无用、冗余或灌水信息,避免用户产生焦虑、烦躁的情绪,在良好的交互环境下积极引导用户发布有价值的精华帖,优质的信息资源可以提升用户的关注度和参与度,促进用户间多层次的深度交互,有利于用户批判性思维、创新性思维以及问题解决能力等高阶思维能力的形成。此外,学术虚拟社区应基于情感化设计法则,在满足用户本能层与行为层需求的基础上,加入反思层设计元素,如设置用户间对于发布和交互内容质量的评分机制,促使用户通过他人的评价和反馈触发自身的深度思考,提升高阶思维能力,完成从感知层的满意到认知层面学术能力的提升。

---

① 布鲁姆.布鲁姆教育目标分类法[EB/OL].(2021-02-18)[2023-12-05].https://baike.so.com/doc/8757797-9081259.html.

7.4　本章小结

本章主要在学术虚拟社区用户社会化交互行为的机理、影响因素、网络结构与行为特征、交互效果评价的基础上，结合理论与实证分析结果，分别从平台环境层面、网络结构层面、用户感知—认知层面提出相应的引导策略。

本章的研究工作和结论主要包括以下方面：

（1）学术虚拟社区社会化交互平台环境层面。本书以学术虚拟社区用户个人隐私安全为出发点，提出网络环境下用户信息访问风险管控机制和用户访问信息公开优先级的策略，有效保障用户隐私数据；从信息分类、信息甄别和信息监控三个维度构建用户社会化交互内容监管机制，有效识别社会化交互内容并自动过滤无用和冗余信息，提升用户使用体验与满意度；采用知识本体库建模和神经卷积提取信息资源特征的方法，实现学术虚拟社区平台层次化检索设计，为用户提供精准化知识服务；引导社区线上用户交互活动，建立社交关系，在用户相互信任的前提下，采用线上线下互联的方式解决用户线上无法处理的学术问题，推动不同领域的科研合作，提升学术虚拟社区的学术口碑。

（2）学术虚拟社区社会化交互网络结构层面。本书利用大数据手段，结合社会网络分析方法，识别网络中的核心用户，通过邀请领域专家开展线上学术活动，吸纳和聚集普通用户，增强社群的凝聚力，扩大社区的网络规模；通过发挥弱关系用户作用，获取更多异质性资源，结合用户行为数据，建立关系推荐建模，为用户提供精准的关系推荐服务，强化网络用户关系，优化社会化交互网络结构；采取拓展知识兴趣社群的方法，通过开放社区公共主页，允许用户关注好友用户实时动态，同时增设动态发布和沉默用户提醒功能，触发用户积极参与到兴趣社群中，扩大整体网络规模和网络密度，进而提升社会化交互网络的连通性。

（3）学术虚拟社区社会化交互用户感知—认知层面。本书基于群体智慧理论，分别从用户社会化交互初始阶段（分散环节）、发展阶段（收敛环节）以及终止阶段（凝聚环节）构建基于群体智慧的社会化交互行为机制，为社区深入了解用户群体智慧在社会化交互过程中各阶段发挥的作用提供了指导；从内生和外生两方面鼓励用户知识创新与知识生成，加速用户知识的内化，并建立分类分层奖励机制，鼓励用户深层交互，形成高阶思维，从而实现用户的知识迁移。

8 研究结论与展望

本书针对学术虚拟社区用户社会化交互行为展开了深入剖析，在阐明社会化交互行为的本质与内涵的基础上，构建了科学的理论框架，深化了社会化交互相关理论在学术虚拟社区的应用与发展，为完善学术虚拟社区平台知识管理体系，实施精准化知识服务，加速社区知识流转提供理论与实践指导。

本书以学术虚拟社区用户社会化交互行为研究为切入点，以 S-O-R 模型为理论框架，展开社会化交互行为的相关研究。首先，概述了学术虚拟社区社会化交互涉及的概念、特征和相关理论，深入剖析了学术虚拟社区用户社会化交互行为的机理，作为全书的理论支撑；其次，综合 S-O-R 模型、D&M 模型、TAM 模型，采用结构方程实证分析了学术虚拟社区用户社会化交互行为影响因素；再次，利用社会网络分析法阐释了学术虚拟社区社会化交互网络结构及用户行为特征，并基于上述研究成果，采用物元可拓评价法构建学术虚拟社区用户社会化交互效果评价指标体系并进行可拓评价；最后，基于全书研究结论，从理论层面出发，提出学术虚拟社区用户社会化交互行为的引导策略。

8.1 研究结论

本书的主要研究结论如下：

（1）学术虚拟社区用户社会化交互行为的机理。

基于需求层次理论和动机理论分析了学术虚拟社区用户社会化交互行为动机，包括知识动机、成就动机、社交动机、情感动机，采用系统动力学方法构建学术虚拟社区用户社会化交互动机模型；将学术虚拟社区用户社会化交互的要素分为主体要素、客体要素、环境要素与技术要素；基于社会网络理论，阐述了学术虚拟社区用户社会化交互活动中社交关系网络和知识关系网络的形成，剖析了社会化交互网络的二方关系结构、三方关系结构、星状拓扑结构、环状拓扑结构、网状拓扑结构；基于 S-O-R 模型，按照刺激识别阶段—信息加工阶段—行为反应阶段的顺序揭示了学术虚拟社区用户社会化交互行为的形成机制，并构建了学术虚拟社区用户社会化交互行为机理模型。

（2）学术虚拟社区用户社会化交互行为的影响因素。

基于 S-O-R 模型、信息系统成功模型、技术接受模型，结合学术虚拟社区用户社会化交互网络结构特征，构建了学术虚拟社区用户社会化交互行为影响因素的理论模型，其中，刺激因素包括信息质量、系统质量、服务质量、网络密度、网络中心性、联结强度；有机体是用户对外部刺激因素的心理感知，包括感知有用性、感知易用性、社会化交互态度、认同感知、自我效能；反应即学术虚拟社区用户社会化交互行为。基于相关理论和已有的研究成果，设计开发了 12 个变量共 40 题项的测量量表，选取典型学术虚拟社区"小木虫"的 467 位用户进行问卷调查，运用结构方程模型的方法实例验证了假设模型的适配性与合理性。研究结果表明：本书提出的 12 个研究假设中，系统质量与感知易用性，网络密度与社会认同感未通过检验，其余 10 个假设均显示显著相关，分别为信息质量、服务质量正向影响感知有用性；感知有用性与感知易用性正向相关；感知有用性与感知易用性正向影响社会化交互态度，进而作用于社会化交互行为；网络中心性与自我效能感正向相关；联结强度与社会认同感正向相关；社会认知感和自我效能感影响用户的社会化交互行为，研究结果为学术虚拟社区深入了解用户需求，提升社区知识服务效率提供了重要的理论参考。

（3）学术虚拟社区社会化交互网络结构与行为特征分析。

基于社会网络理论，结合本书研究对象与范围，首先，确定了学术虚拟社区用户社会化交互网络结构分析框架，包括宏观层—整体网络、中观层—内部子结构网络以及微观层—个体网络，并阐述了三个层次网络结构的研究内容与范围；其次，采用 Python 爬虫软件，爬取小木虫学术虚拟社区用户交互行为数据，运用 anaconda 数据清洗功能包对初始数据进行清洗处理；最后，选取社会网络分析工具 Ucinet 和 Gephi，分别进行整体网络结构，内部子结构网络和个体网络结构以及各网络结构下用户行为特征分析。

①整体网络结构与用户行为特征分析。从宏观的角度出发，以社群图的方式呈现社会化交互整体网络结构；测算了整体网络基本属性值，网络规模（节点数 7 910、连接数 10 937、平均度 1.383）、密度（0.000 19）、聚类系数（0.01）、网络距离（直径 16、平均距离 5.287）；通过连通性和可达性指标测量了网络关联性。结果表明：整体网络密度低，用户节点间距离较远，关联性较低，网络存在多个分散游离的个体和子群；整体网络结构下用户社会化交互呈现出低密度与低层次特征、中心化与分散化并存特征、关系网络结构脆弱特征。

②内部子结构网络与用户行为特征分析。通过互惠指数测量二方关系中对称关系 360 个、非对称关系 10 174 个，虚无关系 360 个，整体的网络互惠指数为 0.034，用户之间的互惠性较差，缺乏双向交流；介绍了 16 种类型的三方关系类型、并通过 Ucinet 软件计算出样本数据各类型三方关系的数量和比例，以及三方关系类型归属的网络拓扑结构。研究结果显示：随机网络中发现 781 个三方关系组，星状拓扑结构占 77.34%，环状拓扑结构占 18.05%，网状拓扑结构占 4.61%；通过成分分析、K-核分析、派系分析三个指标阐明内部子结构网络的凝聚子群情况。此外，对网络进行了核心—边缘分析，核心区最大密度为 0.109，边缘区最小密度为 0.009；二方关系分析显示用户之间双向交互缺失，没有形成深度的交流与互动且多数交互内容不具有实质性的价值和意义；三方关系分析显示，多数用户形成星状拓扑结构，用户更愿意向核心用户聚集，而普通用户间不存在交互关系，这种结构导致了资源的高度集中，信息通道单一；凝聚子群分析显示子群间交互相对稀疏，有多个孤立子群存在，核心区用户交互频繁，成员间具有很好的凝聚力和控制力，而边缘区用户与核心区没有联系，交互意愿较弱。

③个体网络结构与用户行为特征分析。结合特征向量中心性、点度中心度、中介中心度、接近中心度四个指标分析学术虚拟社区社会化交互个体网络的中心性。研究表明：社会化交互网络核心节点用户较少，有 92.13% 用户处于网络的边缘位置，与中心节点距离较远，用户间的相互依赖程度不高，网络整体连通性不佳；同时，从结构洞分析来看，36 位用户占据了网络中绝大部分结构洞，是网络的潜在领袖人物；依据实测数据结果，个体网络结构下用户的社会化交互行为具有不对称以及"点对点""点对面"相结合的交互特征。

（4）学术虚拟社区用户社会化交互效果评价。

本书介绍了学术虚拟社区用户社会化交互效果评价的构建原则，首先，以远程交互层次塔模型为理论基础，结合相关研究成果与学术虚拟社区的特征，构建了由操作交互层、信息交互层、情感交互层和概念交互层4个维度18个指标构成的学术虚拟社区用户社会化交互效果评价指标体系，分别对指标进行了详细的阐述。其次，选取小木虫学术虚拟社区为研究对象，组织专家对该社区各项指标进行评分，确定交互效果等级，通过网上问卷形式获取小木虫用户社区使用的真实调查数据。再次，采用物元可拓的评价方法，通过计算经典域、节域、待评价物元、指标权重、关联函数判定小木虫学术虚拟社区用户社会化交互效果等级。结果显示：小木虫社区整体交互水平处于"良好"倾向于"一般"等级（特征值为2.56），说明社区仍有进一步提升的空间。最后，通过提取敏感性指标，利用客观赋权的方法验证了物元可拓评价方法的有效性。

8.2 研究局限与展望

学术虚拟社区作为公众与科研工作者知识获取、学术交流和协作创新的重要媒介，具有重要的研究意义和价值。目前相关研究多聚集于学术虚拟社区知识贡献、科研合作、知识交流效率等方面，有关用户社会化交互行为的研究鲜有涉及。本书在已有研究的基础上进一步探索学术虚拟社区用户社会化交互行为的机理、影响因素、特征、效果评价，从理论层面拓宽了该研究领域，以期为学术虚拟社区构建完善的知识管理体系，提供精准化的知识服务提供指导。由于个人学术水平和时间限制，本书仍存在研究工作不够全面，深度不足等问题，据此提出以下展望。

第一，在学术虚拟社区社会网络结构与用户行为特征分析中，本书的数据主要来源于小木虫学术虚拟社区材料综合版块的用户交互文本数据，收集数据的范围相对较小，也比较单一，利用社会网络分析的用户社会化交互网络结构与行为特征是否与其他学术虚拟社区平台存在一定的差异性，笔者并未进行比较和验证。在后续的研究中需要进一步拓宽研究数据范围，选择国内外不同类型的学术虚拟社区用户社会化交互活动的行为数据进行对比分析，以保证研究结论的客观性与普适性。此外，本书仅从社会网络的视角分析学术虚拟社区用户社会化交互行为特征，具有一定的片面性和局限性，未来将考虑从多维视角出发挖掘用户不同的交互行为特征。

第二，基于物元可拓法对学术虚拟社区用户社会化交互效果进行评价，评价指标的经典域与节域取值范围采用专家打分的方法，尽管本书邀请的专家在本领域具有一定专业性和权威性，但由于个人专业背景和认知水平的差异，加之参评专家数量等都有可能导致评价结果的主观性和不确定性。后续将在细化评价指标的基础上，结合定性与定量多种评价方法，以保证评价结果的科学有效性。另外，学术虚拟社区用户社会化交互评价是一个复杂的过程，本书在实证分析中更侧重于对用户交互质量的结果性评价，后续将进一步探究用户社会化交互的形成性评价。

参考文献

［1］中国互联网信息中心第 47 次《中国互联网络发展状况统计报告》［EB/OL］.（2021-02-03）［2023-12-05］. http://cnnic.cn/gywm/xwzx/rdxw/20172017_7084/202102/ t20210203_71364. htm.

［2］邓胜利. 网络用户信息交互行为研究模型［J］. 情报理论与实践，2015，38（12）：53-56，87.

［3］张一涵. 阐 UGC 之内涵探 UGC 之应用：《新一代互联网环境下用户生成内容的研究与应用》评介［J］. 图书情报工作，2014，58（20）：145-148.

［4］徐美凤，叶继元. 学术虚拟社区知识共享主体特征分析［J］. 图书情报工作，2010，54（11）：111-114，148.

［5］徐美凤. 不同学科学术社区知识共享行为影响因素对比分析［J］. 情报杂志，2011，30（11）：134-139.

［6］王东，刘国亮. 基于知识发酵的虚拟学术社区知识共享影响要素与实现机理研究［J］. 图书情报工作，2013，57（13）：18-21，139.

［7］赵鹏. 学术博客用户知识共享意愿的影响因素研究［J］. 情报杂志，2014，33（11）：163-168，187.

［8］陈明红，漆贤军. 社会资本视角下的学术虚拟社区知识共享研究［J］. 情报理论与实践，2014，37（9）：101-105.

［9］商宪丽，王学东. 学术博客用户持续知识共享行为分析：氛围感、交互感和价值感的影响［J］. 情报科学，2016，34（7）：125-130，135.

［10］沈惠敏，娄策群. 虚拟学术社区知识共享中的共生互利框架分析［J］. 情报科学，2017，35（7）：16-19，38.

［11］贾明霞，熊回香. 虚拟学术社区知识交流与知识共享研究：基于整合 S-O-R 模型与 MOA 理论［J］. 图书馆学研究，2020（2）：43-54.

［12］谭春辉，王仪雯，曾奕棠. 虚拟学术社区科研团队合作行为的三

方动态博弈 [J]. 图书馆论坛，2020，40（2）：1-9.

[13] 王战平，刘雨齐，谭春辉，等. 虚拟学术社区科研合作建立阶段的影响因素 [J]. 图书馆论坛，2020，40（2）：17-25.

[14] 谭春辉，朱宸良，苟凡. 虚拟学术社区科研人员合作行为影响因素研究：基于质性分析法与实证研究法相结合的视角 [J]. 情报科学，2020，38（2）：52-58，108.

[15] 谭春辉，王仪雯，曾奕棠. 激励机制视角下虚拟学术社区科研人员合作的演化博弈研究 [J]. 现代情报，2019，39（12）：64-71.

[16] 王战平，何文瑾，谭春辉. 基于质性分析的虚拟学术社区中科研人员合作动机演化研究 [J]. 情报科学，2020，38（3）：17-22.

[17] 王战平，汪玲，谭春辉，等. 虚拟社区中科研人员合作效能影响因素的实证研究 [J]. 情报科学，2020，38（5）：11-19.

[18] 宗乾进，吕鑫，袁勤俭，等. 学术博客的知识交流效果评价研究 [J]. 情报科学，2014，32（12）：72-76.

[19] 万莉. 学术虚拟社区知识交流效率测度研究 [J]. 情报杂志，2015，34（9）：170-173.

[20] 吴佳玲，庞建刚. 基于 SBM 模型的虚拟学术社区知识交流效率评价 [J]. 情报科学，2017，35（9）：125-130.

[21] 庞建刚，吴佳玲. 基于 SFA 方法的虚拟学术社区知识交流效率研究 [J]. 情报科学，2018，36（5）：104-109.

[22] 杨瑞仙，权明喆，武亚倩，等. 学术虚拟社区科研人员知识交流效率感知调查研究 [J]. 图书与情报，2018（6）：72-83.

[23] 胡德华，张又月，罗爱静. 基于遗传投影寻踪算法的学术虚拟社区知识交流效率研究 [J]. 图书馆论坛，2019（4）：67-73，83.

[24] 袁红，赵磊. 微博社区信息交流网络结构与交流模式研究 [J]. 现代情报，2012，32（9）：48-52.

[25] 杨瑞仙. Web2.0 环境下知识交流的要素及影响因素分析 [J]. 情报探索，2014（1）：22-25.

[26] 梁孟华. 档案虚拟社区用户交互行为研究：基于用户调研数据分析 [J]. 档案学研究，2017（6）：45-51.

[27] 李纲，王馨平，巴志超. 微信群中会话网络结构及用户交互行为分析 [J]. 情报理论与实践，2018，41（10）：124-130.

［28］卢恒，张向先，张莉曼，等. 会话分析社角下虚拟学术社区用户交互行为特征研究［J］. 图书情报工作，2020，64（13）：80-89.

［29］鲍日勤. 基于课程 BBS 平台的远程学习者异步交互行为实证研究［J］. 中国远程教育，2007（9）：44-48.

［30］李立峰. 基于社会网络理论的顾客创新社区研究：成员角色、网络结构和网络演化［D］. 北京：北京交通大学，2017.

［31］田博，凡玲玲. 基于交互行为的在线社会网络社区发现方法研究［J］. 情报杂志，2016，35（11）：183-188.

［32］罗军. 基于复杂社会网络的企业员工知识分享行为研究［D］. 重庆：重庆大学，2013.

［33］胡哲，查先进，严亚兰. 突发事件情境下在线健康社区用户交互行为研究［J］. 数据分析与知识发现，2019（12）：10-20.

［34］刘高勇，邓胜利，王彤. 网络用户信息交互动力的实证研究［J］. 情报科学，2014，32（5）：115-119.

［35］陈远，刘福珍，吴江. 基于二模复杂网络的共享经济平台用户交互行为研究［J］. 数据分析与知识发现，2017（6）：72-82.

［36］马捷，张世良，葛岩，等. 新媒体环境下政务信息交互行为影响因素研究［J］. 情报资料工作，2020，41（1）：24-31.

［37］齐云飞，张玥，朱庆华. 信息生态链视角下社会化问答用户的信息交互行为研究［J］. 情报理论与实践，2018，41（12）：1-7，26.

［38］陈丽. 远程学习的教学交互模型和教学交互层次塔［J］. 中国远程教育，2004（3）：24-28.

［39］黄晓斌，周珍妮. Web 2.0 环境下群体智慧的实现问题［J］. 图书情报知识，2011（6）：113-119.

［40］丁兴富，李新宇. 远程教学交互作用理论的发展演化［J］. 现代远程教育研究，2009（3）：8-12，71.

［41］戴心来，王丽红，崔春阳，等. 基于学习分析的虚拟学习社区社会性交互研究［J］. 电化教育研究，2015（12）：59-64.

［42］曹传东，赵华新. MOOC 课程讨论区的社会性交互个案研究［J］. 中国远程教育，2016（3）：39-44.

［43］邹沁含，庞晓阳，黄嘉靖，等. 交互文本质量评价模型的构建与实践：以 cMOOC 论坛文本为例［J］. 开放学习研究，2020，25（1）：22-30.

[44] 魏志慧，陈丽，希建华. 网络课程教学交互质量评价指标体系的研究 [J]. 开放教育研究，2004（6）：34-38.

[45] 熊秋娥. 在线学习中异步社会性交互质量评价指标体系研究 [D]. 南昌：江西师范学院，2005.

[46] 况姗芸. 课程论坛中的交互行为促进策略研究 [J]. 中国电化教育，2006（12）：31-34.

[47] 崔佳，马峥涛，杜向丽. 远程学习中社会性交互质量的控制策略 [J]. 广州广播电视大学学报，2008，8（6）：34-37，108.

[48] 李建生，张红玉. 网络学习社区的社会性交互研究：教师参与程度和交互模式对社会性交互的影响 [J]. 电化教育研究，2013（2）：36-41.

[49] 陈为东，王萍，王美月. 学术虚拟社区用户社会性交互的影响因素与优化策略研究 [J]. 情报理论与实践，2018，41（6）：117-123.

[50] 史慧姗，郑燕林. MOOC 中社会性互动的功用分析 [J]. 现代远距离教育，2016（2）：29-35.

[51] 周涛，石楠. 社会交互对社会化商务用户体验的作用机理研究 [J]. 现代情报，2019，39（2）：105-110，120.

[52] 陈丽，仝艳蕊. 远程学习中社会性交互策略和方法 [J]. 中国远程教育，2004（9）：14-17.

[53] 李远航，王子平. 社会学视角下的虚拟学习社区中社会性交互研究 [J]. 现代教育技术，2009，19（9）：75-77.

[54] 李良. 突破在线教学瓶颈，促进学生社会性交互 [J]. 中国远程教育，2011（11）：47-50.

[55] 张喜艳，王美月. MOOC 社会性交互影响因素与提升策略研究：人的社会性视角 [J]. 中国电化教育，2016（7）：63-68.

[56] 马汀·奇达夫，蔡文彬. 社会网络与组织 [M]. 北京：中国人民大学出版社，2002.

[57] 周德民，吕耀怀. 虚拟社区：传统社区概念的拓展 [J]. 湖湘论坛，2003（1）：68-82.

[58] 徐美凤，叶继元. 学术虚拟社区知识共享研究综述 [J]. 图书情报工作，2011，55（13）：67-71，125.

[59] 李建国，汤庸，姚良超，等. 社交网络中感知技术的研究与应用 [J]. 计算机科学，2009，36（11）：152-156.

［60］夏立新，张玉涛. 基于主题图构建知识专家学术社区研究［J］. 图书情报工作，2009，53（22）：103-107.

［61］王东. 虚拟学术社区知识共享实现机制研究［D］. 长春：吉林大学，2010.

［62］孙思阳，张海涛，任亮，等. 虚拟学术社区用户知识交流行为研究综述［J］. 情报科学，2019，37（1）：171-176.

［63］递云鹤. 虚拟学术社区知识聚合模型研究［D］. 长春：吉林大学，2018.

［64］李宇佳. 学术新媒体信息服务模式与服务质量评价研究［D］. 长春：吉林大学，2017.

［65］郑杭生. 社会学概论新修［M］. 北京：中国人民大学出版社，2003.

［66］易明，冯翠翠，莫富传，等. 基于群体智慧理论的协同标注信息行为机理研究：以豆瓣电影标签数据为例［J］. 情报学报，2021，40（1）：101-114.

［67］张亚培. 群体非线性学习中交互行为与绩效关系研究［D］. 武汉：华中师范大学，2011.

［68］郭燕. 基于网络的消费者社会互动及管理研究［J］. 商业研究，2001，65（5）：90-92.

［69］鲁博. 基于社会交互的亚马逊中国产品在线销售影响因素研究［D］. 哈尔滨：哈尔滨工业大学，2014.

［70］陈丽. 远程学习中的信息交互活动与学生信息交互网络［J］. 中国远程教育，2004（5）：15-19.

［71］顾清红. 远程学习环境中的交互性［J］. 常熟高专学报，2000（2）：86-90.

［72］王玮. 基于教育云平台的教师在线学习社区社会性交互评价指标与方法研究［D］. 武汉：华中师范大学，2018.

［73］周军杰，左美云. 线上线下互动、群体分化与知识共享的关系研究：基于虚拟社区的实证分析［J］. 中国管理科学，2012，20（6）：185-192.

［74］周涛，檀齐，TAKIROVA B，等. 社会交互对用户知识付费意愿的作用机理研究［J］. 图书情报工作，2019，63（4）：94-100.

［75］姚天泓，陈艳梅. MOOC 社会化信息交互模式下的知识构建研究

[J]. 图书馆学刊, 2017, 39 (9): 29-34.

[76] 王妍. 虚拟学习社区中社会性交互研究现状及启示 [J]. 中国信息技术教育, 2017 (Z3): 163-166.

[77] 潘以锋, 盛小平. 社会网络理论与开放获取的关系分析 [J]. 情报理论与实践, 2013, 36 (6): 21-26.

[78] 边燕杰. 城市居民社会资本的来源及作用: 网络观点与调查发现 [J]. 中国社会科学, 2004 (3): 136-146.

[79] 曹永辉. 社会资本理论及其发展脉络 [J]. 中国流通经济, 2013, 27 (6): 62-67.

[80] 张锋, 王娇. 对伯特结构洞理论的应用评析 [J]. 江苏教育学院学报 (社会科学), 2011, 27 (5): 94-96.

[81] 汪丹. 结构洞理论在情报分析中的应用与展望 [J]. 情报杂志, 2009, 28 (1): 183-186.

[82] 赵颖斯. 创新网络中企业网络能力、网络位置与创新绩效的相关性研究 [D]. 北京: 北京交通大学, 2014.

[83] 邓辉, 刘晓菲. 基于强弱关系理论的档案传播中档案信息传播分析 [J]. 兰台世界, 2014 (29): 1-4.

[84] 单春玲, 赵含宇. 社交媒体中商务信息转发行为研究: 基于强弱关系理论 [J]. 现代情报, 2017, 37 (10): 16-22.

[85] 冯娇, 姚忠. 基于强弱关系理论的社会化商务购买意愿影响因素研究 [J]. 管理评论, 2015, 27 (12): 99-109.

[86] 赖胜强. 影响用户微博信息转发的因素研究 [J]. 图书馆工作与研究, 2015 (8): 31-37.

[87] 周涛, 陈可鑫. 基于 SOR 模型的社会化商务用户行为机理研究 [J]. 现代情报, 2018, 38 (3): 51-57.

[88] 徐孝娟, 赵宇翔, 朱庆华, 等. 社交网站中用户流失要素的理论探讨及实证分析 [J]. 信息系统学报, 2013 (2): 83-97.

[89] 喻昕, 许正良. 网络直播平台中弹幕用户信息参与行为研究: 基于沉浸理论的视角 [J]. 情报科学, 2017, 35 (10): 147-151.

[90] 邓卫华, 易明. 基于 SOR 模型的在线用户追加评论信息采纳机制研究 [J]. 图书馆理论与实践, 2018 (8): 33-39, 56.

[91] 刘鲁川, 李旭, 张冰倩. 基于扎根理论的社交媒体用户倦怠与消

极使用研究 [J]. 情报理论与实践，2017，40 (12)：100-106.

[92] 张敏，唐国庆，张艳. 基于 S-O-R 范式的虚拟社区用户知识共享行为影响因素分析 [J]. 情报科学，2017，35 (11)：149-155.

[93] 王志军，陈丽，陈敏，等. 远程学习中教学交互层次塔的哲学基础探讨 [J]. 中国远程教育，2016 (9)：7-13，80.

[94] 王志军，陈丽. 远程学习中的概念交互与学习评价 [J]. 中国远程教育，2017 (12)：12-20，79.

[95] 王志军，陈丽. cMOOCS 中教学交互模式和方式研究 [J]. 中国电化教育，2016 (2)：49-57.

[96] 许敬. 基于层次塔理论的教学交互模型构建与应用 [D]. 石家庄：河北师范大学，2018.

[97] 王志军，陈丽，韩世梅. 远程学习中学习环境的交互性分析框架研究 [J]. 中国远程教育，2016 (12)：37-42，80.

[98] 陈娟菲，郑玲，高楠. 国内主流 MOOC 平台交互功能对比研究 [J]. 中国教育信息化，2019 (1)：26-29.

[99] 张思. 社会交换理论视角下网络学习空间知识共享行为研究 [J]. 中国远程教育，2017 (7)：26-33，47，80.

[100] 辛素飞，王一鑫. 中国大学生成就动机变迁的横断历史研究：1999-2014 [J]：心理发展与教育，2019，35 (3)：288-294.

[101] 赵静杰，赵娜，王特. 高绩效创业者个体差异因素组态模型构建：基于信息搜寻行为视角 [J]. 情报科学，2019，37 (11)：144-153.

[102] 殷猛，李琪. 微博话题用户参与动机与态度研究 [J]. 情报杂志，2016，35 (7)：101-106.

[103] 王娟. 微博客用户的使用动机与行为：基于技术接受模型的实证研究 [D]. 济南：山东大学，2010.

[104] 叶航. 利他行为的经济学解释 [J]. 经济学家，2005 (3)：22-28.

[105] 赵晶，汪涛. 社会资本、移情效应与虚拟社区成员的知识创造 [J]. 管理学报，2014，11 (6)：921-927.

[106] 薛婷，陈浩，乐国安，等. 社会认同对集体行动的作用：群体情绪与效能路径 [J]. 心理学报，2013，45 (8)：899-920.

[107] 张长亮. 信息生态视角下社群用户信息共享行为影响因素及效果评价研究 [D]. 长春：吉林大学，2019.

[108] 张萌. 工业共生网络形成机理及稳定性研究 [D]. 哈尔滨: 哈尔滨工业大学, 2008.

[109] 张心源, 邱均平. 大数据环境下的知识融合框架研究 [J]. 图书馆学研究, 2016 (8): 66-70.

[110] 诺克, 杨松. 社会网络分析 [M]. 李兰, 译. 上海: 上海人民出版社, 2017.

[111] 雷静. 基于社会网络的虚拟社区知识共享研究 [D]. 上海: 东华大学, 2012.

[112] 刘军. 社会网络分析导论 [M]. 北京: 社会科学文献出版社, 2004.

[113] 徐孝娟. 基于 S-O-R 理论的社交网站用户流失研究 [D]. 南京: 南京大学, 2015.

[114] 孙嘉璐. 创业企业知识网络结构与知识创新: 人力资本异质性与知识转换能力的调节作用 [D]. 长春: 吉林大学, 2019.

[115] 谢辉. 基于用户群体交互的网络知识聚合与服务研究 [D]. 武汉: 华中师范大学, 2014.

[116] 谢佳琳, 张晋朝. 高校图书馆用户标注行为研究 [J]. 图书馆论坛, 2014 (11): 87-93.

[117] 赵英, 范娇颖. 大学生持续使用社交媒体的影响因素对比研究 [J]. 情报杂志, 2016 (1): 187-194.

[118] 成颖. 信息检索相关性判据及应用研究 [D]. 南京: 南京大学, 2011.

[119] 吴艳占, 南罗毅. 用户接受视角下高校开放课程资源使用意愿模型构建研究 [J]. 图书馆学研究, 2014 (18): 69-76.

[120] 罗家德. 社会网络分析讲义 [M]. 北京: 社会科学文献出版社, 2005.

[121] 朱亚丽. 基于社会网络社视角的企业间知识转移影响因素实证研究 [D]. 杭州: 浙江大学, 2009.

[122] 陈琦, 刘儒德. 当代教育心理学 [M]. 北京: 北京师范大学出版社, 2003.

[123] 李虹, 曲铁华. 信息加工理论视域下教师实践性知识的生成机制探析 [J]. 教育理论与实践, 2018, 38 (7): 39-43.

［124］陈晓春，赵珊珊，赵钊，等. 基于 D&M 和 TAM 模型的电子政务公民采纳研究［J］. 情报杂志，2016，35（12）：133-138.

［125］关磊. 高校图书馆微信平台阅读推广成效影响因素研究：以 TAM 和 D&M 模型为视角［J］. 图书馆，2020（6）：80-89.

［126］严亚利，黎加厚. 教师在线交流与深度互动的能力评估研究：以海盐教师博客群体的互动深度分析为例［J］. 远程教育杂志，2010（2）：68-71.

［127］陈远，张磊，张敏. 信息内容特征对移动医疗 APP 用户推荐行为的影响及作用路径分析［J］. 现代情报，2019，39（6）：38-47.

［128］周芙蓉. 社交关系强度对社会化电子商务推荐采纳的影响研究［D］. 南京：南京大学，2018.

［129］费欣意，施云，袁勤俭. D&M 信息系统成功模型的应用与展望［J］. 现代情报，2018，38（11）：161-171，177.

［130］彭爱东，夏丽君. 用户感知视角下高校图书馆微服务效果影响因素研究［J］. 图书情报工作，2018，62（17）：33-43.

［131］周涛，王盈颖，邓胜利. 在线健康社区用户知识分享行为研究［J］. 情报科学，2019，37（4）：72-78.

［132］徐卓钰，兰国帅，徐梅丹，等. MOOCs 平台用户使用意愿的影响因素研究：基于技术接受模型和信息系统成功模型的视角［J］. 数字教育，2017，3（4）：26-32.

［133］刘虹，李煜. 学术社交网络用户知识共享意愿的影响因素研究［J］. 现代情报，2020，40（10）：73-83.

［134］刘鲁川，孙凯. 移动出版服务受众采纳的行为模式：基于信息技术接受模型的实证研究［J］. 出版印刷研究，2011（6）：104-111.

［135］张红兵，张乐. 学术虚拟社区知识贡献意愿影响因素的实证研究：KCM 和 TAM 视角［J］. 软科学，2017，31（8）：19-24.

［136］张敏，郑伟伟，石光莲. 虚拟学术社区知识共享主体博弈分析：基于信任的视角［J］. 情报科学，2016，34（2）：55-58.

［137］钟玲玲，王战平，谭春辉. 虚拟学术社区用户知识交流影响因素研究［J］. 情报科学，2020，38（3）：137-144.

［138］张雪燕. 社会网络视角下大学跨学科团队知识共享机制研究［D］. 哈尔滨：哈尔滨工业大学，2015.

［139］巴志超，李纲，毛进，等. 微信群内部信息交流的网络结构、行为及其演化分析：基于会话分析视角［J］. 情报学报，2018，37（10）：1009-1021.

［140］孙晓宁，姚青. 信息搜索用户学习行为投入影响研究：基于认知风格与自我效能［J］. 情报理论与实践，2020，43（10）：99-107.

［141］王子喜，杜荣. 人际信任和自我效能对虚拟社区知识共享和参与水平的影响研究［J］. 情报理论与实践，2011，34（10）：71-74，92.

［142］吴明隆. 结构方程模型：Amos 实务进阶［M］. 重庆：重庆大学出版社，2013.

［143］杨梦晴. 基于信息生态理论的移动图书馆社群化服务研究［D］. 长春：吉林大学，2018.

［144］连秋菊. 在线学习论坛知识生成过程及策略研究［D］. 金华：浙江师范大学，2016.

［145］操慧. 论新闻传播对社会认同感的建构［J］. 郑州大学学报，2011，44（2）：126-130.

［146］蔡文. 物元模型及其应用［M］. 北京：科学技术文献出版社，1994.

［147］韩燕. 基于改进物元可拓的 PPP 项目绩效评价研究［D］. 青岛：青岛理工大学，2018.

［148］赵蓉英，王嵩. 基于熵权物元可拓模型的图书馆联盟绩效评价［J］. 图书情报工作，2015，59（12）：12-18.

［149］洪闯. 开放式创新社区用户知识贡献的采纳研究［D］. 长春：吉林大学，2019.

［150］刘虹，孙建军，郑彦宁，等. 网站评价指标体系设计原则评述［J］. 情报科学，2013，31（3）：156-160.

［151］洪闯，李贺，彭丽徽，等. 在线健康咨询平台信息服务质量的物元模型及可拓评价研究［J］. 数据分析与知识发现，2019，32（8）：41-52.

［152］王志军，陈丽. 联通主义学习的教学交互理论模型建构研究［J］. 开放教育研究，2015，21（5）：25-34.

［153］王美月. MOOC 学习者社会性交互影响因素研究［D］. 长春：吉林大学，2017.

［154］查先进，陈明红. 信息资源质量评估研究［J］. 中国图书馆学

报，2010（2）：46-54.

［155］于俊辉，郑兰琴.在线协作学习交互效果评价方法的实证研究：基于信息流的分析视角［J］.现代教育技术，2015，25（12）：90-95.

［156］胡宗义，杨振寰，吴晶."一带一路"沿线城市高质量发展变量选择及时空协同［J］.统计与信息论坛，2020，35（5）：35-43.

［157］徐菲，何泾沙，徐晶，等.保护用户隐私的访问控制模型［J］.北京工业大学学报，2012，38（3）：406-409.

［158］王志红.基于卷积神经网络的古籍汉字图像分层检索模型［D］.保定：河北大学，2020.

［159］李爱霞.网络生态环境非理性信息的过滤机制［J］.情报资料工作，2015（4）：18-22.

［160］余秋宏.基于因子分解的社交网络关系推荐研究［D］.北京：北京邮电大学，2013.

［161］赵丹.基于信息生态理论的移动环境下微博舆情传播研究［D］.长春：吉林大学，2017.

［162］王晰巍，靖继鹏，刘明彦，等.电子商务中的信息生态模型构建实证研究［J］.图书情报工作，2009，53（22）：128-132.

［163］王东艳，侯延香.信息生态失衡的根源及其对策分析［J］.情报科学，2003（6）：572-575.

［164］李美娣.信息生态系统的剖析［J］.情报杂志，1998，17（4）：3-5.

［165］雷帅."S-R"模型的国防科技信息用户情报行为研究［J］.图书情报工作，2011，55（16）：55-58.

［166］韩秋明.基于信息生态理论的个人数据保护策略研究：由英国下议院《网络安全：个人在线数据保护》报告说开去［J］.图书情报知识，2017，2（346）：96-106.

［167］王陆.虚拟学习社区的社会网络分析［J］.中国电化教育，2009，265（2）：5-11.

［168］赖文华，叶新东.虚拟学习社区中知识共享的社会网络分析［J］.现代教育技术，2010，20（10）：97-101.

［169］魏顺平，傅骞，路秋丽.教育技术研究领域研究者派系分析与可视化研究［J］.开放教育研究，2018，14（1）：79-85.

［170］孙时进. 社会心理学导论［M］. 上海：复旦大学出版社，2011.

［171］徐峰. 基于社会网络的大学生学习网络结构研究［D］. 南昌：江西财经大学，2014.

［172］陆天珺. 基于复杂网络理论的学术虚拟社区小团体研究：以丁香园医药学术网站为例［D］. 南京：南京农业大学，2012.

［173］王陆. 虚拟学习社区的社会网络结构研究［D］. 兰州：西北师范大学，2009.

［174］杨松，弗朗西斯卡·B. 凯勒，郑路. 社会网络分析：方法与应用［M］. 曹立坤，曾丰又，译. 北京：社会科学文献出版社，2019.

［175］HSU M H, CHIU C M. Internet self-efficacy and electronic service acceptance［J］. Decision Support Systems, 2005, 38（3）：369-381.

［176］GRANOVETTER M S. The strength of weak ties［J］. The American Journal of Sociology, 1973, 78（6）：1360-1380.

［177］BURT R S. Structural holes：the social structure of competition［M］. Cambridge：Harvard University Press, 1992.

［178］ALLAMCH S M, AHMAD A. An analysis of factors affecting staffs knowledge- sharing in the central library of the university of Isfahan using the extension of Theory of Reasoned Action［J］. International Journal of Human Resource Studies, 2012, 2（1）：158-174.

［179］CHAI S, DAS S, RAO H R. Factors affecting Bloggers'knowledge sharing：an investigation across gender［J］. Journal of Management Information Systems, 2012, 28（3）：309-341.

［180］KUMPULAINEN S W, JARVELIN K. Information interaction in molecular medicine：integrated use of multiple channels［J］. China Medical Devices, 2010, 23（5）：95-104.

［181］TOMS E G. Information interaction：providing a framework for information architecture［J］. Journal of the American Society for Information Science &Technology, 2002, 53（10）：855-862.

［182］AISOPOS F, TSERPES K, KARDARA M, et al. Information exchange in business collaboration using grid technologies［J］. Identity in the Information Society, 2009, 2（2）：189-204.

[183] KITTUR A, CHI E, PENDLETON B A, et al. Power of the few vs. wisdom of the crowd: Wikipedia and the rise of the bourgeoisic [J]. World Wide Web, 2007, 1 (2): 1-9.

[184] YEH Y C. Analyzing online behaviors, roles, and learning Communities via online discussions [J]. Educational Technology & Society, 2010, 13 (1): 140-151.

[185] KORANTENG F N, WIAFE I. Factors that promote knowledge sharing on academic social networking sites [J]. Education and Information Technologies, 2019, 24 (2): 1211-1236.

[186] BOCK G W, ZMED R W, KIM Y G, et al. Behavioral intention formation in knowledge sharing: examining the role of extrinsic motivators, social - psychological forces, and organizational climate [J]. MIS Quarterly, 2005, 29 (1): 87-111.

[187] MOORE M G. Three types of interaction [J]. American Journal of Distance, 1989, 3 (2): 1-7.

[188] BATES A W. Interactivity as a criterion for media selection in distance education [J]. Never Too Far. 1991 (16): 5-9.

[189] HENRI F. Computer conferencing and content analysis [M]. Berlin: The Najaden Papers, 1992.

[190] LAURILLAED D M. Rethinking university teaching: a conversational framework for the effective use of learning technologies [M]. London: Routledge, 2002.

[191] MCKENZIE W, MURPHY D. I hope this goes somewhere: evaluating of an online discussion group [J]. Australian Journal of Educational Technology, 2000, 16 (3): 239-257.

[192] GARRISON D R, ARCHER T A W. Critical thinking, cognitive presence and computer conferencing in distance education [J]. American Journal of Distance Education, 2001, 15 (1): 7-23.

[193] HILLMAN D C A, WILLIS D J, GUNAWARDENA C N. Learner-interface interaction in distance education: an extension of contemporary models and strategies for practitioners [J]. American Journal of Distance Education, 1994, 8 (2): 30-42.

[194] CHUA A. The influence of social interaction on knowledge creation [J]. Journal of Intellectual Capital, 2002, 3 (4): 375-392.

[195] BYUN M, LEE J, HONG S, et al. Instructional strategies to promote interaction in K-MOOC: focused on Moore's three types of interaction [J]. Journal of Korean Association for Education and Media, 2016, 22 (3): 633-659.

[196] RHEINGOLD H. The virtual community: home steading on the electronic frontier [M]. New York: Harper Perennial, 1993.

[197] ROMM C R, CLAEKE J. Virtual community research themes: a preliminary draft for a comprehensive model [C]. Australasian Conference on Information, 1995 (6): 26-29.

[198] BALASURBAMAN S, MAHAHJAN V. The economic leverage of the virtue community [J]. International Journal of Electronic Commerce, 2001 (3): 103-138.

[199] RUSSELL M, GINSBURG L. Learning online: extending the meaning of community: a review of three programs from the South Eastern United States [M]. Philadelphia: National Center on Adult Literacy, University of Pennsylvania, 1999.

[200] WIENER D N. Subtle and obvious keys for the Minnesota multiphasic personality inventory [J]. Journal of Consulting Psychology, 1948, 12 (3): 164-170.

[201] BLATTBERG R C, DEIGHTON J. Interactive marketing: exploring the age of addressability[J]. Sloan Management Review, 1991, 33(1): 5-14.

[202] SHEIZAF R, FAY S. Networked Interactivity [J]. Journal of Computer Mediated Communication, 1997, 2 (4): 24-32.

[203] WILLIAMS F, RICE R E, ROGERS E M. Research methods and the new media [M]. New York: The Free Press, 1988.

[204] MASSEY B L, LEVY M R. Interactivity, online journalism, and English-language web newspapers in Asia [J]. Journalism & Mass Communication Quarterly, 1999, 76 (1): 138-151.

[205] HOFFMAN D, NOVAK T. Marketing in hypermedia computer-mediated environments: conceptual foundations [J]. Journal of Marketing, 1996,

60（3）：50-68.

［206］CHANG C C. Examining users'intention to continue using social network games：a flow experience perspective ［J］. Telematics and Informatics, 2013, 30 （4）：311-321.

［207］PHANG C W, ZHANG C H, SUTANTO J. The influence of user interaction and participation in social media on the consumption intention of niche products ［J］. Information & Management, 2013, 50 （8）：661-672.

［208］SHGEN Y C, HUANGH C Y, CHU C H, et al. Virtual community loyalty：a interpersonal−interaction perspective ［J］. International Journal of Electronic Commerce, 2010, 15 （1）：49-73.

［209］NG C S. Intention to purchase on social commerce websites across cultures：a cross−regional study ［J］. Information & Management, 2013, 50 （8）：609-620.

［210］KUO Y F, FENG L H. Relationships among community interaction characteristics, perceived benefits, community commitment, and oppositional brand loyalty in online brand communities ［J］. International Journal of Information Management, 2013, 33 （6）：948-962.

［211］KEARSLEY G. The nature and value of interaction in distant learning ［J］. ACSDE Research Monograph, 1995, 112 （2）：45-48.

［212］RICHARDSON J G. Handbook of theory and research for the sociology of education ［J］. Contemporary Sociology, 1986, 16 （6）：141-145.

［213］COLEMAN J S. Social capital in the creation of human capital ［J］. American Journal of Sociology, 1988, 94 （S1）：95-120.

［214］NAHAHPIET J, Ghoshal S. Social capital, intellectual capital, and the organizational advantage ［J］ Academy of Management Review, 1998, 23 （2）：242-266.

［215］FUKUYAMA F. Social capital, civil society and development ［J］. Third World Quarterly, 2001, 22 （1）：7-20.

［216］LIN N. A network theory of social capital ［J］. Journal of Science, 2005 （16）：58-77.

［217］BURT R S. Reinforced structural holes ［J］. Social Networks, 2015 （43）：149-161.

［218］ LEVIN D Z, CROSS R. The strength of weak ties you can trust: the mediating role of trust in effective knowledge transfer ［J］. Management Science, 2004, 50 (11): 1477-1490.

［219］ EROGLU S A, MACHLEIT K A, DAVIS L M. Atmospheric qualities of online retailing: a conceptual model and implications ［J］. Journal of Business Research, 2001, 54 (2): 177-184.

［220］ ZIMMERMAN J. Using the S-O-R model to understand the impact of website attributes on the online shopping experience ［D］. Denton: University of North Texas, 2012.

［221］ PENG C, KIM Y G. Application of the Stimuli-Organism-Response (S-O-R) framework to online shopping behavior ［J］. Journal of Internet Commerce, 2014 (13): 159-176.

［222］ CHEN C C, YAO J Y. What drives impulse buying behaviors in a mobile auction? The perspective of the Stimulus-Organism-Response model ［J］. Telematics and Informatics, 2018, 35 (5): 1249-1262.

［223］ BRATT S E, MCCRACKEN J. Book review: modeling with technology: mindtools for conceptual change ［J］. Educational Technology & Society, 2007, 10 (2): 225-227.

［224］ CRESS U. The information-exchange with shared databases as a social dilemma: the effects of metaknowledge, bonus systems, and costs ［J］. Communication Research, 2006, 33 (5): 370-390.

［225］ CHIU C M, HSU M H, WANG E T G. Understanding knowledge sharing in virtual communities: an integration of social capital and social cognitive theories ［J］. Decision Support Systems, 2006, 42 (3): 1872-1888.

［226］ MATSCHKE C, MOSKALIUK J, BOKHORST F, et al. Motivational factors of information exchange in social information spaces ［J］. Computers in Human Behavior, 2014 (36): 549-558.

［227］ HARS A, OU S. Working for free? motivations for participating in open-source projects ［J］. International Journal of Electronic Commerce, 2002, 6 (3): 25-39.

［228］ PONGSAJAPAN R A. Liminal entities: identity, governance, and organizations on Twitter ［D］. Washington: Georgetown University, 2009.

[229] DHOLAKIA U M, BAGOZZI R P, PEARO L K. A Social influence model of consumer participation in network and small-group-based virtual communities [J]. International Journal of Research in Marketing, 2004 (21): 241 -263.

[230] VAN Z M, SPEARS R, LEACH C W. Exploring psychological mechanisms of collective action: does relevance of group identity influence how people cope with collective disadvantage? [J]. British Journal of Social Psychology, 2008, (47): 353-372.

[231] BARNES J. Class and committees in Norwegian island parish [J]. Human Relations, 1954 (7): 39-58.

[232] VENDEMIA J M, RORDIGUEZ P D. Repressors vs low-and high-anxious coping styles: EEG differences during a modified version of the emotional stroop task [J]. International Journal of Psychophysiology, 2010, 78 (3): 284-294.

[233] WANG K, BAI Y, YUE Y. An empirical investigation on factors influencing the adoption of mobile phone call centre services: an integrated model [J]. Internet and Enterprise Management, 2011, 7 (3): 287-304.

[234] HUI L, HSIEH C H, et al. Factors affecting success of an integrated community-based telehealth system [J]. Technology and Health Care, 2015 (23): 189-196.

[235] RREGANS R, MCEVILY Z B. How to make the team: social networks vs. demography as criteria for designing effective teams [J]. Administrative Science Quarterly, 2004, 49 (1): 101-133.

[236] TSAI W. Knowledge transfer in intra-organizational networks: effects of network position and absorptive capacity on business unit innovation and performance [J]. Academy of Management Journal, 2001, 44 (5): 996-1004.

[237] DAVIS F D. Perceived usefulness, perceived ease of use, and user acceptance of information technology [J]. MIS Quarterly, 1989, 13 (3): 319 -340.

[238] DELONE W H, MCLEAN E R. Information systems success: the quest for dependent variable [J]. Journal of Management Information Systems, 1992, 3 (4): 60-95.

[239] DAVIS F D. A Technology Acceptance Model for empirically testing new end-user information systems: theory and results [D]. Cambridge: Massachusetts Institute of Technology, 1985.

[240] FAYAD R, PAPER D. The Technology Acceptance Model e-commerce extension: a conceptual framework [J]. Procedia Economics and Finance, 2015 (26): 1000-1006.

[241] ARMSTRONG A, HAGEL J. The real value of online communities [J]. Harvard Business Review, 1996, 74 (3): 134-141.

[242] LIANG T P, HO Y T, LI Y W, et al. What drives social commerce: the role of social support and relationship quality [J]. International Journal of Electronic Commerce, 2011, 16 (2): 69-90.

[243] RIKETTA M. Organizational identification: a meta-analysis [J]. Journal of Vocational Behavior, 2005, 66 (2): 358-384.

[244] HALL D T, Schneider B, Nygren H T. Personal factors in organizational dentification [J]. Administrative Science Quarterly, 1970: 176-190.

[245] DAVIS F D, VENKATESH V. A critical assessment of potential measurement biases in the Technology Acceptance Model [J]. International Journal of Human-computer Studies, 1996, 45 (1): 19-45.

[246] BANDUR A A. Self-efficacy: toward a unifying theory of behavioral change [J]. Psychological Review, 1977, 84 (2): 191-215.

[247] SEGARS A H. Assessing the unidimensionality of measurement: a paradigm and illustration within the context of information systems research [J]. Omega, 1997, 25 (1): 107-121.

[248] LARKKER F D F. Structural Equation Models with unobservable variables and measurement error: algebra and statistics [J]. Journal of Marketing Research, 1981, 18 (3): 382-388.

[249] LAURA G, CAROLINE H, BARRY W. Studying online social networks[J]. Journal of Computer-Mediated Communication, 1997, 3(1): 15-18.

[250] WELLMAN B. The Community question reevaluated [M]. NJ: Transaction Books, 1998.

[251] BORGATTI S P, EVERETT M G. Models of core/periphery structures [J]. Social Networks, 1999, 21 (4): 375-395.

[252] WOLFE A W. Social Network Analysis: methods and applications [J]. Contemporary Sociology, 1995, 91 (435): 219-220.

[253] FREEMAN L C. Centrality in social networks conceptual clarification [J]. Social Networks, 1978, 1 (3): 215-239.

[254] KAREN S A. Rethinking centrality: methods and examples [J]. Social Networks, 1989 (11): 1-37.

[255] YOUMIN X I, TANG F. Multiplex multi-core pattern of network organizations: an exploratory study [J]. Computational & Mathematical Organization Theory, 2004, 10 (2): 179-195.

[256] BALDWIN T T, BEDELL M D, JOHNSON J L. The social fabric of a team-based M. B. A. program: network effects on student satisfaction and performance [J]. Academy of Management Journal, 1997, 40 (6): 1369-1397.

[257] SEPAHVAND R, AREFNEZHAD M. Prioritization of factors affecting the success of information systems with AHP (A case study of industries and mines organization of Isfahan province) [J]. International Journal of Applied Operational Research, 2013, 3 (3): 67-77.

[258] VEERAMOOTOO N, NUNKOO R, DWIVEDI Y K. What determines success of an e-government service? validation of an integrative model of e-filing continuance usage [J]. Government Information Quarterly. 2018, 35 (2): 161-174.

[259] IWAARDEN J V, WIELE T V D, BALL L, et al. Applying SERVQUAL to web sites: an exploratory study [J]. International Journal of Quality & Reliability Management, 2003, 20 (8): 919-935.

[260] LEEA Y W, STRONG D M, KAHN B K, et al. AIMQ: a methodology for information quality assessment [J]. Information & Management, 2002 (40): 133-146.

[261] KOUFARIS M. Applying the technology acceptance model and Flow Theory to online consumer behavior [J]. Information Systems Research, 2002, 13 (2): 205-223.

[262] MATHIESON K. Predicting user intentions: comparing the technology cceptance model with the Theory of Planned Behavior [J]. Information Systems Research, 1991, 2 (3): 173-191.

[263] HSU C L, LIN J C C. Effect of perceived value and social influences on mobile App stickiness and in‐app purchase intention [J]. Technological Forecasting and Social Change, 2016, 108 (7): 42-53.

[264] LEE H, PARK H, KIM J. Why do people share their context information on social network social network? a qualitative study and experimental study on users' behavior of balancing perceived benefit and risk [J]. International Journal of Human-Computer Studies, 2013, 71 (9): 862-872.

[265] COOK H, AUSUBEL D P. Educational psychology: a cognitive view [J]. The American Journal of Psychology, 1970, 83 (2): 303-304.

[266] ARCHER K J, WILLAMS A A A. L1 penalized continuation ratio models for ordinal response prediction using high-dimensional datasets [J]. Statistics in Medicine, 2012, 31 (14): 1464-1474.

附　录

附录 A　学术虚拟社区用户社会化交互行为影响因素调查问卷

尊敬的用户：

您好！我们正在进行一项关于学术虚拟社区用户社会化交互行为影响因素的调查研究，旨在分析学术虚拟社区用户在进行社会化交互时受到哪些因素的影响。学术虚拟社区包括小木虫、经管之家、丁香园等学术社区、App，以及各类学术微博、学术公众号等，本次调查采用匿名形式，获取的数据仅限于学术研究，请您放心作答。感谢您在百忙之中参与我们的调查活动。

本次调查问卷分为两部分，第一部分为基本信息，第二部分为学术虚拟社区用户社会化交互行为影响因素。

一、基本信息

1. 您的性别　□男　□女

2. 您的年龄　□20 岁以下　□20~30 岁　□31~40 岁　□40 岁以上

3. 您的学历　□大专及以下　□本科　□硕士　□博士

4. 您的职业　□教师　□学生　□科研人员　□行政人员　□其他

5. 您平时是否经常使用学术虚拟社区

（例如：小木虫、丁香园、经管之家、学术公众号、学术微博等）□是　□否

6. 您使用和关注学术虚拟社区多长时间？

□0~1（含）年　□1~3（含）年　□3~5（含）年　□5 年以上

7. 您每周使用学术虚拟社区的频次是多少？

□不使用　□1~3 次　□4~10 次　□10~15 次　□15 次以上

二、学术虚拟社区用户社会化交互行为影响因素

学术虚拟社区用户社会化交互行为影响因素如表 A.1 所示。

表 A.1　学术虚拟社区用户社会化交互行为影响因素调查表

测量项目	完全不同意	不同意	不确定	同意	完全同意
1. 社区论坛提供的信息与课程内容高度相关					
2. 社区论坛提供的信息真实可靠					
3. 社区论坛能够提供丰富的学术资源，并能够及时更新学术资源					
4. 社区论坛能够在我进行社会化交互时为我提供帮助					
5. 社区系统具有良好的安全性					
6. 社区系统具有良好的稳定性					
7. 社区系统具有良好的流畅性					
8. 社区系统操作指令的反应速度较快					
9. 社区能够及时解决遇到的问题					
10. 社区能够为平台用户推荐和提供个性化服务					
11. 社区能够为用户提供资源更新提示					
12. 使用学术虚拟社区能够帮助用户提高工作效率					
13. 使用学术虚拟社区能够帮助用户提高工作效果					
14. 使用学术虚拟社区能够帮助用户解决相关学术问题					
15. 使用学术虚拟社区能够帮助用户提高学术兴趣					
16. 对我来说，使用学术虚拟社区比较容易					
17. 对我来说，学术虚拟社区的内容通俗易懂					
18. 对我来说，使用学术虚拟社区的时间和方式更加灵活					
19. 我愿意花大量的时间在学术虚拟社区进行知识交流					
20. 我愿意把所学到的知识在学术虚拟社区进行传播与共享					
21. 我愿意与学术虚拟社区中其他用户建立学术社交关系					

测量项目	完全不同意	不同意	不确定	同意	完全同意
22. 我的共享得到多数用户的响应					
23. 我的学术思想和观点，影响到其他社区成员					
24. 我能够引领社区成员进行知识交流活动					
25. 我愿意通过熟人用户与陌生用户建立联系					
26. 我愿意与社区其他用户保持稳定的联系					
27. 我愿意与不同社群用户交流协作					
28. 我在社区经常获得他人的关注和认同					
29. 我能在社区找到一群志趣相投的伙伴					
30. 我认为自己是学术虚拟社区的一员					
31. 我能有效地使用社会化交互的新功能					
32. 我能很快适应学术虚拟社区中不同的交互模式					
33. 我能为社区用户提供专业并且有用的信息资源					
34. 我愿意在学术虚拟社区与他人进行信息交流，获取知识					
35. 我认为参与学术虚拟社区的社会化交互活动是一个不错的选择					
36. 我会推荐身边的好友使用学术虚拟社区进行资源的共享与交流					
37. 我愿意花时间和精力在学术虚拟社区进行研讨和互动					
38. 我愿意将自己学到的知识分享给其他人					
39. 我会对自己感兴趣的内容进行搜寻并发表自己的意见					
40. 我会点赞、转发和收藏自己喜欢的话题，并与他人进行讨论					

附录 B 部分 python 代码

```
url_list = [url_temp % i for i in range(15, 25)]

for url in url_list:
    res = requests.get(url, headers=headers)
    text = res.text
    html = etree.HTML(text)
    bankuai = html.xpath(r'//table[@class="xmc_bpt"]/tbody/tr[@class="forum_list"]/th[2]') #Õâ,öÌØÊâ
    title = html.xpath(r'//table[@class="xmc_bpt"]/tbody/tr[@class="forum_list"]/th[@class="thread-name"]/a[1]/text()')
    title_url = html.xpath(r'//table[@class="xmc_bpt"]/tbody/tr[@class="forum_list"]/th[@class="thread-name"]/a[1]/@href')
    comment = html.xpath(r'//table[@class="xmc_bpt"]/tbody/tr[@class="forum_list"]//th[@class="thread-name"]/span[last()]/text()')
    author = html.xpath(r'//table[@class="xmc_bpt"]/tbody/tr[@class="forum_list"]/th[3]/cite/a/text()')
    title_date = html.xpath(r'//table[@class="xmc_bpt"]/tbody/tr[@class="forum_list"]/th[3]') #Õâ,öÌØÊâ
    last_commentator = html.xpath(r'//table[@class="xmc_bpt"]/tbody/tr[@class="forum_list"]/th[4]/span/a/text()')
    last_comment_datetime = html.xpath(r'//table[@class="xmc_bpt"]/tbody/tr[@class="forum_list"]/th[4]/cite/nobr/text()')
    bankuai_list.extend(bankuai)
    title_list.extend(title)
    title_url_list.extend(title_url)
    comment_list.extend(comment)
    author_list.extend(author)
    title_date_list.extend(title_date)
```

```
        last_commentator_list.extend(last_commentator)
        last_comment_datetime_list.extend(last_comment_datetime)
        print('bankuai_list length is %s' % len(bankuai_list))
        print('title_list length is %s' % len(title_list))
        print('title_url_list length is %s' % len(title_url_list))
        print('comment_list length is %s' % len(comment_list))
        print('author_list length is %s' % len(author_list))
        print('title_date_list length is %s' % len(title_date_list))
        print('last_commentator_list length is %s' % len(last_commentator_list))
        print('last_comment_datetime_list length is %s' % len(last_comment_date-
time_list))
        print('the NO %s page is done' % url[-3:])
print()


bankuai_list_new = []
for item in bankuai_list:
    if not item.xpath(r'span[1]/a/text()'):
        ttl = 'Ã》ÓD°å¿é'
        bankuai_list_new.append(ttl)
    else:
        ttl = item.xpath(r'span[1]/a/text()')[0]
        bankuai_list_new.append(ttl)



title_date_list_new = []
for item in title_date_list[:20]:
    s = etree.tostring(item, encoding='utf8').decode('utf8')
    if 'font' in s:
        dt = item.xpath(r'span/font/text()')[0]
    else:
        dt = item.xpath(r'span/text()')[0].strip()
    title_date_list_new.append(dt)
```

```
comment_num_list = [ ]
pattern = re.compile('\((.*)?/.*\)')
for a in comment_list:
    num = int(pattern.findall(a)[0])
    comment_num_list.append(num)


title_url_list_new = [r'http://muchong.com'+u for u in title_url_list]


dic = { }
dic['bankuai'] = bankuai_list_new
dic['title'] = title_list
dic['title_url'] = title_url_list_new
dic['comment'] = comment_list
dic['comment_num'] = comment_num_list
dic['author'] = author_list
dic['title_date'] = title_date_list_new
dic['last_commentator'] = last_commentator_list
dic['last_comment_datetime'] = last_comment_datetime_list
df = pd.DataFrame(dic)
df.to_excel(r'data.xlsx')
```

附录 C 小木虫学术虚拟社区用户社会化交互效果调查问卷

尊敬的用户：

您好！非常感谢您在百忙之中参与此次调查，本次调查采用匿名形式，调查数据仅供学术研究之用，请放心填写。本次调查的目的是对小木虫学术虚拟社区的社会化交互效果打分，共包含 18 个评价指标，每个评价指标有 0~10 分 11 个评价等级，其中 0 分表示小木虫学术虚拟社区社会化交互的实际表现与评价指标所描述的内容完全不符合，10 分表示完全符合，请您根据自身的实际使用体验做出评分。

第一部分：用户基本信息

1. 您的性别：

A. 男　B. 女

2. 您的年龄段：

A. 18 岁以下　B. 18~25 岁　C. 26~30 岁　D. 31~40 岁　E. 41~50 岁　F. 51 岁以上

3. 您的教育背景：

A. 专科及以下　B. 本科　C. 硕士研究生　D. 博士研究生

4. 您目前从事的职业：

A. 学生　B. 文职/办事人员　C. 技术/研发人员　D. 教师　E. 科研人员　F. 顾问/咨询　G. 专业人士（如会计师、律师、建筑师、医护人员、记者等）　H. 其他

5. 您使用小木虫多长时间？

A. 6 个月以下　B. 6~12 个月（含）　C. 1~1.5 年（含）　D. 1.5~2 年（含）　E. 2 年以上

6. 您访问小木虫的频率？

A. 每天访问　B. 每周访问　C. 每月访问　D. 很少访问

7. 您经常使用什么设备登录小木虫？

A. 手机　B. 电脑　C. 平板电脑　D. 其他智能设备

第二部分：用户社会化交互效果评分

用户社会化交互效果评分如表 C.1 所示。

表 C.1　用户社会化交互效果评分表

评价指标	评分等级										
	0	1	2	3	4	5	6	7	8	9	10
1. 平台运行稳定、流畅											
2. 平台运行安全											
3. 平台导航清晰，便于操作											
4. 平台提供集成检索、分类检索											
5. 平台信息准确、来源安全且与用户需求紧密相关											
6. 平台广告数量适中，内容真实可靠											
7. 平台用户活跃，交互频繁											
8. 我会就某一主题与他人进行深度交流											
9. 我能够获得平台用户的及时反馈											
10. 平台界面悬挂相关应用程序（如社交软件、微博、微信公众号等）											
11. 我会积极分享平台的资源与服务											
12. 我能够发起并控制主题讨论趋势											
13. 我对平台存在依赖感、信任感											
14. 通过与平台或其他用户的交互活动能够彼此获益，形成互惠互利关系											
15. 我能够在交互过程中获得他人认同											

评价指标	评分等级										
	0	1	2	3	4	5	6	7	8	9	10
16. 我能够将平台交互活动迁移到其他社交媒体或线下交流											
17. 我能够通过交互活动获得新知											
18. 我能够将交互活动中获得的新知应用到多个实践场景中											

附录 D 研究成果

D1 基于动态用户画像的学术虚拟社区黏性驱动机制研究①

王美月 王萍 贾琼 陈为东

（吉林大学管理学院，吉林，长春 130022）

摘要：［目的/意义］基于动态用户画像探索学术虚拟社区的黏性驱动机制在于用户角色精准定位，有助于提升用户忠诚度、信任度、留存率、回访率。［方法/过程］依据社区属性和用户感知分析学术虚拟社区的黏性驱动因子；以用户自然属性、行为属性、心理特征为用户画像的数据来源，建构包括基础数据、行为建模、服务应用、评价反馈 4 个模块的动态用户画像结构模型；结合驱动因子与结构模型构建黏性驱动机制模型。［结果/结论］模型深度刻画了学术虚拟社区用户全貌，为优化系统效能和精准化服务指供指导，以期增强学术信息资源流转与学术影响力。

关键词：学术虚拟社区；用户画像；社区黏性；用户黏性；驱动机制

Research on Sticky Driving Mechanism in Virtual Academic Community Based on Dynamic User Profile

Wang Meiyue Wang Ping Jia Qiong Chen Weidong

（School of Management，Jilin University，Changchun 130022，China）

Abstract：［Purpose/Significance］The sticky driving mechanism for exploring virtual academic community based on dynamic user profile lies in the precise positioning of user roles，which helps to improve rate of loyalty，reliability，retention and re-access of users． ［Method/Process］This paper analyses the sticky driving factors of academic virtual community based on community attributes and user perception，takes user´s natural attributes，behavioral

---

① 本文系吉林大学 2018 年研究生创新研究计划项目"学术虚拟社区用户画像研究"（项目编号：101832018c155）的研究成果之一。

attributes and psychological characteristics as the data source of user profile, constructs a dynamic user profile structure model including four modules: basic data, behavior modeling, service application and evaluation feedback; The sticky driving mechanism model is constructed by combining the driving factors and the structural model. [Result/Conclusion] The model portrays the full view of the virtual academic community users, and provides guidance for optimizing system performance and accurate services, in order to enhance the flow of academic information resources and academic influence.

Key words: virtual academic community; user profile; community stickiness; user stickiness; driving mechanism

Davenport & Beck 在《注意力经济》中指出，互联网时代注意力是网站的稀缺资源，是网络流量和盈利的触发点，网站的核心竞争力与价值在于注意力产生的用户黏性，也称用户黏度。用户黏性是用户对网站的忠诚、信任与良性体验等结合而形成的依赖程度和回访期望程度。小木虫、经管之家、壹学者、丁香园等学术虚拟社区是移动互联网时代非正式学习的重要组织形式，也是科研工作者获取知识，进行学术交流的新路径。然而，社区对用户角色定位、用户需求分析以及精准化服务的缺失导致社区黏性不足，造成大量用户流失，严重制约了社区的建设与可持续发展，对学术虚拟社区黏性驱动机制研究具有重要的理论与现实意义。

目前网络黏性相关研究已渗透进电子商务、社交媒体、网络游戏、App、虚拟社区等多个领域，主要围绕粘性的影响因素、评价指标及测度、形成机理等展开。黏性是学术虚拟社区可持续发展的原动力，深入了解与刻画用户全貌，准确定位与分析用户需求是解决学术虚拟社区黏性驱动力弱的关键切入点和根本性途径。本文在已有文献的基础上，从社区和用户视角分析学术虚拟社区黏性驱动因子，引入用户画像这一视角，通过用户自然属性、行为、心理等数据勾勒画像，从用户需求出发，结合动态用户画像过程，构建黏性驱动机制模型，用以追踪用户行为和心理动态演变过程，实时更新用户标签实现精准化服务，以此增强社区平台黏性，有助于建立学术虚拟社区的网络口碑、知名度与美誉度，有利于增强科研用户参与度和忠诚度，有益于学术信息资源流转扩散，打造学术影响力及扩大学术辐射范围。

1 学术虚拟社区黏性内涵

"黏性"一词早期主要应用于经济学领域，如工资黏性、价格黏性、利率黏性等，随着互联网技术的发展，网络黏性引起多个领域学者的广泛关注，并分别从网站与用户两个视角界定了网络黏性的概念。

网站黏性，主体是网站，是网站系统功能或其提供的各类资源和服务对用户的影响程度，表现为网站对用户的吸引、保留、访问时间的延长及重复访问等。用户黏性，主体是用户，是指用户持续使用网站的一种意向、心理偏好和情感依赖，是用户使用或享受网站服务后产生的心理与行为变化，表现为用户访问时长与频率的增加，并且在面临转换压力与外部因素影响时，不会改变其持续访问与使用网站的习惯。根据网站与用户黏性的相关界定，本文认为学术虚拟社区的社区黏性是指社区通过信息、系统及服务吸引与保留用户，表现为社区能够吸引用户持续浏览与关注、深度阅读和频繁互动，使用户产生高度认同感并主动宣传与推广社区；学术虚拟社区的用户黏性是指用户使用社区后产生的价值、成本、娱乐与控制感知，且不受外界环境与转换压力的影响而持续关注与使用社区的稳定心理状态。

2 学术虚拟社区黏性驱动因子分析

根据学术虚拟社区黏性的内涵，笔者引入信息系统成功模型与用户感知理论，分别从社区黏性和用户黏性两个视角探究学术虚拟社区的黏性驱动因子。

2.1 基于信息系统成功模型的社区黏性驱动因子

Delone 和 Mclean 的信息系统成功模型（D&M 模型）指出，信息质量、系统质量与服务质量是信息系统成功的核心要素，成功的系统更能维系社区黏性。对于学术虚拟社区而言，社区系统能否对用户产生强大的黏性同样离不开社区信息属性、系统属性、服务属性三个要素，如图 D1.1 所示。

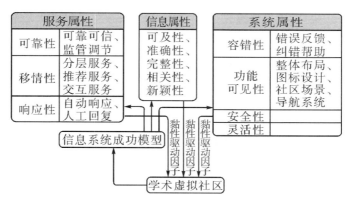

图 D1.1　学术虚拟社区的社区黏性驱动因子

2.1.1　信息属性

学术虚拟社区信息属性是信息的结构、广度、深度、效用及获取方式等属性的总和，包括信息的可及性、准确性、完整性、相关性、新颖性。①可及性，是指社区用户易获得高质量信息，可提高用户信息使用频率与有用性感知[3]；②准确性，是指社区提供的信息客观反映事物属性，信息来源可靠并符合学术伦理与道德准则；③完整性，是指信息的广度与深度，全面展现本领域历史脉络、前沿热点、发展趋势，提供领域相关研究资料与资源链接等；④相关性，是指社区用户检索内容、主题与搜索结果的匹配度；⑤新颖性，是指社区学术资源应与本领域前沿保持一致，及时推送热点研究问题，保障用户捕捉到最新的学术资讯。

2.1.2　系统属性

学术虚拟社区系统属性是用户信息获取、传递、共享与反馈等行为的技术支持，也是影响用户参与和持续使用行为的关键因素，良好的社区系统应具备容错性、功能可见性、安全性、灵活性。①容错性，是指系统的容错性设计能有效防止用户操作错误，或将错误操作的负面影响降到最低，避免用户在操作过程中产生心理压力；②功能可见性，是指社区的导航系统、图标设计、社区场景、整体布局等功能设计符合用户的认知与操作习惯，降低用户浏览、检索和选择目标内容的效能负载力；③安全性，是指社区系统防御及风险控制能力，在受到外部攻击时，系统自动修复不会造成中断和数据泄漏，充分保障系统稳定与用户的信息安全，同时监控信息来源，过滤与筛选负面或无关信息，强化了用户对社区认同与信任感；④灵活性，是指用户可在多种移动终端设备上运行系统、跨屏操作，可链接到不同的信息资源数据库，为用户提供高级检索及不同检索字段的设定。

2.1.3 服务属性

学术虚拟社区服务属性是社区服务特征的体现，是用户对社区服务过程与结果的感知，包括服务的可靠性、移情性、响应性。①可靠性，即服务承诺，是指社区为用户提供可靠的、可信的、适用的互动交流、资源更新及监管与调节等服务；②移情性，是指社区秉承用户为中心的服务理念，根据用户层次、学科领域、兴趣及行为偏好分层推荐相应的主题帖、文献、交流互动小组等，满足用户多重需求；③响应性，是指社区对用户的问题、请求或意见反馈给予及时响应。响应形式可采用自动回复或人工回复，对于常见问题，社区平台可设置系统自动回复功能，而相对复杂或特殊问题采用人工服务。

2.2 基于用户感知的用户黏性驱动因子分析

用户感知的黏性驱动因子是社区用户与社区交互产生的多种心理感知，反映为感知价值、感知娱乐、感知控制、感知成本，如图 D1.2 所示。

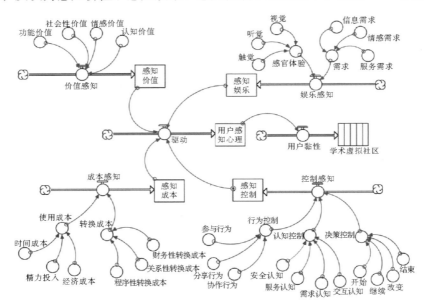

图 D1.2　学术虚拟社区的用户黏性驱动因子

2.2.1　感知价值

感知价值是用户与社区交互服务过程中的整体主观评价。效用（实用价值）和体验（享乐价值）是用户做出价值判断的两个基础，结合消费价值理论，本文认为学术虚拟社区用户感知价值包括功能价值、社会性价值、情感价值、认知价值。①功能价值，是指用户通过社区平台功能满足自身的多种需求，实现任务目标；②社会性价值，是指社区用户在社会性交互过程中获得社区成员的接纳与认同，产生社会归属感，在互惠、利他情境下扩大自身在本领域的知名度；③情感价值，是社会性价值不可分割的一部分，社区成员间的社会性交互激发了用户间情感共鸣，提升自我价值感，增强对社区的情感依赖；④认知价值，社区为用户提供具有探索性、新颖性、多样性的领域学术前沿知识、研究热点问题以及新生主题，满足用户的多元认知。

2.2.2 感知娱乐

感知娱乐是用户在学术虚拟社区交互过程中产生的愉悦感，是用户接受网站的内在动机因素，也是用户获得易用性与有用性感知的前提条件。学术虚拟社区用户的信息需求、情感需求、服务需求是激发娱乐性感知的关键。同时界面的易用性、友好性、简洁性使用户的视觉、听觉、触觉等感观获得愉悦体验，增强了用户对社区的持续使用意愿。

2.2.3 感知控制

感知控制是人机交互过程中用户对技术和环境等实际控制的主观感受，比实际控制更能够驱动用户的使用意愿与行为，其由行为控制、认知控制、决策控制构成。学术虚拟社区用户的行为控制是用户对社区参与、分享、协作等行为活动的自我限制；认知控制是用户对社区安全认知、需求认知、服务认知、交互认知等结果的预测，并分析其对自身映射的含义；决策控制是用户做出行为控制前的主观判断，即是否选择开始、继续或改变目标活动。

2.2.4 感知成本

学术虚拟社区的感知成本是用户在使用社区过程中感受的利失总和，是影响用户采纳服务的关键因素，包括使用成本和转换成本。①使用成本，是指用户在社区花费的时间、精力、经济和心理成本等，其中心理成本可从社会心理学角度解释为社区成员间的一种互惠利他行为；②转换成本，是指用户在不同社区间转换时面临的成本，包括程序性转换成本，即用户在搜寻与适应新社区功能时花费的时间和精力；财务性转换成本，是用户放弃原有社区的财务损失，以及注册新社区所产生的费用；关系性转换成本，指用户情感与心理上的损失，涉及用户在关系网、关注度和权威性等方面的损失。

3 学术虚拟社区用户画像的属性维度与结构模型

3.1 学术虚拟社区用户画像的属性维度

用户画像即"用户标签"，用以勾勒用户个体和群体角色，发掘用户潜在需求，由定量画像与定性画像两部分构成。定量画像包括用户兴趣偏好、交互等行为特征，定性画像主要包括用户基本信息、用户认知、价值与情感等心理特征。在实际画像过程中，定量的方法无法全面刻画用户所有属性，通常结合定性的方法实现用户画像建模。依据学术虚拟社区的特性，结合用户画像构成部分，本文将用户自然属性、用户行为属性和用户心理特征作为学术虚拟社区用户画像属性的三个维度，如图 D1.3 所示。

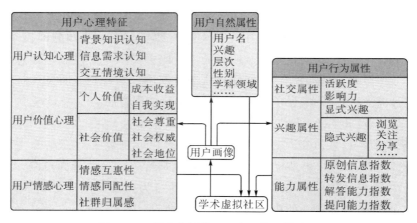

图 D1.3　学术虚拟社区用户画像属性维度

3.1.1 用户自然属性

用户自然属性用来描述个体特征，如用户名、性别、年龄、地区、职业、层次、教育背景、学科领域、兴趣等静态且相对稳定的人口统计信息，完整的用户信息会提高画像的精准度。由于用户自身因素受到社区内外部环境影响，用户在使用社区过程中会关注更多的跨领域主题或转向其他兴趣点，因此自然属性的部分信息可作为基础数据对用户粗略画像。

3.1.2 用户行为属性

用户行为属性泛指用户在使用学术虚拟社区过程中的信息行为与社会行为，一般由社交属性、兴趣属性与能力属性构成。社交属性是用户利用社区互动功能参与学术科研共同体的互动行为，主要通过用户活跃度和影响力来衡量。活跃度包括发帖数、回帖数、关注人数、关注话题数、转发数、点赞量以及评论数等；影响力即被关注度，既要评估用户自身在社区网络节点中的影响力，也要考虑粉丝对发布者信息传播的影响作用。用户的兴趣属性由显式兴趣和隐式兴趣组成，显式兴趣是用户在系统注册时选择的兴趣主题和关注领域；隐式兴趣是用户浏览、关注、点赞、评论或转发等行为数据所反映的用户使用逻辑和行为偏好。用户能力属性是指社区用户分享与创作优质信息资源的能力，由转发信息指数、原创信息指数、解答能力指数、提问能力指数等组成，包括实现文本、图片、链接或音视频等多种形式资源共享的能力，以及用户原创或在已有内容基础上二次创作信息资源的能力。

3.1.3 用户心理特征

用户心理特征是指用户通过个体认知接受社区环境和信息资源的刺激，经大脑加工，形成一种相对稳定的心理表征。学术虚拟社区可从用户认知心理、用户价值心理与用户情感心理三个层面刻画用户心理特征。①用户认知心理，是用户信息获取、储存、转换以及解决问题等行为的心理加工过程，对问题和信息需求的认识和对领域知识的熟知程度，还涉及对社区功能结构、服务体系结构、信息组织结构以及交互主题、对象和形式的理解与掌握。②用户价值心理，既体现为用户期望通过社区实现什么样的自我、获得什么成就、做过哪些有成就感的事情、喜欢将更多的时间和精力投入到哪方面等，也表现在用户社会尊重、社会权威与社会地位，如用户在社区的等级和权限、他人的关注度和态度对自身的影响等。③用户情感心理，是用户对社区的感知体验，与用户内在情感相互交织、互为作用，体现为用户间资源共享与推荐、关注与支持，建立学术科研共同体，获取并维系社群认同感。

3.2 学术虚拟社区用户画像的结构模型

用户画像是真实用户的社区行为与心理特征的深度刻画，其根本目的是通过用户标签与行为建模，发掘用户行为偏好以实现精准化服务。本文以学术虚拟社区用户画像属性为数据源，借鉴图书馆、社会化问答社区、电子商务等领域用户画像模型相关研究，构建了基础数据、行为建模、服务应用及评价反馈四个模块的学术虚拟社区动态用户画像结构模型，如图 D1.4 所示。

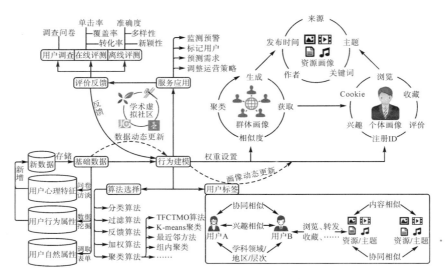

图 D1.4　学术虚拟社区动态用户画像结构模型

3.2.1 基础数据模块

用户画像的基础数据来源于用户的自然属性、行为数据与心理特征，其中，自然属性是静态信息数据，可直接通过注册信息获取；行为数据是抓取用户行为日志或运用数据挖掘技术获取用户浏览、评论、转发、关注等动态信息行为数据，由于这部分信息为半结构化或非结构化的内容，需要对初始数据进行标识与预处理；心理特征数据一般采用访谈或问卷方式获取。

3.2.2 行为建模模块

实施用户行为建模的主要方式是算法选择与用户标签，建模的算法包括分类算法、聚类算法、协同过滤算法、相似度计算、加权算法等。聚类算法可采用 K-means 聚类法、组内聚类法、最近邻方法、TFCTMO 算法、模糊 C 均值等，同时通过相似度计算、关联算法建立属性与兴趣相似用户和相似内容资源或主题的关联关系，实现对用户个体特征和用户群体特征的标签。多个标签描述的个体或群体用户以权重大小凸显核心特征，并将标签数据分别存入个体画像库、群体画像库和资源画像库。用户行为数据处于动态变化，行为建模模块能够实现及时追踪并更新标签，深度刻画用户角色，优化用户标签的精准度和丰裕度。

3.2.3 服务应用模块

服务应用模块主要发挥四个方面的作用：①用户标记。用户以匿名身份访问社区，平台记录用户每次浏览与行为的轨迹，当用户实名注册登录时，系统自动关联之前的行为数据，根据用户注册前的轨迹对用户划分群组，提供分层服务，以提高用户的留存率与回访率。②监测预警。社区运营人员依据用户行为数据获取360°用户视图，监控与清除违规用户，保障社区运营环境的生态性。③预测需求。社区运营人员提取用户的访问内容与访问行为特征，根据用户访问路径、频率、间隔时间、停留时间、访问页数等指标预测用户需求，为保障预测的准确性，特征的提取需实时动态更新。④调整运营策略。用户画像可以挖掘隐藏在用户操作行为数据背后的访问逻辑与行为偏好，分析结果可用作平台优化与运营策略调整。

3.2.4 评价反馈模块

基于大数据的用户画像在推荐信息的时效性、准确性等方面可能存在偏差，通过用户画像的评测与反馈，可适时调整策略，为用户提供更精准的服务。测评用户画像的具体方法包括用户调查、在线评测和离线评测[23]。①用户调查采用调查问卷形式，从用户视角出发了解用户对社区的真实体验与感知。②在线评测主要考查用户的点击率（用户对推荐信息或主题点击数量的比例）、转化率（用户点击量或停留时长与社区总点击量或时长的比例）、覆盖率（推荐结果是否能覆盖与检索相关的所有内容）。③离线评测运用算法判断试验数据的运行结果，评测指标包括准确度、多样性、新颖性。准确度分为排序准确度、分类准确度等；多样性是指社区用户的多元性，需要在保证准确度的同时为不同用户推荐多类别的资源服务，使用户有更多的选择；新颖性是指社区给用户推荐本领域或跨领域热点问题、文献等。每种评测方法都有其自身的优势和不足，在实际评测过程中可根据具体情况结合使用。用户画像的评测与反馈，使社区管理者及时了解系统不足和用户需求，针对反馈结果调整用户建模算法。为了保障用户画像的准确性，社区需要对用户新增数据以及部分无效标签进行完善与动态更新。

4 基于动态用户画像的学术虚拟社区黏性驱动机制模型

4.1 概念模型设计

从任务驱动的用户需求出发，结合学术虚拟社区黏性的内涵，社区黏性和用户黏性的驱动因子，笔者设计了基于动态用户画像的学术虚拟社区黏性驱动机制概念模型，如图 D1.5 所示。

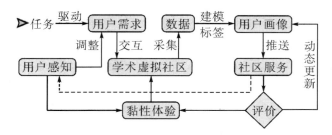

图 D1.5　基于动态用户画像的学术虚拟社区黏性驱动机制概念模型

学术虚拟社区用户在任务驱动需求下与社区交互，通过采集用户基本信息、心理及行为数据标签，并构建用户画像模型，实现不同用户的分层推荐服务，社区用户对服务结果给予评价反馈，以保持用户画像的动态更新。此外，社区服务触发了用户的多种感知，使用户在交互过程中不断调整需求。社区服务与用户感知又共同激发用户黏性体验，提升用户留存率与回访率，维持用户与社区间相对稳定的黏性水平。

4.2 黏性驱动机制模型构建

笔者基于信息系统成功模型与用户感知理论分析了社区的黏性驱动因子，结合用户画像属性与结构模型，从用户需求伊始，利用系统建模工具 ithink 9.0.2 创建基于动态用户画像的学术虚拟社区黏性驱动机制模型。模型以用户需求—用户画像—内容推荐—社区黏性为主干，以社区属性和用户感知为两翼，如图 D1.6 所示。

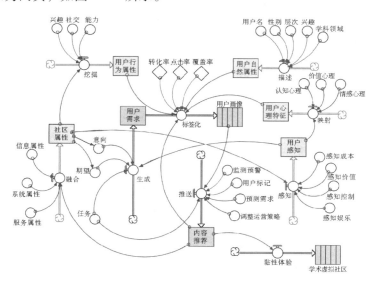

图 D1.6　基于动态用户画像的学术虚拟社区黏性驱动机制模型

任务、意向、期望生成用户需求，需求是驱动学术虚拟社区用户产生黏性的逻辑起点。学术虚拟社区综合用户的自然属性、行为属性和心理特征勾勒用户画像，因行为属性和心理特征的动态性、演变性，需动态追踪并更新用户标签，画像意图在于用户标记、监测预警、预测需求、调整运营策略等，以保障多维多元视角下不同用户检索任务的精准匹配。社区运营人员综合用户对推送结果的点击率、覆盖率、转化率等评测指标判断画像效果，以此为依据更新与完善用户画像。刻画效果的高低直接影响用户黏性体验，当精准度较高时，用户的认知、情感等需求得以满足，用户与社区间保持动态平衡，使平台黏性达到稳定状态。反之，用户需求可能会逐渐消减，产生认知缺失、情绪耗竭、情感偏离、行为倦怠，最终放弃使用社区。

用户自然属性是相对稳定的静态数据，而行为属性和心理特征会随着用户新增数据而动态变化。其中行为属性画像是基于用户与平台交互时产生的行为数据，如获取信息、操作系统、交互服务等，用户心理特征画像则来源于上述交互行为所触发的用户感知，如感知价值、感知控制、感知成本和感知娱乐。综合用户自然属性、行为属性与心理特征实施标签化，标签随着用户画像属性的演变而动态更新，构建用户画像可实现不同用户个体与群体推荐服务，推荐服务的精准度会导致不同的用户体验，同时推荐的内容品质也会反向影响社区的信息属性、系统属性和服务属性。此外，用户对社区的信息、系统和服务三个属性融合后形成整体的期望和意向，结合用户使用社区的多种感知与原有期望和意向对比，共同生成新的用户需求，形成驱动系统的循环反馈回路。

5 结论

降低学术虚拟社区用户的流失率和改善社区服务均离不开对用户的深度挖掘，用户画像利用标签刻画用户角色，有助于描述、概括用户全貌，推进学术虚拟社区内容推送服务，优化系统服务效能，提高社区黏性和用户黏性体验。学术虚拟社区黏性驱动因子囊括了社区属性和用户心理感知，从用户自然属性、行为属性、心理特征三个维度获取用户对学术虚拟社区的感知心理和交互行为数据，以此勾勒用户画像。学术虚拟社区动态用户画像结构模型表达了追踪用户画像的动态演变及标签化过程，精准刻画用户角色与用户需求定位，从根本上解决了学术虚拟社区黏性弱这一现象。本文利用系统建模工具构建了动态用户画像的学术虚拟社区黏性驱动机制模型，从理论上表征用户画像对学术虚拟社区黏性的驱动作用，为黏性研究提供参考借鉴。

参考文献

[1] 段菲菲，翟姗姗，池毛毛，等. 手机游戏用户粘性影响机制研究：整合 Flow 理论和 TAM 理论 [J]. 图书情报工作，2017，61（3）：21-28.

[2] 赵青，薛君. 网络用户黏性行为测评研究 [J]. 统计与信息论坛，2014，29（10）：72-78.

[3] 高丽. 教育技术虚拟社区的社区黏度研究 [D]. 上海：上海师范大学，2011.

[4] 赵青，张利，薛君. 网络用户黏性行为形成机理及实证分析 [J]. 情报理论与实践，2012，35（10）：25-29.

[5] 王海萍. 在线消费者黏性研究 [M]. 北京：经济科学出版社，2010.

[6] 查先进，陈明红. 信息资源质量评估研究 [J]. 中国图书馆学报，2010，36（3）：46-55.

[7] 陈为东，王萍，王益成. 网络用户效能负载力的影响因素与优化策略研究 [J]. 情报理论与实践，2018，41（1）：111-115.

[8] 李宇佳. 学术新媒体信息服务模式与服务质量评价研究 [D]. 长春：吉林大学，2017.

[9] 陈为东，王萍，王益成. 学术新媒体环境下用户信息偶遇要素及内在机理研究 [J]. 情报理论与实践，2018，41（2）：28-33，45.

[10] 牛温佳，刘吉强，石川，等. 用户网络行为画像 [M]. 北京：电子工业出版社，2016.

[11] 陈志明，胡震云. UGC 网站用户画像研究 [J]. 计算机系统应用，2017，26（1）：24-30.

[12] 张慧敏，辛向阳. 构建动态用户画像的四个维度 [J]. 工业设计，2018（4）：59-61.

[13] 王庆，赵发珍. 基于"用户画像"的图书馆资源推荐模式设计与分析 [J]. 现代情报，2018，38（3）：105-109，137.

[14] 王凌霄，沈卓，李艳. 社会化问答社区用户画像构建 [J]. 情报理论与实践，2018，41（1）：129-134.

[15] 单晓红，张晓月，刘晓燕. 基于在线评论的用户画像研究 [J]. 情报理论与实践，2018，41（4）：99-104，149.

[16] DAVENPORT T H, BECK J C. The Attention Economy [M]. Massachusetts: Harvard Business Review Press, 2002.

[17] LU H, LEE M. Demographic differences and the antecedents of blog stickiness [J]. Online Information Review, 2010, 34 (1): 21-38.

[18] Li G , PARK S T, JIN H. Antecedents of Wechat Group Chatting user's stickiness and organizational commitment [J]. Journal of Engineering and Applied Sciences, 2017, 12 (1): 5708-5713.

[19] LI D, BROWNE G J, WETHERBE J C. Why do internet users stick with a specific web site? a relationship perspective [J]. International Journal of Electronic Commerce, 2006, 10 (4): 105-141.

[20] DELONE W H, MCLEAN E R. The delone and mclean model of information systems success: a ten-year update [J]. Journal of Management Information Systems, 2003, 19 (4): 9-30.

[21] LIN H F. Understanding behavioral intention to participate in virtual communities [J]. Cyber Psychology & Behavior, 2006, 9 (5): 540-547.

[22] LIDWELL W, HOLDEN K, BUTLE J. Universal Principles of Design [M]. 朱占星，薛江，译. 北京：中央翻译出版社，2013.

[23] GONCALEVES H M, LOURENCO T F, SILVA G M. Green buying behavior and the theory of consumption values: a fuzzy-set approach [J]. Journal of Business Research, 2016, 69 (4): 1484-1491.

[24] MOON J W, KIM Y G. Extending the TAM for a world-wide-web context [J]. Information & Management, 2001, 28 (4): 217-230.

[25] VENKATESH V, BALA H. Technology acceptance model 3 and a research agenda on interventions [J]. Decision Sciences, 2010, 39 (2): 273-315.

[26] HUNG S Y, KU C Y, CHANG C M. Critical factors of WAP Services adoption : an empirical study [J]. Electronic Commerce Research & Applications, 2004, 2 (1): 42-60.

[27] BURNHAM T A, FRELS J K, MAHAJAN V. Consumer switching costs: a typology, antecedents, and consequences [J]. Journal of the Academy of Marketing Science, 2003, (2): 109-126.

D2　学术虚拟社区社会化交互质量的物元可拓评价与敏感性分析

王美月[1]　宋婧馨[2]　陈为东[3]

[1]吉林体育学院 长春 130022　[2]吉林大学管理学院 长春　130022

[3]安徽财经大学管理科学与工程学院 蚌埠 233030

摘要：【目的/意义】知识在群体社交过程中得到流转、发酵、深化，生成新知识，探究学术虚拟社区社会化交互质量有助于优化学术科研知识服务系统，提升知识流转效率。【方法/过程】基于远程交互层次塔理论，结合学术虚拟社区特征构建社会化交互质量评价指标体系，采用物元可拓法实证检验了小木虫虚拟社区的社会化交互水平，并采用 LASSO 回归模型分析了指标的敏感性。【结果/结论】小木虫交互质量总体达到良好等级，倾向一般等级，其中操作交互和概念交互质量良好，信息交互和情感交互质量一般，二级指标表现出不同程度的差异，敏感性分析验证了评价方法的合理性和有效性，为社会化交互质量评测开辟了新的路径。【创新/局限】实例分析样本数据量较小，采用专家打分的评价方法具有一定的主观性。后续研究将考虑进一步扩大调查范围，以保证研究结论的客观性与普适性。

关键词：学术虚拟社区；社会化交互；交互质量；物元可拓评价；敏感性分析

The Matter-element Extension Evaluation and Sensitivity Analysis of Social Interaction Quality in Academic Virtual Community

WANG Mei-yue[1]　SONG Jing-xin[2]　CHEN Wei-dong[3]

([1]Jilin Institute Of Physical Education Changchun, 130022, China

[2] School of Management, Jilin University, Changchun, 130022, China

[3]School of Management Science and Engineering,

Anhui　University of Finance and Economics Bengbu 233030)

Abstract：【Purpose/significance】Knowledge can be transferred, fermented, and deepened in the process of group social interaction, and new knowledge can be generated. Exploring the social interaction quality of academic virtual communities will help optimize the academic research knowledge service system, thereby improving the efficiency of knowledge exchange.【Method/process】The social interaction quality evaluation index system is constructed according to the theory of remote interaction hierarchy model, and the matter-element extension method was used to empirically test the social interaction quality level of the "Xiaomuchong" virtual community, and we also use LASSO regression model for sensitivity analysis. 【Result/conclusion】 The interaction quality of "Xiaomuchong" has reached a good level overall, tendency to a general level, in which the quality of operational interaction and conceptual interaction is good, while the quality of information interaction and emotional interaction is average. The second -level indicators reflect differences. Sensitivity analysis verifies the rationality and effectiveness of the evaluation method, which opens up a new path for follow-up research. 【Innovation/Limitation】 The sample data of case analysis is small, and the evaluation method of expert scoring has certain subjectivity. The follow-up study will further expand the scope of the investigation to ensure the objectivity and universality of the research conclusions.

Keywords: academic virtual community; social interaction; interaction quality; matter-element extension evaluation; sensitivity analysis

1 引言

用户在社群情境下发起的会话伴随着知识社交行为，该行为过程存在着知识的流动、发酵与转化，促进用户实现社会性和个体性知识建构，进而重构、发展、联结自身认知图式，获得新知。学术虚拟社区（或称学术社交网站）作为一种非正式的学术信息交流平台，为科研领域的成果展示、知识流动、协作创新等提供了新的互动模式和路径。以 Research Gate、Mendeley、Academia.edu、经管之家、小木虫、丁香园等为主流的学术虚拟社区允许用户根据专业领域、兴趣等组建科研共同体，形成无边界的社交网络结构，并通过社会化交互活动扩散个人的社会影响力和学术影响力，增强社区持续运营与发展的核心竞争力。然而，学术虚拟社区目前普遍存在用户活跃度低、社交动力弱、知识流转效率低等问题，严重制约了社区的可持续发展。因此，构建一套科学有效的评价体系评估社区用户的社会化交互质量，从而发现社区服务缺陷与不足具有重要的意义。

社会化交互包括个体与个体的个别化交互，以及个体与群体或群体与群体的泛化交互，是用户通过强弱社会连接关系进行信息交换与情感互动的社交活动。目前，相关的研究主要从三方面展开：一是采用质性研究方法，基于现有的理论模型或框架，通过对用户交互文本数据编码，判断用户交互水平。如戴心来等基于 Bloom 认知分类理论，从识记、理解、运用、分析、评价和创新六个层面分析用户的社会性交互层次；曹传东等以 Gunawardena 五阶段（包括分享与澄清、认知冲突、意义协商、检验修正、达成与应用）交互模型选取果壳网一门 MOOC 讨论区文本数据，评估学习者社会性交互水平。二是采用量化的研究方法，以用户交互的点入度、点出度、中心度、网络密度、互惠性等指标判断用户参与度和活跃度。此外，评价指标体系的构建也受到学者们广泛的关注。如魏志慧，陈丽等构建了由媒体与界面交互性，学生与学习资源交互等 5 个一级指标和 47 个二级指标组成的评价指标体系；熊秋娥基于建构主义学习理论，构建了在线学习中异步社会性交互质量评价指标体系，包括在线交互水平、人际交互能力、批判性思维水平、教师参与角色、知识建构水平 5 个一级指标和 53 个二级指标；邹沁含等基于联通主义学习理论，构建交互文本的评价指标体系，运用层次分析和主题聚类方法，根据交互文本词频统计与主题匹配度，判断用户社会化交互质量。

国内外学者对社会化交互质量展开了积极的探索，并取得了丰硕的成果。但研究多从某一个侧面评估社区用户社会化交互质量，而忽视了平台环境、用户情感以及用户认知等综合性因素。鉴于此，本文引入远程交互层次塔理论，结合学术虚拟社区社会化交互质量的构成要素，采用定性与定量相结合的方法，构建学术虚拟社区社会化交互质量的评价指标体系和物元可拓模型。考虑到社会化交互质量各指标之间存在的潜在关联，本文利用动态可拓评价方法的关联函数，搭建交互质量之间相关因素的有机联系，从而客观地反映出学术虚拟社区社会化交互质量的实际状况，为加速学术虚拟社区知识流转、提高知识服务能力提供指导。

2 学术虚拟社区社会化交互质量的评价指标体系

学术虚拟社区社会化交互质量是指用户在与平台、用户（个体或群体）进行信息、情感等交流过程中对交互体验的整体判断。社会化交互质量评估涉及平台运行、技术支持、信息资源、用户情感等多个复杂因素，在构建指标体系时应引入相关领域成熟的理论框架支撑。本文引入远程交互层次塔模型，该模型涵盖远程交互的多个维度，是信息交互行为研究领域的经典模型。

2.1 远程交互层次塔模型

Laurillard 提出了远程学习的会话交互模型，他认为远程交互过程中学习者会在两个层面发生交互，即适应性交互（学习者与环境之间的交互）和会话性交互（学习者认知冲突所引发的概念转变）。我国学者陈丽在全面分析了学习者在不同阶段交互需求的基础上进一步发展该理论，构建了由操作交互、信息交互和概念交互组成的远程交互层次塔模型。操作交互是用户与平台界面的交互；信息交互即用户与用户、信息资源的交互；概念交互是指用户通过交互活动引发认知概念的转变。考虑到学术虚拟社区显著的社会属性，用户间情感交流是维系社会网络关系的纽带，因此，本文引入情感交互这一维度，构建了学术虚拟社区交互层次塔模型，如图 D2.1 所示。

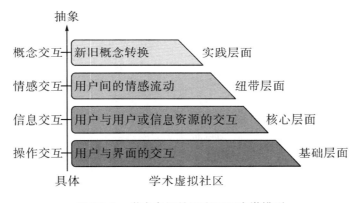

图 D2.1　学术虚拟社区交互层次塔模型

2.2 指标体系的构建

依据学术虚拟社区交互层次塔模型，结合交互质量评价的相关研究，本文最后确定了由 4 个一级指标和 18 个二级指标构成的学术虚拟社区社会化交互质量评价指标体系，如表 D2.1 所示。

表 D2.1　学术虚拟社区社会化交互质量评价指标体系

一级指标	二级指标	主要测评度	参考文献
操作交互 A_1	平台稳定性 a_{11}	平台运行稳定、流畅	Dolone&Mclean[16]、Iwaarden J V 等[18]
	平台安全性 a_{12}	平台运行安全	
	导航清晰度 a_{13}	平台导航清晰，便于操作	
	检索便捷性 a_{14}	平台提供集成检索、分类检索	
信息交互 A_2	资源可靠性 a_{21}	平台信息准确、来源安全与用户需求紧密相关	查先进等[19]、于俊辉等[20]
	宣传适度 a_{22}	平台广告数量适中，内容真实	
	交互频度 a_{23}	平台用户活跃，交互频繁	
	交互深度 a_{24}	平台用户交互深入	
	响应速度 a_{25}	平台用户反馈及时	
	平台外链性 a_{26}	平台界面悬挂相关应用程序	
	知识共享 a_{27}	平台用户积极分享知识产品与服务	
情感交互 A_3	控制感知 a_{31}	平台用户发起并控制主题讨论趋势	Ng C S-P[22]、张思[23]
	归属感知 a_{32}	用户间以及用户与平台间的依赖感、信任感	
	互惠感知 a_{33}	用户间以及用户与平台间彼此获益，互惠互利	
	移情感知 a_{34}	用户交互过程中的情绪变化能被感同身受	
	交互延展性 a_{35}	由线上交互活动迁移到其他社交媒体或线下交流	
概念交互 A_4	知识内化 a_{41}	新旧知识的转换	Jonassen D. H[24]
	知识迁移 a_{42}	获得新知并应用到多个实践场景中	

2.2.1 操作交互

操作交互是远程交互层次塔模型的基础层面，平台系统是承载信息交互与传播的媒介，直接影响用户对平台使用过程的感知。Dolone&Mclean信息系统成功模型也指出，信息质量、系统质量与服务质量是信息系统成功的三个要素，其中系统质量是平台所表现的技术水平。稳定、安全且流畅的平台环境可以减少用户操作时的焦虑感，提升交互体验，促进用户交互行为的发生与进行。学术虚拟社区用户的操作交互是指用户与平台界面的交互，涉及平台稳定性、平台安全性，导航清晰度三个指标。此外，Iwaarden J V 等也指出，平台为用户提供集成与分类检索将极大提高用户的信息检索效率，因此本文将检索便捷性这一指标纳入操作交互维度。

2.2.2 信息交互

信息交互是远程交互层次塔模型的核心层面，是用户与平台资源以及用户间信息交流与知识共享行为，也是情感与概念交互发生的条件与过程。高质量的信息资源是用户交互频度、深度与广度的基础保障。根据查先进等对信息资源质量评估指标，结合于俊辉等构建的交互质量评估模型，本文确定资源可靠性、宣传适度、交互频度、交互深度、响应速度与知识共享 6 个二级指标。资源可靠性是指平台信息准确、来源安全可靠；宣传适度是指平台广告投放数量适中，内容真实；交互频度是指用户活跃程度与交互频次；交互深度是用户互动交流话题的深入度；响应速度即平台在用户发帖、回帖时给予及时的反馈；此外，学术虚拟社区多以界面悬挂的方式配置相关微博、博客等应用程序，以保证用户社交的延续，扩大用户学术社交圈，因此，平台的外链性也是信息交互质量的重要评价指标。

2.2.3 情感交互

情感交互是远程交互层次塔模型的纽带层面，是用户交流情感与维系社会关系的桥梁。用户在远程交互情境下对平台环境和自我行为操控水平的感知，以及来自他人的情感支持与认同，能够极大地提升用户间的亲密度与归属感。社会交换理论认为互惠行为在个体交互过程中起着和谐发展的作用，社会交换活动得以持续的准则是个体间的互惠互利。因此，本文将情感交互质量划分为控制感知、互惠感知、归属感知、移情感知四个指标。此外，学术虚拟社区用户线上线下关联紧密程度也影响着用户交互的深度与黏度，故交互延展性是维系用户情感交互的指标之一。

2.2.4 概念交互

概念交互是远程交互层次塔模型的应用层面。Laurillard 指出，用户远程的交互活动是有意图的、动态的、意义建构的过程，通过新旧知识的相互作用产生认知冲突，从而实现新旧概念的交替。个体发生概念的交互与转变是有意义学习的内在机制，个体交互过程中原认知与新认知之间产生冲突，触发了自身对观点概念框架的理解发生变化，即产生了概念的转变。概念交互无法被直接观察但却作用于信息交互的内容与形式。因此，本文将概念交互分为知识内化与知识迁移。知识内化是用户在学术虚拟社区中对新知识的吸收、内化；而知识迁移则是用户将新知识应用到其他场景。

3 物元模型构建与可拓评价过程

物元可拓法是物元分析和可拓学的耦合，源于我国学者蔡文关于如何开拓适合的新方法来解决不相容（或矛盾）问题的思想，通过将不相容问题转换为形式化、逻辑化的问题模型并用数学形式表达，以此揭示物元变化规律。物元是物元可拓模型的基本逻辑细胞，以三元有序组 $R = (M, C, V)$ = （事物，事物特征，特征量值）来描述事物的基本元。由于物元可拓法能够降低个体主观因素形成的偏差，提升评价的客观性和准确性，因此被广泛应用于多个学科领域。学术虚拟社区依托互联网技术，实现学术个体与群体实时交流，在一定程度上体现了交互主体的多样性与非线性特征。本文基于改进的远程交互层次塔理论，构建了学术虚拟社区社会化交互质量的评价指标体系，其中涵盖操作交互、信息交互、情感交互以及概念交互四个不相容的构面，因此可以采用物元可拓模型评估交互质量。

3.1 物元的经典域、节域与待评价物元

物元以 $R = (M, C, V)$ 有序三元组形式来表征，M 代表事物名称，C 代表事物特征，V 代表特征量值。经典域即评价对象在不同评价等级下指标量值的取值区间。假定学术虚拟社区社会化交互质量被评定为 m 个等级，$c_1, c_2, c_3, \ldots, c_n$ 是 M_e 的 n 个评价指标，则经典域物元模型表达式为

$$
R_e = (M_e, C, V_e) = \begin{bmatrix} M_e & c_1 & v_{e1} \\ & c_2 & v_{e2} \\ & \vdots & \vdots \\ & c_i & v_{ei} \\ & \vdots & \vdots \\ & c_n & v_{en} \end{bmatrix} = \begin{bmatrix} M_e & c_1 & [p_{e1}, q_{e1}] \\ & c_2 & [p_{e2}, q_{e2}] \\ & \vdots & \vdots \\ & c_i & [p_{ei}, q_{ei}] \\ & \vdots & \vdots \\ & c_n & [p_{en}, q_{en}] \end{bmatrix} \quad (1)
$$

R_e 为第 e 个同征物元，M_e 为学术虚拟社区社会化交互质量的评价等级，c_i 是社会化交互质量的第 i 个具体的评价指标，$v_{ei} = [p_{ei}, q_{ei}]$ 为评价指标

c_i的取值范围，p_{ei}，q_{ei}（$e=1$，2，$\cdots$，m；$i=1$，2，$\cdots$，n）分别代表学术虚拟社区社会化交互质量第i个指标取值范围的上下限值。

节域的物元模型表达式为

$$R_k = (M_k, C, V_k) = \begin{bmatrix} M_k & c_1 & v_{k1} \\ & c_2 & v_{k2} \\ & \vdots & \vdots \\ & c_i & v_{ki} \\ & \vdots & \vdots \\ & c_n & v_{kn} \end{bmatrix} = \begin{bmatrix} M_k & c_1 & [p_{k1}, q_{k1}] \\ & c_2 & [p_{k2}, q_{k2}] \\ & \vdots & \vdots \\ & c_i & [p_{ki}, q_{ki}] \\ & \vdots & \vdots \\ & c_n & [p_{kn}, q_{kn}] \end{bmatrix} \tag{2}$$

R_k表示学术虚拟社区社会化交互质量的所有评定等级，v_{ki}代表交互质量的第i个指标下所有评价等级的取值并集，记为$[p_{ki}, q_{ki}]$，其中，p_{ki}和q_{ki}为取值范围上下限值，即节域的区间范围。经典域中取值范围包含于对应节域的取值范围，即$v_{ei} \subset v_{ki}$，其中$i=1$，2，$\cdots$，n；$e=1$，2，$\cdots$，m，k是评价质量的第k个量值。

假定学术虚拟社区社会化交互质量等级为M_a，则待评价物元的表达式为

$$R_a = (M_a, C, V_a) = \begin{bmatrix} M_a & c_1 & v_{a1} \\ & c_2 & v_{a2} \\ & \vdots & \vdots \\ & c_i & v_{ai} \\ & \vdots & \vdots \\ & c_n & v_{an} \end{bmatrix} \tag{3}$$

R_a表示第a个分特征物元矩阵，c_i代表学术虚拟社区社会化交互质量的特定指标，v_{ai}则是对应特定指标的实际评测值。

3.2 计算待评价物元的可拓关联函数

学术虚拟社区社会化交互质量的等级可通过测量特征量值与经典域、节域的接近度来判断，特征量值是实轴上的点。根据可拓集合的关联函数推理待评价交互质量物元与设定交互质量等级的接近程度，即关联度。关联度表示交互质量的指标与设定的所有评价等级的隶属程度。

物元与经典域、节域的距离程度如公式（4）、公式（5）所示：

$$d(v_i, v_{ei}) = \left| v_i - \frac{p_{ei} + q_{ei}}{2} \right| - \frac{p_{ei} + q_{ei}}{2} \tag{4}$$

$$d(v_{i,}\ v_{ki}) = \left| v_i - \frac{p_{ki} + q_{ki}}{2} \right| - \frac{p_{ki} + q_{ki}}{2} \tag{5}$$

d（v_i，v_{ei}）、d（v_i，v_{ki}）分别为学术虚拟社区社会化交互质量的第 i 个指标量值与经典域、节域的距离，关联函数表达式为

$$W_j(v_i) = \begin{cases} \dfrac{-d(v_{i,}\ v_{ei})}{|v_{ei}|} & v_i \in v_{ei} \\ \dfrac{d(v_{i,}\ v_{ei})}{d(v_{i,}\ v_{ki}) - d(v_{i,}\ v_{ei})} & v_i \notin v_{ei} \end{cases} \tag{6}$$

$|v_{ei}| = |q_{ei} - p_{ei}|$，$W_j(v_i)$ 表示学术虚拟社区社会化交互质量的 i 个度量指标与第 j 个评价等级的关联接近程度。

3.3 评定指标权重

物元可拓法能够降低学术虚拟社区社会化交互质量在主观赋权时导致的偏差，根据交互质量实际测量值计算二级指标的权重，同一个一级指标下的二级指标总权重为 1，二级指标计算公式为

$$f_{ei} = \frac{r_{ei}}{\sum_{i=1}^{m} r_{ei}} \left(\sum_{i=1}^{m} f_{ei} = 1 \right) \tag{7}$$

f_{ei} 表示交互质量的第 e 类一级指标下的第 i 个二级指标的权重，e（$e=1, 2, \cdots, n$）和 i（$i=1, 2, \cdots, m$）分别为交互质量的一级指标数和对应的二级指标数。学术虚拟社区社会化交互质量的一级指标总权重为 1，一级指标权重表达式为

$$f_e = \frac{r_e}{\sum_{e=1}^{n} r_e} \left(\sum_{e=1}^{n} f_e = 1, \ r_e = \sum_{i=1}^{m} r_{ei} \right) \tag{8}$$

依据可拓权重法得到指标权重系数表达式为

$$r_{ei}(v_i, \ v_{ei}) = \begin{cases} \dfrac{2(v_i - p_{ei})}{q_{ei} - p_{ei}} vi \leqslant \dfrac{p_{ei} + q_{ei}}{2} \\ \dfrac{2(q_{ei} - v_i)}{q_{ei} - p_{ei}} vi \geqslant \dfrac{p_{ei} + q_{ei}}{2} \end{cases} \tag{9}$$

如果 $v_i \in v_{ei}$，则存在 $r'_{ei}(v_i, v_{ei}) = \max\{r'_{ei}(v_i, v_{ei})\}$，学术虚拟社区社会化交互质量指标的实际测量值所在等级越大，则指标的权重越大，r_{ei} 取值表达式为

$$r_{ei} = \begin{cases} j_{max} * (1 + r'_{ei}(v_i, v_{eimax})) & r'_{ei}(v_i, v_{eimax}) \geqslant -0.5 \\ j_{max} * 0.5 & r'_{ei}(v_i, v_{eimax}) \leqslant -0.5 \end{cases} \tag{10}$$

3.4 判定学术虚拟社区社会性交互质量等级

评价物元 R 的一级指标与评价等级 j 的关联度，表达式为

$$W_j(R_e) = \sum_{i=1}^{m} f_{ei} W_j(v_{ei}) \qquad (11)$$

m 是指某个特定一级指标所对应的二级指标总数，则可推理出待评价物元 R 与评价等级 j 的关联度表达式为

$$W_j(R) = \sum_{e=1}^{n} f_e W_j(R_e) \qquad (12)$$

n 表示评价物元的一级指标数量。根据关联度最大识别原则，待评价物元所隶属等级 j'，表达式为

$$W_{j'}(R) = \max W_j(R) \qquad (13)$$

待评价物元所属等级的特征量值，记为

$$j^* = \frac{\sum_{j=1}^{n} j \cdot \overline{w_J}}{\sum_{j=1}^{n} \overline{w_J}} \left(\overline{W_J} = \frac{w_j(R) - \min w_j(R)}{\max w_j(R) - \min w_j(R)} \right) \qquad (14)$$

上式可基于待评价物元的评价等级判断偏向相邻等级倾斜的趋势。

4 实例分析

4.1 确定评价对象

学术虚拟社区为高校、科研机构的教师、硕博研究生以及企业研发人员提供了良好的学术交流与科研协作平台。本文选取小木虫学术科研互动社区（以下简称小木虫）为研究对象。小木虫始创于 2001 年，截止到 2020 年 12 月底，社区注册会员已突破 2 400 余万，累计主题 530 余万篇，并有超过 1.4 亿条回帖。小木虫作为科研学术站点承载了多个学科领域的学术资源，并设置了多版块服务功能，如科研生活、学术交流、出国留学、文献求助、资源共享等帮助用户解答基金申请、论文投稿、考博考研、学术前沿等问题，促进学术知识和经验的交流互动。小木虫社区学科领域覆盖面广，信息来源广泛多样，用户数量庞大且交互相对活跃，因此本文以该科研平台为例，结合定性调查与定量分析的方法，验证物元可拓法在学术虚拟社区社会化交互质量评估中的应用效果。

4.2 数据收集与物元模型构建

本次调查组织了 11 位专家（信息系统领域 2 位、情报学领域 3 位、新媒体领域 3 位、资深的小木虫用户 3 位）评价学术虚拟社区社会化交互质量的等级。首先，明确了社区社会化交互质量级别为 N_1（差）、N_2（一

般）、N_3（良好）、N_4（优秀）4 个等级。依据学术虚拟社区社会化交互质量评价指标体系设计问卷，对题项执行 0~10 分打分制，0 分表示完全不符合，10 分表示完全符合，取整数共 11 个等级，符合程度逐级递增。之后，采用问卷形式，选取至少每周有一次访问经历的小木虫用户结合自身真实使用体验进行评分，共回收有效问卷 34 份。通过计算实测结果的均值并进行归一化处理，得出小木虫社区社会化交互质量的经典域、节域与实际值如表 D2.2 所示。

表 D2.2　小木虫社会化交互质量物元模型的取值区间

评测指标		评测等级				节域	实际值
一级指标	二级指标	N_1	N_2	N_3	N_4	V_k	V_a
A_1	（a_{11}）	<0.1,0.3>	<0.3,0.5>	<0.5,0.8>	<0.8,1>	<0.1,1>	0.71
	（a_{12}）	<0,0.3>	<0.3,0.5>	<0.5,0.8>	<0.8,1>	<0,1>	0.72
	（a_{13}）	<0.2,0.4>	<0.4,0.6>	<0.6,0.8>	<0.8,1>	<0.2,1>	0.69
	（a_{14}）	<0,0.3>	<0.3,0.5>	<0.5,0.8>	<0.8,1>	<0,1>	0.67
A_2	（a_{21}）	<0,0.35>	<0.35,0.7>	<0.7,0.9>	<0.9,1>	<0,1>	0.68
	（a_{22}）	<0,0.4>	<0.4,0.6>	<0.6,0.8>	<0.8,1>	<0,1>	0.46
	（a_{23}）	<0,0.3>	<0.3,0.5>	<0.5,0.8>	<0.8,1>	<0,1>	0.51
	（a_{24}）	<0,0.4>	<0.4,0.7>	<0.7,0.9>	<0.9,1>	<0,1>	0.52
	（a_{25}）	<0,0.25>	<0.25,0.5>	<0.5,0.75>	<0.75,1>	<0,1>	0.43
	（a_{26}）	<0.1,0.3>	<0.3,0.5>	<0.5,0.8>	<0.8,1>	<0.1,1>	0.38
	（a_{27}）	<0.2,0.4>	<0.4,0.6>	<0.6,0.8>	<0.8,1>	<0.2,1>	0.49
A_3	（a_{31}）	<0,0.3>	<0.3,0.5>	<0.5,0.8>	<0.8,1>	<0,1>	0.46
	（a_{32}）	<0,0.4>	<0.4,0.7>	<0.7,0.9>	<0.9,1>	<0,1>	0.62
	（a_{33}）	<0,0.25>	<0.25,0.5>	<0.5,0.75>	<0.75,1>	<0,1>	0.55
	（a_{34}）	<0,0.3>	<0.3,0.5>	<0.5,0.8>	<0.8,1>	<0,1>	0.46
	（a_{35}）	<0,0.3>	<0.3,0.5>	<0.5,0.8>	<0.8,1>	<0,1>	0.35
A_4	（a_{41}）	<0,0.3>	<0.3,0.6>	<0.6,0.8>	<0.8,1>	<0,1>	0.70
	（a_{42}）	<0,0.4>	<0.4,0.6>	<0.6,0.8>	<0.8,1>	<0,1>	0.69

4.3 物元可拓评价过程

（1）确定小木虫社会化交互质量指标权重系数。根据公式（9）比较实际值 v_i 与 $(p_{ei}+q_{ei})/2$ 大小，采取不同计算方式，以小木虫社会化交互质量（A_1）下的二级指标 a_{11} 为例，其实际测量值为 0.71，属于 N_3 等级且大于 $(p_{ei}+q_{ei})/2 = (0.5+0.8)/2 = 0.65$，则 $r´_{11} = (0.71, (0.5, 0.8)) = 2 \times (0.8-0.71)/(0.8-0.5) = 0.6$，则可计算出 $r´_{12} = 0.88$，$r´_{13} = 0.5$，再根据公式（10）可得 $r_{11} = 3 \times (1+0.6) = 4.8$，同理得出 $r_{12} = 4.6$，$r_{13} = 5.7$，$r_{14} = 5.6$。根据公式（8）中 r_e 是 r_{ei} 之和，则 $r_1 = r_{11} + r_{12} + r_{13} + r_{14} = 20.70$，那么小木虫指标 a_{11} 的权重为 $f_{11} = r_{11}/r_1 = 4.8/20.7 = 0.232$，同理计算出其他二级指标权重，如表 D2.3 所示。再根据公式（8）得到小木虫的 4 个一级指标权重，计算结果如表 D2.4 所示。

表 D2.3　小木虫社会化交互质量二级指标权重

二级指标	权重系数	二级指标	权重系数
a_{11}	0.232	a_{26}	0.158
a_{12}	0.222	a_{27}	0.171
a_{13}	0.275	a_{31}	0.176
a_{14}	0.271	a_{32}	0.194
a_{21}	0.098	a_{33}	0.265
a_{22}	0.140	a_{34}	0.176
a_{23}	0.140	a_{35}	0.189
a_{24}	0.158	a_{41}	0.095
a_{25}	0.137	a_{42}	0.905

表 D2.4　小木虫社会化交互质量一级指标权重

一级指标	权重系数	一级指标	权重系数
A_1	0.315	A_3	0.241
A_2	0.348	A_4	0.096

（2）计算小木虫社会化交互质量关于各评价等级的关联度。根据公式（4）、公式（5）可以计算指标实际值与经典域、节域的接近度，计算二级

指标 a_{21} 关于 N_1 等级的关联度为 $d(v_{21}, v_{l21}) = d(0.68, (0, 0.35)) =$ $\mid 0.68-(0+0.35)/2 \mid -(0.35-0)/2 = 0.33$ 与节域距离为：$d(v_{21},$ $v_{k21}) = d(0.68, (0, 1)) = \mid 0.68-(0+1)/2 \mid -(1-0)/2 = -0.32$，由于 $0.68 \notin (0, 0.35)$，根据公式（6）得到，$W_1(v_{21}) = 0.33/(-0.32-0.33) = -0.508$，同理可得小木虫社会化交互质量二级指标与各评价等级的关联度，如表 D2.5 所示。

表 D2.5　小木虫社会化交互质量二级指标与各评价等级的关联度

二级指标	$W_1(v_i)$	$W_2(v_i)$	$W_3(v_i)$	$W_4(v_i)$
a11	−0.586	−0.420	0.300	−0.237
a12	−0.600	−0.440	0.267	−0.222
a13	−0.483	−0.225	0.450	−0.262
a14	−0.529	−0.340	0.433	−0.283
a21	−0.508	0.057	−0.059	−0.407
a22	−0.115	0.300	−0.233	−0.425
a23	−0.300	−0.020	0.033	−0.372
a24	−0.200	0.400	−0.273	−0.442
a25	−0.295	0.280	−0.140	−0.427
a26	−0.222	0.400	−0.300	−0.600
a27	−0.237	0.450	−0.275	−0.517
a31	−0.258	0.200	−0.080	−0.425
a32	−0.367	0.267	−0.174	−0.424
a33	−0.400	−0.100	0.200	−0.308
a34	−0.258	0.200	−0.080	−0.425
a35	−0.125	0.250	−0.300	−0.563
a41	−0.571	−0.250	0.500	−0.250
a42	−0.483	−0.225	0.450	−0.262

基于以上计算，运用公式（11）得出一级指标与评价等级的关联度，以 A_1 与等级 N_1 的关联度为例，得到 $W_1(R_1) = (-0.586) * 0.232 + (-0.600) * 0.222 + (-0.483) * 0.275 + (-0.529) * 0.271 = -0.545$，

同理可得 A_2、A_3、A_4 与 4 个等级的关联度，根据关联度最大识别原则公式（13）和公式（14），得出一级指标特征量值所属等级以及特征量值朝邻近等级的倾斜偏向，如表 D2.6 所示。

表 D2.6　小木虫社会化交互质量一级指标与各评价等级的关联度

一级指标	$W_1(Q_i)$	$W_2(Q_i)$	$W_3(Q_i)$	$W_4(Q_i)$	j'	j^*
A_1	-0.545	-0.349	0.370	-0.253	3	3.07
A_2	-0.255	0.286	-0.190	-0.462	2	2.05
A_3	-0.291	0.143	-0.066	-0.420	2	2.22
A_4	-0.492	-0.227	0.455	-0.261	3	2.98

最后通过公式（12）得出小木虫社会化交互质量整体指标与各个评价等级的关联度及所属评价等级和特征量值，如表 D2.7 所示。

表 D2.7　小木虫社会化交互质量与各评价等级关联度

总目标	$W_1(Q)$	$W_2(Q)$	$W_3(Q)$	$W_4(Q)$	j'	j^*
A	-0.378	0.002	0.078	-0.367	3	2.56

4.4 综合评价结果分析

综上所述，小木虫社区整体交互水平处于"良好"倾向于"一般"等级（特征值为 2.56），说明社区仍有进一步提升的空间。这与社区的实际情况相契合，小木虫经过多年的发展，已成为国内较成熟的科研互动社区，用户群以硕博士研究生和科研人员为主，整体教育水平较高，素质较好，保证了信息来源的专业性与可信度。

从社区操作交互指标来看，社区平台运行稳定，交互过程流畅且安全可靠。小木虫科研平台整体设计风格简洁，在导航功能中设置了不同服务分类，如出国留学、注册执照、文献求助、专业学科、医药科学、化学化工、人文经济等，有助于用户快速理解服务功能，准确定位信息。

从社区信息交互指标来看，小木虫严格把控信息质量与广告投放数量，有效避免了信息污染，营造了良好的交互环境。从互惠性的角度出发，用户在为他人答疑解惑的同时自身影响力与权威得到提升，形成了一种良性循环。不过单从外链性指标来看，社区界面悬挂的 App、公众号、学术微博等未能引起用户充分的认识，可能原因在于用户担心通过二维码扫描泄露个人隐私，带来安全隐患，同时用户信息反馈存在延迟即响应速度滞后，交互信息存在简单的复制，缺乏原创性，从而导致用户交互深度不足。

从社区情感交互指标来看，社区用户具有显著的社会属性，用户个体或群体能够通过信息共享与情感交流建立良好社交关系，获得归属感。但用户对发起主题的控制力不足，不能有效掌控主题发展趋势，致使主题出现偏移现象。此外，用户交互过程中移情感知缺失，也给用户情感体验带来负面影响。社区线上与线下的互联性较差，这也是因为受到平台外链性的影响，具体表现为用户可能不愿将交互活动迁移到其他社交媒体或线下，影响交互的深度与广度。

从概念交互指标来看，平台丰富的学术资源与权威的领域专家满足了用户的多种信息需求，用户在获得新知的同时能够将习得的知识应用于学习和工作实践场景中。

4.5 敏感性分析

社会化交互质量评价依据专家评定等级，不可避免地存在人为主观因素，如知识、经验等对评价可信度的影响。社会化交互质量评价通过提取敏感性指标采用客观赋权法对比指标权重值的变化，验证物元可拓评价方法的科学性与有效性，再通过改变相关变量数据分析关键指标受影响的程度。学术虚拟社区用户对社区的高认可度主要体现在使用时长上，因此，本文选取使用时长作为因变量，各评价指标作为自变量，采用 Archer 和 Williams（2012）提出的 LASSO 拓展模型筛选社会化交互质量敏感性指标。LASSO 回归是一种 L1 正则化的方法，是对回归模型的复杂度增加惩罚项，使得越复杂的模型损失函数越大，原理如式（15）所示。

$$\mathrm{in}L(x, \theta) = C(x, \beta) + \theta \sum_i |\beta_i|$$
$$s.\ t.\ \theta \geqslant 0 \tag{15}$$

式中，$C(x, \beta)$ 是不进行正则化时模型的损失函数，对于连续比例模型一般为交叉信息熵函数，如式（16）所示。

$$C(y) = - \sum_i \sum_n y_i^{(n)} * \log \hat{y}_i^{(n)} \tag{16}$$

当 θ 趋近于无穷大时，模型中所有参数均强制赋值为 0，当 θ 等于 0 时，LASSO 回归等价于普通回归。由于式（15）的目标函数往往没有解析解，故利用牛顿迭代法或梯度下降法求得数值解。图 D2.2 和图 D2.3 列示了随着惩罚项的增加指标系数与损失函数变化情况，根据损失函数最小化

的原则选中 a_{13}，a_{14}，a_{31}，a_{41} 共 4 个敏感性指标。

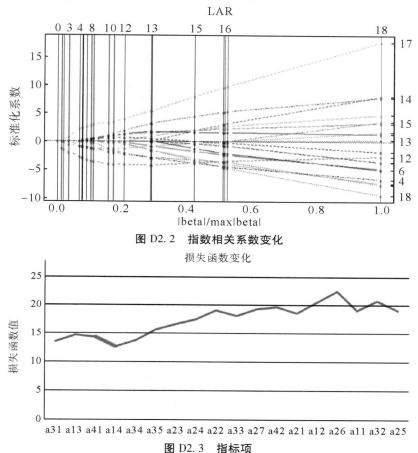

图 D2.2　指数相关系数变化

图 D2.3　指标项

结合上述指标筛选结果，重新采用物元可拓赋权后检测指标权重的变化，为避免模糊数学中可能存在的主观因素对赋权的影响，本文选取两种常用的客观赋权法，纵向拉开档次法和变异系数法与原方法进行权重值对比分析，同时计算单指标实测值分别变化±10%~±40%时，其指标权重的变化情况，如图 D2.4 和图 D2.5 所示。纵向拉开档次法的原理是权重的选取应该使得评价结果的方差最大权重，即评价指标数据矩阵与转置矩阵相乘 X^TX 这个实对称矩阵的最大特征值对应的特征向量；变异系数法的思想是变异度越大指标越重要，即按照变异系数归一化处理后的值进行赋权。

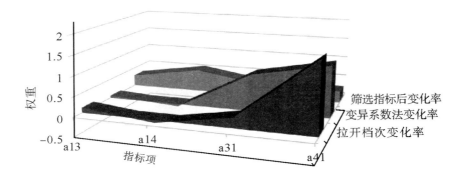

■拉开档次变化率■变异系数法变化率■筛选指标后变化率

图 D2.4　敏感性分析—指标数量及权重变化

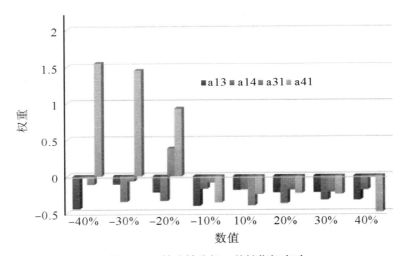

图 D2.5　敏感性分析—关键指标变动

由上述敏感性分析可以看出，基于物元可拓的赋权法与两种客观赋权法相比，权重并无显著的变化，表明该评价方法是可行且有效的；a_{13}，a_{14}，a_{31} 在变换指标或其自身增减变化时，其权重的变化并不十分明显，说明三个指标对自身因素导致的变动不大，是相对较稳定的指标；a_{41} 指标随自身的变化幅度较大，其增减幅度超过 150%，这表明该指标对变化的反映较为敏感。

5　结语

学术虚拟社区作为一种非正式的学术交流形态，为学术信息传播和知识服务开辟了新的路径。社会化交互直接影响用户参与度、回访率与知识交流效率。评价学术虚拟社区社会化交互质量有助于评判用户满意度、发现平台漏洞与服务缺陷，有利于针对性地实施改进方案从而提高服务效果。本文基于远程交互层次塔模型，结合学术虚拟社区特征，构建了学术虚拟社区社会化交互质量指标评价体系，借助物元可拓评价模型，计算不同指标与相关等级间的关联度，得出学术虚拟社区社会化交互质量特征值与所属等级。为了避免传统评价方法由于主观因素导致的偏差，本文通过提取敏感性指标，利用客观赋权的方法验证了物元评价方法的有效性，同时分析了指标权重随实际值变化的影响程度。

本文还存在一定的局限性，第一，社会化交互质量评价过程中实测样本数量较少，研究对象的专业背景覆盖不够全面，这在一定程度上会影响了评价结果的稳定性；第二，只针对筛选的 4 个敏感性指标验证了随实测值变化时指标权重的影响趋势。后续研究将在细化评价指标的基础上，扩大调查范围以辐射到多学科领域，并运用数据挖掘方法获取用户交互文本，结合社区网络结构特征深度剖析不同群体用户社会化交互质量，以期激活不活跃、倦怠和沉睡用户，从而提高信息流转效率，扩大社区学术影响力。

参考文献

［1］陈为东，王萍，王美月. 学术虚拟社区用户社会性交互的影响因素模型与优化策略研究［J］. 情报理论与实践，2018，41（6）：117-123.

［2］李宇佳. 学术新媒体信息服务模式与服务质量评价研究［D］. 长春：吉林大学，2017.

［3］张帅，李晶，王文韬. 学术社交网站用户社交不足的影响机理：基于质性方法的探索［J］. 图书情报工作，2018，62（4）：81-88.

［4］李宇佳，张向先，张克永. 移动学术虚拟社区知识流转的影响因素研究［J］. 情报杂志，2017，36（1）：187-193.

［5］郑杭生. 社会学概论新修［M］. 3 版. 北京：中国人民大学出版社，2003.

［6］戴心来，王丽红，崔春阳，等. 基于学习分析的虚拟学习社区社会性交互研究［J］. 电化教育研究，2015（12）：59-64.

［7］曹传东，赵华新. MOOC 课程讨论区的社会性交互个案研究［J］.

中国远程教育，2016（3）：39-44.

［8］梁云真，赵呈领，阮玉娇，等. 网络学习空间中交互行为的实证研究：基于社会网络分析的视角［J］. 中国电化教育，2016（7）：22-28.

［9］李毅，石晓利，何莎薇. 网络异步交互环境中社会性交互质量的分析：以学历继续教育网络课程为例［J］. 现代远距离教育，2020（4）：35-42.

［10］魏志慧，陈丽，希建华. 网络课程教学交互质量评价指标体系的研究［J］. 开放教育研究，2004（6）：34-38.

［11］熊秋娥. 在线学习中异步社会性交互质量评价指标体系研究［D］. 南昌：江西师范大学，2005.

［12］邹沁含，庞晓阳，黄嘉靖，等. 交互文本质量评价模型的构建与实践：以 cMOOC 论坛文本为例［J］. 开放学习研究，2020，25（1）：22-30.

［13］洪闯，李贺，彭丽徽，等. 在线健康咨询平台信息服务质量的物元模型及可拓评价研究［J］. 数据分析与知识发现，2019，32（8）：41-52.

［14］陈丽. 远程学习的教学交互模型和教学交互层次塔［J］. 中国远程教育，2004，（5）：24-28.

［15］王美月. MOOC 学习者社会性交互影响因素研究［D］. 长春：吉林大学，2017.

［16］查先进，陈明红. 信息资源质量评估研究［J］. 中国图书馆学报，2010（2）：46-54.

［17］于俊辉，郑兰琴. 在线协作学习交互效果评价方法的实证研究：基于信息流的分析视角［J］. 现代教育技术，2015，25（12）：90-95.

［18］张思. 社会交换理论视角下网络学习空间知识共享行为研究［J］. 中国远程教育，2017（7）：26-33，47，80.

［19］蔡文. 物元模型及其应用［M］. 北京：科学技术文献出版社，1994.

［20］赵蓉英，王嵩. 基于熵权物元可拓模型的图书馆联盟绩效评价［J］. 图书情报工作，2015，59（12）：12-18.

［21］胡宗义，杨振寰，吴晶. "一带一路"沿线城市高质量发展变量选择及时空协同［J］. 统计与信息论坛，2020，35（5）：35-43.

［22］LAURILLARD D. Rethinking university teaching：a conversational framework for the effective use of learning technologies［M］. London：Routledge，2002.

[23] DELONE W H, MCLEAN E R. Information systems success: the quest for dependent variable [J]. Journal of Management Information Systems, 1992, 3 (4) 1: 60-95.

[24] IWAARDEN J V, WIELE T V D, BALL L, et al. Applying SERVQUAL to web sites: an exploratory study [J]. International Journal of Quality & Reliability Management, 2003, 20 (8): 919-935.

[25] KOUFARIS M. Applying the technology acceptance model and flow theory to online consumer behavior [J]. Information Systems Research, 2002, 13 (2): 205-223.

[26] NG C S-P. Intention to purchase on social commerce websites across cultures: a cross-regional study [J]. Information & Management, 2013, 50 (8): 609-620.

[27] JONASSEN D H. Modeling with technology: mindtools for conceptual change [M]. New York: Pearson Education Inc, 2006.

[28] CHEN Y, YU J, SHAHBAZ K, et al. A GIS-based sensitivity analysis of multi-Criteria weights [C] //18th World IMACS/MODSIM Congress, Cairns, Australia, 2009: 3137-3143.

[29] ARCHER K J, WILLIAMS A A A. L1 Penalized continuation ratio models for ordinal response prediction using high-dimensional datasets [J]. Statistics in Medicine, 2012, 31 (14): 1464-1474.

D3 移动微媒体用户错失焦虑症（FoMO）生成机理研究

——基于认知心理学视角[①]

王美月，王萍，李奉芮，陈为东

（吉林大学管理学院，长春 130022）

摘要： 本文描述了移动微媒体环境下用户错失焦虑症的内涵与要素，在 S-O-R 模式下基于认知心理学分析了错失焦虑症用户可能存在的心理状态，构建了由温和诱因诱导、注意聚散更迭、移情机制触发、认知联结需要、认知失调调节、感知控制驱动和正念觉察缺失 7 个子机理组成的用户错失焦虑症生成机理，并阐释要素与机理及机理之间的逻辑关系。本研究对揭示错失焦虑症用户的内在心理变化及外在非理性、非适应性和问题性媒体使用行为起解释和原因推理作用，有助于用户防御、调节和控制焦虑不安、患得患失等负性情绪，延伸了用户心理和信息行为研究。

关键词： 微媒体 错失焦虑症 生成机理 认知心理学 S-O-R 模式

Research on the Generation Mechanism of Mobile Micro-media User Fear of Missing Out（FoMO）

—Based on the perspective of cognitive psychology

Wang Meiyue   Wang Ping   Li Fengrui   Chen Weidong

（School of Management, Jilin University, Changchun, 130022）

Abstract This paper describes the connotations and elements of user fear of missing out（FoMO）in mobile micro-media environment. The possible mental state of FoMO users is analyzed based on S-O-R model and cognitive psychology. The mobile micro-media user FoMO generation mechanism consisting of 7 sub-mechanisms such as induction of mild incentives sub-mechanism, shifting of attention sub-mechanism, triggering of empathy mechanism sub-mechanism, need of cognitive connection sub-mechanism, adjustment of cognitive dissonance sub-mechanism, drive of perceptual control sub-mechanism and loss of mindfulness perception sub-mechanism. Finally, the author explains relationship

---

① 本文系吉林大学 2018 年研究生创新研究计划项目"学术虚拟社区用户画像研究"（项目编号：101832018c155）的研究成果之一。

between elements and sub-mechanisms and analyzes logical relationship among sub-mechanisms. This paper interprets the internal psychological changes and external irrational, non-adaptive and problematic media use behavior of FoMO users. It will sever as an explanation and reasoning reason, which will help users to defend, regulate and control negative emotions such as anxiety, suffering and loss. The paper extends the research on user psychology and information behavior.

Keywords micro-media, fear of missing out, generation mechanism, cognitive psychology, S-O-R model

微时代（Micro Era），以微信、微博、微视频和客户端 App 为代表的微媒体借助数字通信技术传播文本、图片、语音和视频等。微媒体的碎片化、多元化、微型化、社群化以及瞬时化等特点吸引了大量的用户群，据中国互联网络信息中心（CNNIC）最新统计报告显示，2018 年我国即时通信、微视频、微博的用户使用率已分别达到 95.6%、78.2%和 42.3%。随着微媒体的普及与应用，用户信息需求的演变引发了一系列认知与行为的反应，信息泛滥使用户害怕错过某些内容而频繁查看智能设备并不断刷新交互界面，技术的革新与渗透衍生了刷屏族、低头族、手机冷落、手机控、手机"癌"等社会现象，担忧、焦虑、沮丧、烦躁等负性情绪充斥着用户的心绪，严重影响人们的学习、工作与生活。

认知心理学家 Przybylski 等在 2013 年发表了关于"fear of missing out（FoMO）"的首篇学术论文，将用户因害怕错过而产生焦虑的现象称为"错失焦虑症"，也称为错失恐惧（症）、遗漏焦虑（症）、局外人困境等。随后国内外学者进一步拓展延伸了错失焦虑症的相关研究，主要聚焦于概念界定、测量量表构建、问题性媒体（社交媒体、智能手机等）使用和影响关系以及特征提取。错失焦虑症源于用户的心理现象，而相关研究鲜有从心理学视角剖析错失焦虑症的生成过程与机理。在人类行为 S-O-R 模式下，本文主要基于认知心理学构建 FoMO 生成机理，用以揭示错失焦虑用户的心理演变、负性情绪和外在信息行为表征之间的关系，以期为网络用户信息行为研究提供理论指导。

1 错失焦虑症（FoMO）的内涵

关于错失焦虑症的界定大同小异，Przybylski 等将 FoMO 界定为一种普遍现象，当个体未能参与某一事件却想知道事件发生的经历时，会产生一种广泛存在的焦虑心理，渴望持续不断地知晓他人正在做什么。赵宇翔等认为，FoMO 是个体利用移动智能终端与现实或虚拟世界无法保持即时连接（信息获取、浏览、搜索和社交等行为）时，会在潜意识或心理上出现不适、不安、烦躁或恐慌等不同程度的焦虑症状。柴唤友等认为 FoMO 是介于健康和异常心理之间的反应，具有轻度或中度的以焦虑为主的心理或生理症状，未完全符合精神病理学的标准，因此将 FoMO 称为错失恐惧而非错失恐惧症，并描述为个体因担心错失他人的新奇经历或正性事件而产生的一种弥散性焦虑。

综上所述，错失焦虑症是焦虑的一种形态，具有弥散性、广泛性、持续性，主要受害怕错失心理影响，引起用户负性情绪和非理性信息行为。移动微媒体用户错失焦虑症是指在微博、微信、微视频、客户端 App 为主的微服务情境下用户害怕错失浏览、阅读、搜索、转发、交互、评论、资讯等信息，因害怕错过知晓他人的经历和担忧关系断裂而产生不适、焦虑、恐惧、患得患失等不同程度的负性情绪，伴随着不断点击、频繁查看、连续刷新等非理性信息行为现象。

2 移动微媒体用户错失焦虑症的要素解析

2.1 微型多样平台

以"三微一端"的微信、微博、微视频和客户端 App 为代表的移动微媒体平台呈现微型化、多样化的特点。抖音、快手、火山小视频等微视频为"草根"用户录制和观看逗趣视频提供了渠道。客户端 App，包括新闻客户端（今日头条、网易、腾讯新闻等）、购物类 App、社会化问答社区、阅读类 App 等为用户获取即时新闻、热点事件等需求提供路径。

2.2 瞬时多元信息

新闻、突发事件、即时通信等海量信息以文字、图片、视频、音频等多元化类型在移动微媒体上实时生成、不断发酵、迅速扩散、瞬息变化。微博、微信、微视频和客户端 App 更新发布的信息吸引着用户的眼球和注意力，信息的瞬息变化导致用户担心错失或遗漏重要信息，害怕成为聊天时的局外人，因而忍不住持续关注和阅读。

2.3 害怕错失心理

技术对人类的束缚和操控等异化力量衍生出个体被科技"奴役"的现象，催生出错失焦虑心理。娱乐至死时代，微媒体信息具有娱乐性、新颖性、原创性、搞笑性、有用性和出乎意外、超乎想象等特性，多种特性交叉融合刺激着用户的感觉、知觉和好奇心理。当微媒体的提示音和提示符出现时潜伏在用户心底的恐慌会迅速膨胀，触发担心错过和害怕错失心理，引发不安、焦躁、惶恐等复杂情绪，影响着用户的情绪、情感、认知、决策和行为。

2.4 认知失调感知

社会心理学家 Festinger 于 1957 年提出认知失调（cognitive dissonance）理论，认为一般情况下态度和行为是一致的，当个体行为与自我认知不一致或从一个认知推断出对立认知（此处认知包括态度、思维、看法、情绪、信念、信仰、行为等）时会产生压力、紧张、不愉悦和不舒适等情绪，为了消除失调感带来的负性情绪心理，个体会减少、改变不协调认知或增加协调认知成分。微媒体利用迷惑性的标题触发用户期待知晓的心理，从而增加点击率，用户在强迫心理下放弃本该执行的任务而转向浏览抖音视频和微博等微媒体，由此产生认知失调。用户为了降低失调感会合理化自身行为，比如暗示微媒体内容带来了谈资、乐趣和享受等，因而持续将注意力转移到微信、微博、微视频上。

2.5 弥散性焦虑用户

弥散性是影响个体情绪产生泛化的一种持久性、扩散化心境，不仅引发个体态度和行为变化，还会迁移弥漫到群体和其他事物中。移动互联网环境下，用户吃饭、走路、睡觉、聚会等场景下不由自主地关注微媒体信息，甚至存在忘带手机或断网时产生不安全感现象。技术的人性化、情感化设计和精准化推送服务在给用户带来美学体验、情感体验和内容体验的同时也模糊了人与技术之间的边界，导致移动微媒体用户害怕错失信息并伴随认知失调带来的负性情绪，产生焦虑心理。该焦虑偏重于心境的弥漫扩散，具有广泛性、持续性，影响个体的情绪体验，延伸到群体和其他事物，严重者对智能设备产生依赖，导致成瘾心理。

2.6 非理性信息行为

个体的非理性存在于直觉、幻想、灵感、思维、情绪、意志、潜意识、行为等方面，非理性信息行为是指个体的信息行为不再严格受目的、动机和规则的控制，表现出非逻辑性、偶发性。移动微媒体用户为了减少害怕错失时的不安、焦虑和恐惧等负性情绪，会导致一系列非理性信息行为。用户对更新信息的提示符、提示音等比较敏感，出现频繁刷新微博，不停查看微信群聊和朋友圈动态、点赞、评论，不断刷新抖音短视频等强迫性行为等，感觉不到时间的流逝。

3 移动微媒体用户错失焦虑症生成机理分析

行为心理学家约翰·沃森提出人类一般行为的 S-O-R 模式，其中 S（stimulus）代表刺激或刺激源，O（organism）表示个体生理或心理，R（response）指个体反应。本文结合认知心理学提取用户错失焦虑症的生成机理：温和诱因诱导、注意聚散更迭、移情机制触发、认知联结需要、认知失调调节、感知控制驱动和正念觉察缺失，其中移动微媒体的诱惑性标题和配图等信息是激发用户错失焦虑症生成的刺激源（S），由刺激源引发用户注意、认知、情感/情绪等心理变化（O）进而映射行为反应（R），如图 D3.1 所示。

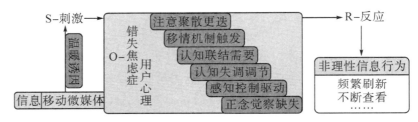

图 D3.1　S-O-R 模式下移动微媒体用户错失焦虑症生成机理框架

3.1 温和诱因诱导

社会心理学家 Taylor 等的研究表明，个体受到较少的奖赏或诱因比受到较多的奖赏或诱因更愿意转变态度或改变对原有态度的评价。移动微媒体往往采用无厘头、迷惑性、反问式、趣味性标题和配图作为诱因诱导用户行为，这种诱因具有温和性，能诱发个体的依从行为，从而使用户产生黏性和依赖心理。微媒体采用温和的诱因容易令用户失去或模糊自我意识的边界，潜意识里产生害怕错失心理，觉得刷一会抖音等微媒体不会有太大影响，导致用户在无意识中沉浸于移动微媒体情境，满足用户自主性、愉悦感、胜任感和社会关系需要，激发了用户持续使用的内在驱动力，诱导依从、顺从和从众行为，如图 D3.2 所示。

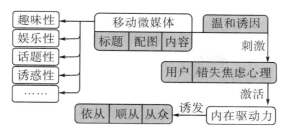

图 D3.2　移动微媒体用户错失焦虑症的温和诱因诱导机理

3.2 注意聚散更迭

注意是个体对一定对象产生指向和集中的心理活动,在"随意浏览—无意注意—有意注意"之间循环。移动微媒体公布何种信息具有不确定性和无法预料性,这种随机性引发用户好奇心,想知晓新信息,害怕错失有趣或有用信息,此时错失焦虑较强烈。用户在无预期、无意识、无目的状态下浏览微媒体发生的无意注意可能产生信息偶遇。微媒体信息作为刺激物,其新颖性、刺激强度与用户的需要、兴趣、先验知识、情绪等的匹配度会影响注意状态的改变,转移到具有集中性和指向性的有意注意阶段。在有意注意阶段,用户表现出归一性和排他性,选择、浏览、阅读符合兴趣、爱好和需求的信息,此时错失焦虑会降低。由于微媒体信息的瞬时变化性和海量性,用户为了避免错失心理会从有意注意再次回到随意浏览和无意注意,直到注意力再次聚焦或发生信息偶遇行为,注意聚散状态的不断变化伴随着错失焦虑症深浅程度的演化,循环往复,如图 D3.3 所示。

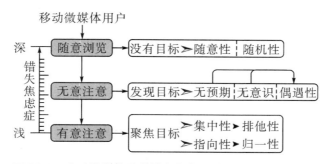

图 D3.3　移动微媒体用户错失焦虑症的注意聚散更迭机理

3.3 移情机制触发

移情是建立人际关系和促进彼此理解、自我探索和情感交流的有效机制,是个体将主观感情赋予客观事物,客观事物又反过来影响个体的情绪感受。移情机制包括认知和情绪两部分,以认知为基础,表现在认知他人的内在感受和生活状态；情绪成分表现为对他人直觉反应的情绪感染，产生了与他人相同情绪体验的映射性情绪，并对感受后的感情进行评价即反应性情绪。移动微媒体发布的事件和他人处境信息引起用户内在对他人情绪相一致的情感体验，即移情反应，通过情绪感染、情境联想、产生共鸣，有助于发挥亲社会行为和可持续的社会关系。用户对客观事件的移情效应使其对微媒体内容表现出害怕错失心理，渴望持续了解他人动态并期盼社交互动，获得依恋与归属感，如图 D3.4 所示。

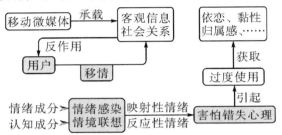

图 D3.4　移动微媒体用户错失焦虑症的移情机制触发机理

3.4 认知联结需要

美国心理学家 Thorndike 提出联结主义（connectionism），统筹了认知心理学、心理哲学和人工智能领域，认为联结是心理行为的基本单位也是学习的基础，包括先天的本能和后天的习惯。联结是为了让认知结构的图式更加完善和丰富，使失衡的认知结构在同化、顺应和意义建构下重新得以平衡，弥补了认知断带和实现自我调节。好奇心、被社会排斥的恐惧、社会交往和社会声望等人类基本欲望和价值观促使用户渴望知晓移动微媒体发布的新信息，进而冲击用户原有认知结构，引发失衡。在认知联结需要下用户会感到错失焦虑，需要通过获取该信息来弥补失衡感，避免局外人困境，而信息的更新会再一次刺激用户的认知结构，导致用户产生弥散性焦虑，如图 D3.5 所示。

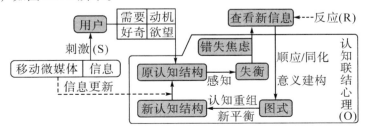

图 D3.5　移动微媒体用户错失焦虑症的认知联结需要机理

3.5 认知失调调节

个体在工作、学习和走路时把注意力投注在智能手机上，不断刷新内容，内心对不合时宜下玩手机这一行为秉持否定态度，而实际却坚持了这一行为，会感知内疚和不舒适感，该现象可解释为认知失调。用户将注意力转移到微信、微博、微视频、客户端 App 等情境下而放弃或暂时放弃本该坚持的原有任务时会感知自责、焦虑等负性情绪体验，如果不放弃原有任务又担心错过新信息。用户为了调整失调感，会通过改变认知、态度、行为或减少选择来降低及缓和认知之间的矛盾程度，合理化行为，转向移动微媒体，甚至产生依赖和上瘾。失调感在用户决断后经调整逐渐消失，此过程中认知失调程度随之动态变化，如图 D3.6 所示。

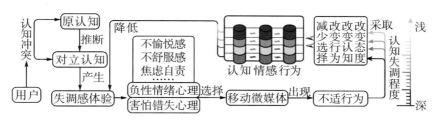

图 D3.6 移动微媒体用户错失焦虑症的认知失调调节机理

3.6 感知控制驱动

控制是个体对环境、竞争力和优越性掌握的需要，是驱动用户行为的重要因素，包括实际控制和由认知控制、决策控制及行为控制三部分组成的感知控制。移动微媒体用户在认知控制下对微媒体刺激信息进行分析、加工等，做出刺激信息很有趣、很有用、带来娱乐享受等判断，在决策控制下做出放弃原有任务而选择关注该信息，在行为控制下限制对原有任务的执行。微媒体信息会触发用户感知控制，若控制感被限制，会引发用户的错失焦虑，而焦虑感又会强化用户对认知、决策和行为的控制，实现胜任、自主和关系的基本需要，如图 D3.7 所示。

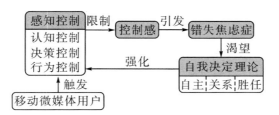

图 D3.7 移动微媒体用户错失焦虑症的感知控制驱动机理

3.7 正念觉察缺失

正念（Mindfulness），是指有意识地觉察、深入地观察、冥想或思考事件本身，是当代心理治疗的重要概念和技术，如正念认知疗法、正念减压疗法与正念行为疗法。正念作为意识的一种属性，对人类心理幸福感具有重要作用。移动手机使个体出现冷落他人的行为，表现为"低头症"（phubbing）现象，该现象与因特网成瘾、手机成瘾、错失焦虑症以及自我控制缺失有关，智能手机的误用和过度使用引起问题性媒体使用行为，该行为意味着用户的正念觉察缺失，用户未能反思、内省移动微媒体信息和自身强迫性行为的实质意义。根据社会心理学过度理由效应：个体会力图寻找原因来合理化自己和别人的行为，寻找原因过程中总是先找显性的外在原因，如果外在原因能够解释行为便放弃内求或内省。移动微媒体用户满足于新信息有用或他人也有同样行为这一外显原因时会忽视有意识地内在觉察和深入反思，从而持续着错失焦虑心理和非理性信息行为。

4 移动微媒体用户错失焦虑症生成机理的关系分析

4.1 移动微媒体用户错失焦虑症要素与机理的关系

移动微媒体用户错失焦虑症现象包括 6 个要素：微型多样平台、瞬时多元信息、害怕错失心理、认知失调感知、弥散性焦虑用户、非理性信息行为。用户错失焦虑症生成的机理是要素依存连结作用的驱动结果，移动微媒体用户错失焦虑症要素与生成机理关系，如图 D3.8 所示。

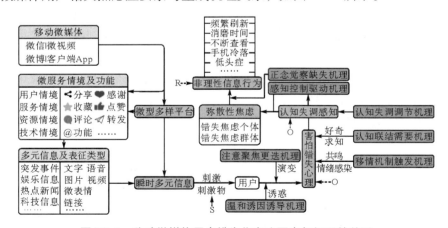

图 D3.8　移动微媒体用户错失焦虑症要素与机理的关系

以微信、微博、微视频和客户端 App 为代表的移动微媒体多样化微型平台承载的多元信息满足用户的多目标信息需求，包括时事报告、热点新闻、科技发展、娱乐视频等，以文字、图片、动画、视频、语音等形式呈现，提供分享、感谢、@、评论、收藏、点赞、交互、转发等功能，创造了用户情境、技术情境、资源情境和服务情境。由于信息的瞬时变化和获取及交互变得便捷，用户在这些情境下接收信息的频率增加。各类具有吸引力的图标、标题、短视频等作为温和诱因激发用户的好奇、兴趣、求知等心理，使用户的注意力在随意、无意和有意之间流转演变，形成注意聚散更迭。用户情绪受刺激物感染，在移情机制触发时产生映射性和反应性情绪，映射性情绪是用户对观点、事件的情感体验需要，反映性情绪唤醒用户共鸣、依赖、依恋、归属感，导致用户在情感上害怕错失趣味性、娱乐性或有用性的信息，从而产生依从行为，选择浏览移动微媒体。用户在认知上由于原认知结构受到刺激物的冲击，会感知到失衡，产生了认知联结的需要，继而不断查看微媒体"短、快、精、小"的微内容来弥补认知断带，构建新的图式。在害怕错失心理影响下，用户的情绪、情感和认知交融演变，逐渐远离原有目标或任务且伴随认知失调。用户会调节由失调感引起的弥散性焦虑、不适感、不舒服感和自责等负性情绪心理，比如放弃原任务或者转移到移动微媒体。失调感程度会随着选择继续原有任务还是追随新信息的抉择做出前而不断深化，当决策后，用户会通过改变认知或改变态度等来合理化行为，从而降低失调感。认知失调调节过程中伴随着感知控制的驱动，用户通过持续的信息搜索、获取、阅读、交互、共享等一系列信息行为，来强化自身的认知、决策与行为控制，获得控制感知，从而减少错失焦虑感。最终，由于用户深度反思和内省觉察缺失，导致无目的行为变得常态化、无意识化，出现不断查看微媒体、频繁刷新、消磨时间、低头症和手机冷落等非理性、非适应性或问题性媒体使用行为。微媒体时代，错失焦虑用户逐渐蔓延到社会群体，表现为群体恐慌，形成社会症候群。

4.2 移动微媒体用户错失焦虑症子机理演化关系

移动微媒体用户错失焦虑症的 7 个子机理之间彼此作用、相互交叉渗透，在错失焦虑生成过程中不断演进，移动微媒体用户错失焦虑症机理间的演化关系如图 D3.9 所示。

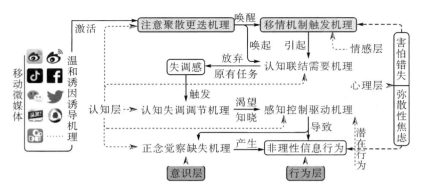

图 D3.9　移动微媒体用户错失焦虑症生成机理的演化关系

移动微媒体的提示音、提示符、视频、标题等都可以成为温和诱因和刺激物激活用户的注意，在心理层面引起用户害怕错失。注意聚散更迭机理启动用户情感层面的移情机制触发机理和认知层面的认知联结需要机理，表现为用户从刺激物带来感性层面的兴奋、喜悦和惊奇等情绪，感染转移到理性层面做出认知需要决策，即获得刺激物带来的享乐价值和实用价值。害怕错失心理导致用户选择阅览刺激物而放弃初始任务，会产生焦虑、压力、抑郁、不适等负性失调感体验。为了调节认知失调，用户通过改变认知、态度、行为等合理化当前行为，并在感知控制驱使下提升自己在移动微媒体情境下的自主、胜任和关系的满意度，获得控制感，进一步肯定了选择微信、微博、微视频和客户端 App 等微媒体的行为决策，而忽视了原始任务。同时错失焦虑症用户的正念觉察缺失弱化了用户有意识感知、内省和反思，在行为层面出现不断刷新和查看微媒体的刷屏族、低头族、手机冷落等非理性信息行为。

温和诱因属于外在刺激物，移情机制引发了用户的情绪反应，属于情感层面；注意聚散、认知联结、认知失调与感知控制属于认知层面，两个层面相互作用，统筹协调。其中感知控制驱动机理的限制或执行行为决策是行为意图，因此也属于潜在行为层。正念觉察主要是有意识地觉察和反思处于意识和认知层面，害怕错失和错失焦虑属于心理层面，而非理性信息行为则归属于行为层。

5　结束语

弥散性错失焦虑症是信息焦虑在特殊情境下的亚种，内在认知体验为强烈期望知晓周围发生的事，外在行为表现为不断刷新朋友圈和难以拒绝社交活动等。错失焦虑症用户在以微博、微信、微视频、客户端 App 为主的移动微媒体环境下表现为低头族、刷屏族、手机控和手机"癌"等社会现象，具有普遍性，演化为社会症候群。错失焦虑症是在基本心理需求未得到满足且自我调节受阻时产生的一种害怕错失的焦虑心理，是研究用户心理、认知、行为和微媒体服务体验的重要节点。在 S-O-R 行为模式下基于认知心理学构建了移动微媒体用户错失焦虑症生成机理，包括：温和诱因诱导、注意聚散更迭、移情机制触发、认知联结需要、认知失调调节、感知控制驱动和正念觉察缺失 7 个子机理，揭示了要素与机理的关系及机理间彼此的动态演化。错失焦虑症的生成机理为用户行为提供新的解读路径，便于用户了解错失恐惧或焦虑的根源。后续将结合定性与定量的方法构建并测量移动微媒体用户错失焦虑症的指标与程度，深入分析错失焦虑症现象。

参考文献

[1] 何玲，胡小强，袁玖根. 麦克卢汉媒体观下微媒体的 5W 分析 [J]. 传媒，2013（12）：55-57.

[2] 宋生艳. 图书馆微媒体服务现状及发展对策研究 [J]. 图书情报工作，2015，59（12）：65-70.

[3] 赵宇翔，张轩慧，宋小康. 移动社交媒体环境下用户错失焦虑症（FoMO）的研究回顾与展望 [J]. 图书情报工作，2017，61（8）：133-144.

[4] 柴唤友，牛更枫，褚晓伟，等. 错失恐惧：我又错过了什么？[J]. 心理科学进展，2018，26（3）：527-537.

[5] 姜永志，金童林. 自恋人格与青少年问题性移动社交网络使用的关系：遗漏焦虑和积极自我呈现的作用 [J]. 中国特殊教育，2018（11）：64-70.

[6] 叶凤云，李君君. 大学生移动社交媒体错失焦虑症测量量表开发与应用 [J]. 图书情报工作，2019，63（5）：110-118.

[7] 叶凤云，沈思，李君君. 移动社交媒体环境下青少年用户错失焦虑症特征提取 [J]. 图书情报工作，2018，62（17）：96-103.

[8] 宋小康，赵宇翔，张轩慧. 移动社交媒体环境下用户错失焦虑症（FoMO）量表构建研究 [J]. 图书情报工作，2017，61（11）：96-105.

[9] 江云霞. 微信用户的人格特质与错失焦虑症关系研究：以大学生

为例［D］．南昌：南昌大学，2018.

［10］朱冰洁．技术异化视域下社交媒体错失恐惧现象分析［J］．东南传播，2018（7）：53-55.

［11］杨雪，陈为东，马捷．基于认知失调的网络信息生态系统结构模型研究［J］．情报理论与实践，2015，38（8）：50-55.

［12］李乐山．工业设计思想基础［M］．北京：中国建筑出版社，2001：161-163.

［13］TAYLOR S E，PEPLAU L A，SEARS D．社会心理学［M］．10版．谢晓菲，谢冬梅，张怡玲，等译．北京：北京大学出版社，2004：144-149.

［14］AIKEN L R．态度与行为：理论、测量与研究［M］．何清华，雷霖，陈浪，译．北京：中国轻工业出版社，2008：52-53.

［15］津巴多，利佩．态度改变与社会影响［M］．邓羽，肖莉，唐小艳，译．北京：人民邮电出版社，2009：96-110.

［16］陈为东，王萍，王益成．学术新媒体环境下用户信息偶遇要素及内在机理研究［J］．情报理论与实践，2018，41（20）：28-33.

［17］刘俊升，周颖．移情的心理机制及其影响因素概述［J］．心理科学，2008，31（4）：917-921.

［18］周正怀．桑代克和斯金纳在学习理论上的分歧［J］．湖南第一师范学报，2005，5（3）：34-37.

［19］CNNIC．第43次《中国互联网络发展状况统计报告》［EB/OL］．（2019-03-21）［2023-12-01］．http://cnnic.cn/gywm/xwzx/rdxw/20172017_7056/201902/t20190228_70643.htm.

［20］PRZYBYLSKI A K，MURAYAMA K，DEHAAN C R，et al. Motivational, emotional, and behavioral correlates of fear of missing out［J］．Computers in Human Behavior，2013，29（4）：1841-1848.

［21］ALT D. College student's academic motivation, media engagement and fear of missing out［J］．Computers in Human Behavior，2015，49：11-119.

［22］LIA C，ALTAVILLA D，RONCONIA，et al. Fear of missing out（FoMo）is associated with activation of the right middle temporal gyrus during inclusion social cue［J］．Computers in Human Behavior，2016，61：516-521.

［23］YIN F S，LIU M L，LIN C P. Forecasting the continuance intention of social networking sites: assessing privacy risk and usefulness of technology [J]. Technological Forecasting &Social Change, 2015, 99: 171-176.

[24] ELHAI J D, LEVINE J C, DVOAK D, et al. Fear of missing Out, need for touch, anxiety and depression are related to problematic smartphone use [J]. Computers in Human Behavior, 2016, 63: 509-516.

[25] BEYENS I, FRISON E, EGGERMONT S. "I don't want to miss a thing": adolescents' fear of missing out and its relationship to adolescents' social needs, Facebook use, and Facebook related stress [J]. Computers in Human Behavior, 2016, 64: 1-8.

[26] DEMPSEY A E, O'BRIEN K D, TIAMIVU M F, et al. Fear of missing out (FoMO) and rumination mediate relations between social anxiety and problematic Facebook use [J]. Addictive Behaviors Reports, 2019, (9): 1-7.

[27] ALT D, BONIEL-NISSIM M. Using multidimensional scaling and PLS-SEM to assess the relationships between personality traits, problematic internet use, and fear of missing out [J]. Behavior & Information Technology, 2018, 37 (12): 1-13.

[28] FRANCHINA V, ABEELE M V, VANROOIJ A J, et al. Fear of missing out as a predictor of problematic social media use and phubbing behavior among Flemish Adolescents [J]. International Journal of Environmental Research and Public Health, 2018, 15 (10): 1-18.

[29] BALTA S, EMIRTEKIN E, KIRCABURUN K , et al. Neuroticism, trait fear of missing out, and phubbing: the mediating role of state fear of missing out and problematic instagram use [J]. International Journal of Mental Health and Addiction, 2018: 1-12.

[30] WOLNIEWICZ C A, TIAMIYU M F, WEEKS J W, et al. Problematic smartphone use and relations with negative affect, fear of missing out, and fear of negative and positive evaluation [J]. Psychiatry Research, 2018, 262: 618-623.

[31] FORGAS J P. She just doesn't look like a philosopher? Affective influences on the halo effect in impression formation [J]. European Journal of Social Psychology, 2011, 41: 812-817.

[32] EROGLU S A, MACHLEIT K A, DAVIS L M. Atmospheric qualities

of online retailing-A conceptual model and implications [J]. Journal of Business Research, 2001, 54 (2): 177-184.

[33] EISENBERG N, MILLER P A. The relation of empathy to prosocial and related behaviors [J]. Psychological Bulletin. 1987, 101: 91-119.

[34] REISS S. WHO AM I ? The 16 basic desires that motivate our actions and define our personalities [M]. New York: the Berkley publishing group, 2000: 17-18.

[35] AVERILL J R. Personal control over aversive stimuli and its relationship to stress [J]. Psychological Bulletin, 1973, 80 (4): 286-303.

[36] RYAN R M, DECI E L. Self-determination theory and the facilitation of Intrinsic motivation, social development, and well-being [J]. American Psychologist, 2000, 55 (1): 68-78.

[37] KABAT-ZINN J. Mindfulness-based interventions in context: past, present, and future [J]. Clinical Psychology: Science and Practice, 2003, 10 (2): 144-156.

[38] BROWN K W, RYAN R M. The benefits of being present: mindfulness and its role in psychological well-being [M]. Journal of Personality and Social Psychology, 2003, 84 (4): 822-848.

[39] DAVEY S, DAVEY A, RAGHAV S K, et al. Predictors and consequences of "Phubbing" among adolescents and youth in India: An impact evaluation study [J]. Journal of Family and Community Medicine, 2018, 25 (1): 35-42.

后　记

　　经各方努力，本书在本人博士论文的基础上，结合近年来的相关研究成果，最终完成修订工作与广大读者朋友见面了。回首几年的求学路，几度困惑、几度迷茫、几许欣喜与愁伤，幸遇良师悉心指导，帮我走出学术困境，树立学术信心，顺利完成学业。在本书完成之际，对一直支持、鼓励我的恩师、同学、家人、同事和朋友们表达最诚挚的谢意。

　　感谢我的恩师王萍教授为我提供了学习的机会，引领我走向神圣的学术殿堂。王老师渊博的学术知识、严谨的学术态度、敏锐的学术洞察力都深深地影响和感染了我。在科研工作中，王老师经常敦促我学习国内外经典的理论与先进的研究方法，并为我提供了国际交流的机会，拓宽了我的学术视野。在此对恩师的悉心教导和辛勤付出表示最真诚的感谢。

　　感谢620所有一起奋斗的同门，工作室里、餐桌前、操场上、杏花大道的林荫路下，无数个朝夕相处的快乐时光都将成为我人生中最美好的回忆。因为有你们的陪伴使原本枯燥的学习生活丰富多彩，在此祝愿可爱的战友们学业有成、前程似锦。

　　本书在撰写过程中，得到了孙占峰教授的悉心指导，孙教授以深厚的学术底蕴和敏锐的洞察力，为本书提供了诸多宝贵的意见和建议。此外，孙教授还积极参与了本书的策划与组稿工作，为本书的顺利出版付出了大量的心血，他的专业素养和敬业精神让我深感敬佩，在此衷心感谢孙教授为本书所做出的贡献。

　　感谢我最爱的家人们，七年前我毅然辞去工作重返校园，你们没有一句埋怨，一直默默地支持我。你们无私的爱是我勇于面对挫败，踔厉奋发的动力。

　　新起点，新征程，以梦为马，不负韶华。

王美月

2021 年 5 月 20 日于交通楼 620